普通高等教育智能建造专业精品教材

低能耗建筑简明教程

姜晨光　主　编

中国建材工业出版社

北　京

图书在版编目（CIP）数据

低能耗建筑简明教程/姜晨光主编．—北京：中国建材工业出版社，2024.8

普通高等教育智能建造专业精品教材/姜晨光主编

ISBN 978-7-5160-4008-9

Ⅰ.①低… Ⅱ.①姜… Ⅲ.①节能—建筑设计—高等学校—教材 Ⅳ.①TU201.5

中国国家版本馆CIP数据核字（2024）第020529号

内 容 简 介

本书较全面、系统地阐述了低能耗建筑的基本理论、方法和技术，涵盖了低能耗建筑的历史与发展、低能耗建筑能源体系、外墙节能技术、门窗节能技术、屋顶节能技术、环境调节技术、绿色建筑设计要求、近零能耗建筑设计要求、低能耗建筑范例等基本内容。本书适用于普通全日制高等教育与土木工程行业相关的各个专业，还可作为低能耗建筑业内人士案头的工具书。

低能耗建筑简明教程

DINENGHAO JIANZHU JIANMING JIAOCHENG

主　编　姜晨光

出版发行：中国建材工业出版社

地　　址：北京市西城区白纸坊东街2号院6号楼
邮　　编：100054
经　　销：全国各地新华书店
印　　刷：北京雁林吉兆印刷有限公司
开　　本：787mm×1092mm　1/16
印　　张：12.25
字　　数：300千字
版　　次：2024年8月第1版
印　　次：2024年8月第1次
定　　价：50.00元

本社网址：www.jccbs.com，微信公众号：zgjcgycbs
请选用正版图书，采购、销售盗版图书属违法行为
版权专有，盗版必究。本社法律顾问：北京天驰君泰律师事务所，张杰律师
举报信箱：zhangjie@tiantailaw.com　举报电话：(010) 63567684
本书如有印装质量问题，由我社事业发展中心负责调换，联系电话：(010) 63567692

《低能耗建筑简明教程》编撰委员会

主　编　姜晨光

副主编（按姓氏拼音排序）

陈　茜　　盖玉龙　　胡春春　　石伟南　　孙胡斐　　王世周
张仁勇　　张协奎　　周煜东

参　编（按姓氏拼音排序）

蔡祥祥　　陈凤军　　陈惠荣　　陈家冬　　陈　丽　　陈伟清
承明秋　　崔　专　　杜　强　　方绪华　　巩亮生　　姜学东
蒋旅萍　　李锦香　　李明国　　李瑞青　　李少红　　刘进峰
刘兴权　　路　顺　　欧元红　　任　荣　　任忠慧　　沈良锋
沈亮亮　　宋金轲　　宋志波　　王斐斐　　王凤芹　　王进强
王　磊　　吴　亮　　吴　玲　　许金山　　薛志荣　　严立明
杨吉民　　叶　军　　张　斌　　张靖仪

丛书序言

智能制造是未来制造发展的必然趋势和主攻方向。制造业经历了机械化、电气化和信息化三个阶段,如今正迈向智能化发展的第四个阶段,即工业4.0。工业1.0到工业2.0实现了从依赖工人技艺的作坊式机械化生产到产品和生产标准化以及简单的刚性自动化。工业2.0到工业3.0实现了更复杂的自动化,通过先进的数控机床、机器人技术、PLC(可编程控制器)和工业控制系统实现敏捷的自动化,从而实现变批量柔性化制造。工业3.0到工业4.0实现了从单一的制造场景到多种混合型制造场景的转变,从基于经验的决策到基于证据的决策,从解决可见的问题到避免不可见的问题,从基于控制的机器学习到基于丰富数据的深度学习。

智能制造是基于新一代信息通信技术与先进制造技术深度融合,贯穿于设计、生产、管理、服务等制造活动的各个环节,具有自感知、自学习、自决策、自执行、自适应等功能的新型生产方式。智能制造是一种可以让企业在研发、生产、管理、服务等方面变得更加"聪明"的生产方法。在合理的整体规划和顶层设计基础上,智能制造按照功能可以分为五层,层层传导:设备层执行生产任务并上传现场数据;产线层则将现场数据进行预处理并向上层汇报;工厂层接收处理后向企业层反馈生产情况;企业层运用生产管理软件进行分析处理后向下层下发工作计划,再依次传导至设备层对生产设备进行有效控制与检测,设备、控制、车间与企业层形成由点到线再到面的递进关系;协同层则是单一企业与其所处的商业生态环境中其余参与者的互动与协同,将各类参与者连接,做到信息的实时互通,形成综合的数据平台,达到"万物互联"的状态,更利于全产业链优化发展。

产业链涉及生产制造各环节,应用广泛。从产业链层级来看,智能制造可划分为感知层、网络层、执行层、应用层。就智能制造产业链的上下游而言,我国智能制造的上游包括制造业的零部件和感知层相关产品;中游则涵盖了网络层的相关信息技术和管理软件,执行层的机器人、智能机床、3D打印以及各种自动化设备;下游则是应用层,主要是通过各种自动化生产线集成后形成的智能工厂,在汽车、3C、医药等领域得到广泛应用。

轴承是制造业的"关节";传感器是制造业的"皮肤";伺服系统是制造业的"神经";数控机床是工业制造的"母机";工业机器人是工业制造的"操盘手";3D打印是工业制造的"工具";工业软件是智能制造的"大脑"。美国"NIST智能制造生态系统"、德国"工业4.0"、日本"社会5.0"、中国智能制造标准体系构建等以重振制造业为核心的发展战略,均以智能制造为主要抓手,力图抢占全球制造业新一轮竞争制高点。

《中国工程图学史》记载,古人用界尺、槽尺、平行尺和毛笔进行建筑设计工作。到了近现代，工程师们开始启用绘图板、丁字尺和墨线笔等工具。现今，原本沉寂的数据通过数字技术的"加工"，成为跃然纸上的立体影像，如同积木一样，可以根据不同部门的需求及时进行调整，而调整后的结构实时可见，这便是目前行业中常说的建筑信息建模技术。以这种技术路径为代表的"智能建造"正在成为建筑行业变革的内在动力，改变着这个古老的行业。

智能建造是指在建造过程中充分利用智能技术，通过应用智能化系统提高建造过程智能化水平，来达到安全建造的目的，提高建筑性价比和可靠性。

以"建筑信息建模"为例，它可以通过三维可视化设计模型替代原有二维图纸，使建筑信息之间相互关联，并传递到施工、运维等建筑全生命周期。数字模型之下，设计师用笔在平板电脑上就可以在所选区域的轮廓上绘画、探索、尝试设计、思考和选择，当输入设计目标和相关数量，并大概画出功能分区后，计算机就会自动创建足够优化、合理和包含了足够设计细节的BIM模型。这是当今国际上迅速发展的一门新兴综合技术，被誉为智慧城市建设的基础。

曾被评为"全球最佳摩天大楼"的悉尼"布莱街一号"项目，正是建筑信息建模技术的巧妙应用。该技术在整个项目中，尤其在可持续发展、协调合作和设施管理三大方面发挥重要作用，成就了这座拥有庞杂系统和完备设施以及极高节能环保标准的超级大楼，成为各国建筑界反复研究借鉴的"模板"。日本东京的新摩天大楼——日本邮政大厦，也是建筑信息建模技术运用的成功典范。由于采用该技术，项目减少了隐藏于图纸内的管线冲突，确保了施工图面与数量表的一致性，各参与方提取数据、图纸、资料等变得快捷安全，为项目安全建设提供了良好的管理平台。在我国，雄安新区、北京大兴国际机场等多个大型重点工程也都应用了建筑信息建模技术。

除此之外，大数据、人工智能、工业互联网、机器人和5G等新技术也在"智能建造"领域占有一席之地。如像搭积木一样装配预制构件，装配式建筑能有效减少污染、节约资源和降低成本；外墙喷涂机器人开展高空作业，效率可达人工的3～5倍；楼宇自控系统实时调节室内温度、照明等，让建筑有了"智慧大脑"等，都是智能建造中的重要科技成果。

建筑行业属于传统的劳动密集型行业，生产方式粗放、劳动效率不高、能源资源消耗较大等问题成为该行业亟待解决的问题。面对传统建筑方式受阻的问题，英国、德国等国家都提出了建筑业的发展战略，要求通过智能化、数字化、工业化等提升产业竞争力。英国政府发布了"Construction 2025"战略，提出到2025年，将工程全生命周期成本降低33%，进度加快50%，温室气体排放减少50%，建造出口增加50%。围绕这一战略，英国制定了建筑业数字化创新发展路线图，提出将业务流程、结构化数据以及预测性人工智能进行集成，实现智慧化的基础设施建设和运营。德国联邦交通与数字基础设施部发布了《数字化设计与建造发展路线图》，对数字设计、施工和运营的变革路径进行了描述，目的是在德国联邦交通与数字基础设施部的所辖领域逐步采用建筑信息建模，持续提高工程设计精确度和成本确定性，不断优化工程全生命周期成本绩效。《中华人民共和国国民经济和社会发展第十四个五年规划和2035年远景目标纲要》同样明确提出"发展智能建造，推广绿色建材、装配式建筑和钢结构住宅"。借助 5G、人工智能、物联网等新技术发展智能建造，成为促进建筑业转型升级、提升国际竞争力的迫切需求。数字技术赋能项目正在成为全球建筑行业跨越建设瓶颈的重要解决方案。

国际机器人联合会（IFR）最新发布的报告显示，全球工厂中有约 300 万台工业机器人在运行。2022 年 4 月，韩国研制的机器人已经可以完成智能平板绘画、升降递送包裹等工作。2022 年 8 月，北美发布了一款建筑画线打印机器人，可以在建筑工地地面上自主打印布局。2022 年 9 月，英国建筑师受动物启发研制出可以在飞行中建造 3D 打印结构的飞行建筑机器人。而日本则是目前最大的机器人和自动化技术出口国，其研发的机器人在关节技术、高精密减速器、控制器、高性能驱动器等核心技术和关键零部件方面居世界领先地位。2022 年 7 月 17 日，亚洲首个专业货运机场——鄂州花湖机场正式投运，该项目同样以三维建模的方式将建筑数据和图形转化为立体可视数字模型，解决了钢筋图元数量庞大、传统二维手绘建模方式无法满足项目设计和建造要求的难题。

除此之外，人工智能同样在建筑领域大展拳脚，例如，设计师将工位数量、会议室数量和电话间的数量都做了相应的调整，借助于人工智能技术，在新的 BIM 模型构架内，90 秒内就可以得到设计变更后的最优设计，包括设计模型和包含足够细节的图纸。智能建造——一项复杂的系统工程，涵盖了科研、设计、生产加工、施工装配、运营等环节。数字化技术的应用带来了规划和设计方法甚至设计理念的改变，正在颠覆原有的工程建造技术体系以及项目组织管理方式，重塑建筑这个古老行业。

江南大学姜晨光教授以 40 年的教学积淀为基础，精心打造的这套智能建造专业教育丛书令人耳目一新。丛书紧跟时代发展的脚步，聚焦世界科技和产业前沿，布局合理、详略得当、有张有弛、通俗易懂，理论联系实际，贯穿了"产学研"一体化的思想，甚为难得、难能可贵。通读全书，甚为欣喜，以是为序。

中国工程勘察大师
2023 年 11 月 12 日

前　言

我国正处在城镇化快速发展时期，人民生活水平不断提高，但是能源和环境矛盾日益突出，建筑能耗总量和能耗强度上行压力不断加大。实施能源、资源消费革命发展战略，推进城乡发展从粗放型向绿色低碳型转变，对实现新型城镇化、建设生态文明具有重要意义。

从世界范围看，美国、日本、韩国等发达国家和欧盟各国为应对气候变化和极端天气、实现可持续发展战略，都积极制定建筑物迈向更低能耗的中长期发展目标和政策，建立适合本国特点的技术标准及技术体系，推动建筑物迈向更低能耗正在成为全球建筑节能的发展趋势。在全球齐力推动建筑节能工作迈向下一阶段的过程中，很多国家提出了相似但不同的定义，主要有低能耗建筑、超低能耗建筑、近零能耗建筑、（净）零能耗建筑等。

近零能耗建筑（nearly zero energy building）一词源于欧盟。欧盟于2010年7月9日发布了《建筑能效指令》（修订版）(*Energy Performance of Building Directive Recast*, EPBD)，要求各成员国确保自2018年12月31日起，所有政府持有或使用的新建建筑达到"近零能耗建筑"要求；自2020年12月31日起，所有新建建筑达到"近零能耗建筑"要求。

零能耗建筑（zero energy building）一词源于美国。美国能源部建筑技术项目委员会在《建筑技术项目2008—2012规划》中提出，建筑节能发展的战略目标是使"零能耗住宅（zero energy home）"在2020年达到市场可行水平，使"零能耗建筑"在2025年可商业化。2015年9月，美国能源部发布零能耗建筑的官方定义，即以一次能源为衡量单位，全年能源消耗小于或等于建筑物本体及附近场所产生的再生能源的建筑。在实际应用中，有些建筑虽使用了综合手段降低建筑物能耗，但依然难以仅通过建筑物本体及附近场所产生的可再生能源平衡能源消耗，需要通过外购部分绿电实现零能耗。因此，也可在建筑物本身能效很高且建筑物表皮及周边可再生能源得到充分利用的前提下，通过外购可再生能源，达到零能耗。

2015年11月，住房城乡建设部发布《被动式超低能耗绿色建筑技术导则（试行）（居住建筑）》。2017年2月，住房城乡建设部发布《建筑节能与绿色建筑发展"十三五"规划》。2021年4月，江苏省住房和城乡建设厅发布《关于推进碳达峰目标下绿色城乡建设的指导意见》（苏建办〔2021〕66号），文件中要求"加强高品质绿色建筑项目建设，大力发展超低能耗、近零能耗、零能耗建筑，推动政府投资项目率先示范，持续开展绿色建筑示范区建设。到2025年，新建建筑全面按超低能耗标准设计建造，在2020年提高节能 30% 的基础上再提升 30%，建成一批高品质绿色建筑项目，创建一批节能低碳、智慧宜居的绿色建筑示范区"。2021 年 9 月 22 日，《中共中央 国务院关于完整准确全面贯彻新发展理念做好碳达峰碳中和工作的意见》发布。2022 年 6 月 30 日，住房城乡建设部、国家发展改革委发布《关于印发城乡建设领域碳达峰实施方案的通知》（建标〔2022〕53 号）。2022 年 12 月 16 日，北京市碳达峰碳中和工作领导小组办公室发布《关于印发北京市民用建筑节能降碳工作方案暨"十四五"时期民用建筑绿色发展规划的通知》（简称《规划》）。《规划》提出，到 2025 年，北京市新建居住建筑全面执行绿色建筑二星级及以上标准，新建公共建筑力争全面执行绿色建筑二星级及以上标准，力争完成公共建筑节能绿色化改造 3000 万平方米，累计推广超低能耗建筑规模力争达到 500 万平方米，基本完成全市 2000 年前建成的需要改造的城镇老旧小区改造任务。

在政府的强力推动下，我国的低能耗建筑得到了蓬勃发展。如何使低能耗建筑更好地服务于社会是笔者多年来一直在苦苦思索的问题，闲暇之余翻阅了大量的文献与资料，对低能耗建筑有了一些感悟，一本小书《低能耗建筑简明教程》也就跃然出世了。该书图文并茂，全景式地展示了世界各国低能耗建筑的概貌和最新成就，可为低能耗建筑从业人员提供一些启发，更希望本书能对我国低能耗建筑的健康可持续发展有所帮助，有所贡献。

全书由江南大学姜晨光主笔完成，苏州科技大学天平学院孙胡斐，上海烯牛信息技术有限公司李锦香、杜强、周煜东，青岛农业大学李明国、姜学东、杨吉民、李少红、任荣、盖玉龙、崔专、陈惠荣，烟台自然博物馆张仁勇，龙口市自然资源和规划局路顺，国网山东省电力公司电力科学研究院王斐斐，山东省海河淮河小清河流域水利管理服务中心李瑞青、巩亮生，山东省水利综合事业服务中心石伟南，莱阳市环境卫生管理中心宋金轲、张斌、王世周，无锡市建筑设计研究院有限责任公司承明秋，无锡水文工程地质勘察院薛志荣，江苏地基工程有限公司陈家冬，江苏中设集团股份有限公司陈凤军，无锡市大筑岩土技术有限公司吴亮，无锡太湖国家旅游度假区规划建设局许金山，无锡融创景运置业有限公司王进强，无锡绿城和风置业有限公司王磊，江苏江中集团有限公司沈良锋、沈亮亮、蔡祥祥，山东盛隆集团有限公司宋志波、任忠慧、严立明，广西大学张协奎、陈伟清，中南大学刘兴权，福州大学方绪华，广州大学张靖仪，韶关学院胡春春，广州工程技术职业学院陈茜，江南大学叶军、吴玲、蒋旅萍、欧元红、陈丽、刘进峰、王凤芹等同志（排名不分先后）参与了相关章节的撰写工作。初稿完成后，中国工程勘察大师严伯铎老先生不顾耄耋之躯审阅全书，提出了不少改进意见，为本书的最终定稿作出了重大贡献，谨此致谢！

限于水平、学识和时间关系，书中内容难免存在欠妥之处，敬请读者多指正并提出修改建议。

姜晨光
2024 年 1 月于江南大学

目　　录

第1章　低能耗建筑的历史与发展 1
   1.1　低能耗建筑的特点 1
   1.2　被动式超低能耗建筑的特点 2
   1.3　零能源建筑的特点 3
   1.4　低碳建筑的特点 5
   1.5　零碳建筑的特点 7
   1.6　绿色建筑的特点 8
   1.7　建筑节能的特点 9
   思考题 11

第2章　低能耗建筑能源体系 12
   2.1　太阳能 12
   2.2　地热能 17
   2.3　风能 21
   2.4　生物质能 24
   思考题 28

第3章　外墙节能技术 29
   3.1　外墙保温 29
   3.2　保温层的相关要求 32
   思考题 34

第4章　门窗节能技术 35
   4.1　中空玻璃 35
   4.2　镀膜玻璃 40
   4.3　有色玻璃 42
   4.4　防火玻璃 42
   4.5　智能玻璃 44
   思考题 46

第 5 章　屋顶节能技术 ... 47

5.1　智能技术 ... 47
5.2　生态技术 ... 50
5.3　屋顶节能 ... 53
5.4　屋顶绿化 ... 53
5.5　开闭屋顶 ... 55
5.6　太阳能集热器 ... 56
5.7　太阳能屋顶 ... 59
5.8　太阳能热水系统 ... 61
5.9　分体太阳能 ... 68
5.10　太阳能与建筑一体化 ... 69
5.11　主动式太阳能建筑 ... 71
5.12　被动式太阳能建筑 ... 74
5.13　通风屋顶 ... 78
思考题 ... 79

第 6 章　环境调节技术 ... 80

6.1　建筑智能化 ... 80
6.2　污水资源化 ... 80
6.3　工业废热利用 ... 81
6.4　热回收 ... 84
6.5　地源热泵系统 ... 88
6.6　水源热泵 ... 89
6.7　新风系统 ... 91
6.8　辐射采暖 ... 93
思考题 ... 95

第 7 章　绿色建筑设计要求 ... 96

7.1　宏观原则 ... 96
7.2　绿色建筑的设计策划 ... 97
7.3　绿色建筑的场地与室外环境要求 ... 98
7.4　绿色建筑的建筑设计与室内环境要求 ... 101
7.5　绿色建筑的建筑材料要求 ... 107
7.6　绿色建筑的给水排水要求 ... 108
7.7　绿色建筑的暖通空调要求 ... 110
7.8　绿色建筑的建筑电气要求 ... 112
思考题 ... 114

第8章 近零能耗建筑设计的相关要求 ··· 115

- 8.1 宏观要求 ··· 115
- 8.2 近零能耗建筑的室内环境参数要求 ·· 117
- 8.3 近零能耗建筑的建筑能耗指标 ·· 118
- 8.4 近零能耗建筑的技术性能指标 ·· 119
- 8.5 近零能耗建筑的技术措施 ·· 127
- 8.6 近零能耗建筑的评价方法 ·· 147
- 思考题 ·· 151

第9章 低能耗建筑范例 ··· 152

- 9.1 低能耗建筑范例 ··· 152
- 9.2 超低能耗建筑范例 ·· 157
- 9.3 我国近零能耗建筑范例 ·· 164
- 9.4 德国近零能耗建筑 ·· 167
- 9.5 国际净零能源和零碳建筑范例 ·· 170
- 思考题 ·· 175

参考文献 ·· 177

第1章 低能耗建筑的历史与发展

1.1 低能耗建筑的特点

低能耗建筑是指在围护结构、能源和设备系统、照明、智能控制、可再生能源利用等方面综合选用各项节能技术,能耗水平远低于常规建筑的建筑物,是一种不用或者尽量少用一次能源,而使用可再生能源的建筑物。

近年来,我国建设领域取得巨大成就,每年建成的房屋建筑面积已超 20 亿平方米,比所有发达国家年竣工面积之和还要多,但付出资源环境代价过大,能源浪费严重。当前,我国能源形势严峻,发展经济与资源环境的矛盾日益尖锐。大力推进建筑节能、降低建筑能耗已刻不容缓。

化石能源大量使用时排放的温室气体使地球变暖,危及人类和生物的生存,受到国际社会的广泛关注。目前,我国仍是以煤炭为主的能源生产大国和消费大国,能源消费和温室气体排放居世界第二位,而且能源消费和温室气体排放量还在继续增加,减排压力也日益增大。尽力减少温室气体排放,保护地球环境,造福人类,是我们应该承担的历史责任。

在世界性建筑节能大趋势的推动下,许多发达国家低能耗建筑发展迅速,规模越来越大,技术愈加成熟和先进,还建成了一批微能耗、零能耗(或零碳排放)建筑,引导了建筑节能的技术进步。我国有些城市也建成了或正在建设一些低能耗建筑。随着建筑节能推进力度的加强,低能耗建筑必将在我国得到较快发展,从而带动节能建筑向更高水平前进。

发展低能耗建筑的目标,是既要创造舒适、健康的生活环境,又要节约使用、高效利用自然资源和能源,降低日常能源费用支出,减少运营成本。低能耗建筑应该创造出人与自然和谐的环境,一年四季室温适宜,有益于人体身心健康,有充足的日照和良好的通风,还可改善整个城市的生态环境,大大减少有害气体、二氧化碳、固体垃圾等的排放。

低能耗建筑必须满足建筑节能标准的要求。节能标准是所有建筑应该遵守的节能的基本要求,居住建筑及公共建筑节能标准中的规定性指标或性能性指标必须达到要求,而且对低能耗建筑的节能要求要高于一般节能标准的要求,其能耗必须低于建筑节能标准的基准能耗 15% 以上。

低能耗建筑应该在当地和周边地区起到示范作用、表率作用和带动作用。低能耗建筑是其建造者为社会所做的有益贡献,理应得到社会的认可和赞赏,当然也可以作为开发商的宣传点,但是,必须是实实在在的低能耗建筑。这种建筑不仅要通过计算和测评,而且建成后要经过检测,拿得出冬季和夏季的室内温度以及采暖、空调能耗等可靠数据,住户反映舒适性很好,用充分的事实证明其是货真价实的低能耗建筑,不要只是用低能耗建筑来做广告。

当然,计算低能耗建筑为了节能所增加的建设投资也是必要的环节。为了建造低能耗建筑,可能需要高成本,也可以是中等成本或不算高的成本,但一定要计算建筑物全寿命的成本,即建筑物从规划设计施工,运营使用50年以及拆除发生的各项费用的总和,不能只片面计算一次投资。在许多发达国家,通常还会计算低能耗建筑为减少温室气体排放取得的环境和社会效益,这样应该是更加全面、完整的计算原则。

低能耗建筑的设计原则可归结为以下四条:①建筑物采暖和制冷上尽量不使用一次性能源;②依据建筑能耗的分配比例,在技术上抓主要矛盾,以外墙、外窗、屋面为重点;③充分考虑我国的经济条件、气候条件、生活方式和习惯等因素,利用现有的建设材料和资源、建设资金等;④低造价、高效率使低能耗建筑技术具有在社会中普及应用的价值。

低能耗建筑的前身是低碳建筑,低碳建筑的前身是绿色建筑,绿色建筑的前身是建筑节能。目前,低能耗建筑已经迈向了超低能耗建筑和零能耗建筑(零能源建筑)的阶段。

1.2　被动式超低能耗建筑的特点

被动式超低能耗建筑是指适应气候特征和自然条件,通过保温隔热性能和气密性能更高的围护结构,采用新风热回收技术,并利用可再生能源,提供舒适室内环境的建筑。

从世界范围看,欧盟等发达国家和地区为应对气候变化、实现可持续发展战略,不断提高建筑能效水平。欧盟2002年通过并于2010年修订的《建筑能效指令》(EPBD),要求欧盟国家在2020年前,所有新建建筑都必须达到近零能耗水平。丹麦要求2020年后居住建筑全年冷热需求降低至20kW·h/(m²·a)以下。英国要求2016年后新建建筑达到零碳水平,2019年后公共建筑达到零碳水平。德国要求2020年12月31日后新建建筑达到近零能耗水平,2018年12月31日后政府部门拥有或使用的建筑达到近零能耗水平。德国"被动房"(passive house)是实现近零能耗目标的一种技术体系,它通过大幅度提升围护结构热工性能和气密性,同时利用高效新风热回收技术,将建筑供暖需求降低到15kW·h/(m²·a)以下。美国要求2020—2030年"零能耗建筑"应在技术经济上可行。韩国提出2025年全面实现零能耗建筑目标。许多国家都在积极制定超低能耗建筑发展目标和技术政策,建立适合本国特点的超低能耗建筑标准及相应技术体系,超低能耗建筑正在成为建筑节能的发展趋势。

我国幅员辽阔,各地区气候差异大,经济发展水平和室内环境标准相对较低,建筑特点、建筑技术和产业水平以及人们的生活习惯,和德国、丹麦等欧洲国家存在很大不同。在中华人民共和国住房和城乡建设部与德国联邦交通、建设及城市发展部的支持下,住房和城乡建设部科技发展促进中心与德国能源署自2007年起在建筑节能领域开展技术交流、培训和合作,引进德国先进建筑节能技术,以被动式超低能耗建筑技术为重点,建设了几项被动式超低能耗绿色建筑示范工程,同时与美国、加拿大、丹麦、瑞典等多个国家开展了近零能耗建筑节能技术领域的交流与合作,示范项目在山东、河北、新疆、浙江等地陆续涌现,取得了很好的效果。

被动式超低能耗建筑设计多采用被动式设计策略。被动式设计策略主要是建筑设计所采用合适朝向、蓄热材料、遮阳装置、自然通风等策略的设计类型。这些策略尽可能地被动接受或直接利用可再生能源。被动式超低能耗建筑为人们提供了舒适并且节省资源的方式,对人类社会健康发展具有深远的意义。

1.3 零能源建筑的特点

零能耗建筑一般指零能源建筑,见图 1-3-1,零能源建筑(zero energy consumption building)是不消耗常规能源,完全依靠太阳能或者其他可再生能源的建筑。从节能建筑、绿色建筑、生态建筑、可持续性理念到最近的低碳,共同的目标都是为了降低二氧化碳的排放量。零能源建筑的概念其实并不新,许多国家如瑞士、加拿大及德国,都在发展零能源建筑。

"生态"这个名词,1866 年由德国科学家海克尔提出,其本意是自然界的琐事,与人类生活本无太大关系,只是随着社会的发展,人们对于生活、健康越来越重视,对地球、环境开始有责任感,于是生态开始在各个行业大行其道,尤其是在房地产界,随着人们对居住要求的提高,生态住宅也渐渐成为大势所趋。

所谓高舒适度微能耗建筑,是指在任意气候条件下,通过对建筑的科学设计、科学选材,使室内自然温度(即不用采暖制冷设备的温度)接近或保持在人体舒适温度 20~26℃范围内,从而在为居住者提供健康、舒适、环保的居住空间的同时,降低建筑能耗,保护城市环境。

图 1-3-1 零能耗建筑系统

高能耗往往带来高污染,而且居住者和使用者都不会感到舒适。对于我国这个资源紧缺、人口众多的国家来说,高能耗并不是可持续发展之路。因此,无论从地球环境的角度,还是从居住者长久的居住利益角度,或者子孙后代角度,都要建造低能耗、高舒适度的建筑,为可持续发展做准备,对地球好,对环境好,也对居住者好。

按照大力发展"节能省地型"住宅的要求,我国资源、环境的约束要求传统的住宅建设方式必须改变。目前我国住宅建设过程中,耗能占全国总能耗的 20% 以上,耗水占城市用水32%，城市用地中的30%用于住宅，耗用的钢材占全国用钢量20%，水泥用量占全国总用量的17.6%。住宅建设的物耗水平与发达国家相比，钢材消耗量高出10%～25%，卫生洁具的耗水量高达30%以上。随着城镇化进程和生活水平的提高，一方面住宅建设的任务还很繁重，另一方面，又面临着越来越严峻的资源、环境、生态压力。

零能耗建筑系统通常是全智能控制的，即不用或少用外界能源；24h生活热水即开即用；室内空气保持清新，温度、湿度、含氧量适宜。这种建筑基本不消耗煤炭、石油等不可再生能源，就能维持建筑的正常运转需要。零（微）能源建筑的主要特点是除了强调建筑围护结构被动式节能设计外，将建筑能源需求转向太阳能、风能、浅层地热能、生物质能等可再生能源，为人类、建筑与环境和谐共生寻找到最佳的解决方案。

零能耗建筑系统是一个技术集成体系，涉及方方面面的相关技术，比如根据气候、场地、结构要求选择合理的建筑功能布局；建造智能、保温、遮阳的建筑围护结构；优化室内通风、采光系统，采用置换送风技术；大量使用太阳能、地热能、风能、生物能等可再生能源；采用辐射采暖、制冷系统，提高能源利用效率；推广节水技术、绿色建材、绿化技术等生态建筑技术；使用智能建筑控制技术、废热废水回收技术等。

零能源建筑设计理念在于最大限度地利用自然能源、减少环境破坏与污染、实现零化石能源使用的目的，能源需求与废物处理实现基本循环利用的居住模式。有人曾建设过一个这样的试验性建筑群，目的是为城市住宅建筑实现可持续发展提供一个综合性解决方案，同时解决环境、社会、经济等不同方面的需求，并运用一些可靠的办法降低能耗、水耗和汽车使用量，最大限度地使用太阳能。该社区的建筑设计综合考虑一系列因素如可再生能源、完美的建筑设计、可持续材料和低环境影响等，是比现代西方建筑和整体设计更为可取的方案。这项计划之所以被称为"零能源发展"，是因为这里的建筑物所需的电力和热力供应都不再使用传统的能源，建筑物也不再向大气排放二氧化碳。采用的所有建筑材料均可循环使用。为实现尽可能减少建筑物能源使用量的目标，这里的建筑物全部南向，以最大限度地吸收太阳能量。每个阳台后是北向的办公室或居室。北向的房间能照射到的阳光较少，所以夏天不太热，减少了空调使用量。无论是居室还是办公室，均安装能耗低、效率高的电器产品。屋顶被绿化，以减少热辐射。各个方面综合节能的结果，使得这里建筑物的电力和热能需求只有普通建筑的10%。

从设计理念上看，零能源建筑的意义如下：减少电力供应负担，从而减少了新建电站的要求；减少水供应的基础设施建设和水污染；减少生活和工作中交通堵塞；居住地和工作地在一起，可以减少交通污染排放；减少公共交通的负载，减少拥有私家汽车的需求；减少对地方供应链的刺激；减少社会疏远，因为24h中，所有的团体都在使用公共设施；减少国家对化石能源的消耗，减少碳释放量；由于污染减少和环保住宅带来健康问题的减少；减少在城市中野生动物栖息地的丧失；减少农业用地的丧失，而且在保证住宅人口高密度的同时，提供新房屋中玻璃温室和花园带来的舒适性。

"零能源发展"计划设计中考虑的第一要点是大环境，项目所在地从客观条件上对能源的需求降到最低，同时，要减少挖土量与对植被的破坏。某零能源办公楼有效地利用了一个废弃的主题公园。第一是改建其原有设施为职工宿舍和食堂，在停车场原址建设办公楼项目，其余部分完全恢复绿化。第二是将整个建筑埋入地下，与外界隔断，避免受太阳光以及暴风雪的影响。第三是引入好的条件，包括周边可利用的能源条件，如将附近一条河流引入建筑内部，恒温水流的循环被设计为辐射性的空调系统，最后排放回河流，同时，地下的温泉水可提供大楼所需的部分热量。第四是新风采集来自地下，通过挖一条盾沟以引入空气，夏季利用土地对其进行降温，冬季则聚热空气。最基本的动力诸如照明，尽可能通过天窗和前窗去满足，天窗还具有"烟囱"的功能，可以排出内部的热空气。建筑内部还设有雪窖，收集本地区冬季的丰富冰雪，以解决机房所需的冷气。通过这些措施，整个建筑的能耗降低了75%，其余25%依靠可再生能源，即太阳光和风力发电。其中，90%来自太阳能光电板，最经济的选择是将电力卖给电力公司，待有需要时，再引入电力。这也是为什么称此项目为"0 Energy Balance"，因为纯零能源的可实施性很差，譬如需要庞大的蓄电池维修及管理费。这个项目运营到2009年，测定发现仍有7%的能源缺口，原因来自风力发电的局限性。

此外，减少排放量也意味着延长建筑的使用寿命，实施建筑一生的能源管理。以在日本东北电力总部大厦实施的"使用寿命周期能源管理系统"为例，它可降低约50%的能耗。而在建筑设计中，日本已开始探讨两百年的建筑设计，急需解决的问题包括结构和强度、减震、更佳的便利性以及功能的灵活性。

1.4 低碳建筑的特点

低碳建筑是指在建筑材料与设备制造、施工建造和建筑物使用的整个生命周期内，减少化石能源的使用，提高能效，降低二氧化碳排放量，见图1-4-1。目前低碳建筑已逐渐成为国际建筑界的主流趋势。一个经常被忽略的事实是：建筑在二氧化碳排放总量中，几乎占到了50%，这一比例远远高于运输和工业领域。

图1-4-1 低碳建筑

欧洲近年流行的"被动节能建筑"可以在几乎不利用人工能源的基础上，依然能够使室内能源供应达到人类正常生活需要。这在奥地利、德国等国家，已经成为现实。在我国，低碳建筑也越来越受到重视，并已写进国家的发展规划中。事实上，早在2007年我国提出的《能源发展"十一五"规划》中，就明确提出"到2010年，将使单位GDP（国内生产总值）能耗比2006年降低20%"的目标。当然，我国低碳建筑的发展还需要有一套符合实际的可操作的标准，同时也应辅有相应的政策支持。不盲从，不求异，如何走一条理性正确的建筑生态节能之路,是我国面临的一个重要课题。生态节能建筑技术系统复杂,整合专业众多,品质要求较高,因此常规的粗放式设计、专业配合及实施手段难以满足要求。

低碳建筑主要分为两方面,一方面是低碳材料,另一方面是低碳建筑技术。地源热泵采集地下热能,雨水收集综合利用,利用光伏发电系统太阳能发电照明,通过导光管将阳光引入室内照明……经过建设者的努力,我国低碳社区示范区的建设正在快速推进。

房地产行业是能耗大户。统计数据显示,我国每建成1平方米的房屋,约释放出0.8吨碳。另外,在房地产的开发过程中建筑采暖、空调、通风、照明等方面的能源都参与其中,碳排放量很大。因此,建设绿色低碳住宅项目,实现节能技术创新,建立建筑低碳排放体系,注重建设过程的每一个环节,以有效控制和降低建筑的碳排放,并形成可循环持续发展的模式,最终使建筑物有效地节能减排并达到相应的标准,是我国房地产业走上健康发展的必由之路,也是开发商们义不容辞的责任。

低碳经济的发展已经越来越多地得到更加广泛的重视,并成为我国乃至全球经济增长的新亮点。随着人们对低碳经济的认知和了解,市场的认可指日可待,积极筹划运营开发的低碳项目将大行其道。

"低碳"概念来自生活。二氧化碳增多使地球变暖,低碳经济的理念应运而生,低碳社会、低碳城市、低碳建筑等新概念如潮而至。实现低碳发展成为世界各国的共同任务,积极努力、齐心应对成为"地球人"的共同选择。

低碳建筑涉及五大核心技术体系。第一个是外墙节能技术,墙体的复合技术有内附保温层、外附保温层和夹心保温层三种,我国采用夹心保温做法的较多;在欧洲各国,大多采用外附发泡聚苯板的做法;在德国,外保温建筑占建筑总量的80%,而其中70%均采用泡沫聚苯板。第二个是门窗节能技术,主要是特种玻璃的应用,比如中空玻璃、镀膜玻璃(包括反射玻璃、吸热玻璃)、高强度Low-E防火玻璃(高强度低辐射镀膜防火玻璃)、采用磁控真空溅射方法镀制含金属银层的玻璃以及最特别的智能玻璃。第三个是屋顶节能技术,利用智能技术、生态技术来实现建筑节能的愿望,如太阳能集热屋顶和可控制的通风屋顶等。第四个是太阳能的开发利用,包括太阳能热水器、光电屋面板、光电外墙板、光电遮阳板、光电窗间墙、光电天窗以及光电玻璃幕墙等。第五个是其他节能技术,采暖、制冷和照明是建筑能耗的主要部分,为此,可使用地(水)源热泵系统、置换式新风系统、地面辐射采暖。

当前,只有日本的几家建筑设计公司和德国的设计师在系统地做这方面的事情。按照日建公司的节能标准化设计流程,如果客户选择全部技术,增加的建筑投入在总成本的5%左右,却能取得30%~40%的减排效果。这增加的5%投资主要集中在三个方面,隔热、照明和电脑发热。这5%对于业主来说,也可能是低碳建筑落地最大的障碍,这意味着提高建筑的设计成本,尤其对于一个动辄上亿元的摩天大楼项目来说,是一笔不菲的支出。比如光导管技术,这项由日建公司在2000年左右开发的专利,可以利用不锈钢的镜面,将建筑外的自然光通过镜面反射原理,直接传导到建筑内部来照明,由于成本不菲,这项技术在日本2003年落成的宇宙开发中心才首次实际采用,如今的丰田汽车总部大楼也采用了这样的技术。不过,从十几年前开始,日建公司就对以前所做的项目进行跟踪调查和"模拟调试"。这些经验累积下来,哪方面消耗大,哪方面效果明显,设计公司都有了详尽的分析。而从"建筑经济角度"说服业主增加节能成本，也往往能收到不错的效果，毕竟建筑有 30~50 年的平均寿命，这 5% 的投入一般在 5~6 年内就可以收回。

1.5 零碳建筑的特点

零碳建筑是指零碳排放的建筑物，可以独立于电网运作，能够依靠太阳能或风能运作。这种建筑在不消耗煤炭、石油、电力等能源的情况下，全年的能耗全部由场地产生的可再生能源提供。

零碳城市源自罗马俱乐部提出的经济"零增长"理论。所谓零碳城市，即城市对气候变化不产生任何负面影响，或者说最大限度地减少温室气体排放。零碳建筑是零碳城市的一个重要方面，不仅利用各种手段减少自身产生的污染，还将废物合理利用，使用环保清洁的能源，以降低二氧化碳排放，最终达到"零废水、零能耗、零废弃物"的理想状态。零碳建筑消耗的能源量与其自身产生的能源量大体相当，从而实现零排放。零碳建筑的主要原理是通过太阳能、风能和有机垃圾发酵产生的生物质能作为核心能源达到"零能耗"；通过屋顶收集的雨水冲洗马桶或灌溉植物，减少对自来水的需求，以此达到"零废水"；将有机垃圾用来发电，将无机垃圾制作成家具或建筑材料，以此达到"零废弃物"。

"绝对零能耗"建筑是没有的。所谓"零能耗"是不用污染性常规能源（煤、气、油、柴）。零碳建筑的提出带有鼓励不用污染性常规能源并加强开发可持续能源的意思。若零碳建筑以地球陆地表面为参照面，那么太空建筑、海洋建筑、地下建筑均可称"零碳建筑"。零碳建筑重点是指地表面建房且最大限度地减少温室气体排放，强调地表生态环境的保护。零碳建筑除了强调建筑围护结构的被动式节能设计外，也注重将建筑能源需求转向太阳能、风能、浅层地热能、生物质能等可再生能源，为人类、建筑与环境和谐共生找到最佳的解决方案。尽管真正做到温室气体的零排放是不可能的，但将其作为人类环保的理念和目标，有积极、现实的意义。

世界上第一个零碳建筑范例是伦敦贝丁顿零碳社区。贝丁顿零碳社区位于伦敦西南部的萨顿镇，整个项目占地 1.65 公顷，包括 82 套公寓和 2500 平方米的办公和商住面积，2002 年完工，通过巧妙设计并建设可循环利用的建筑来实现"零碳"生态社区的目的。整个小区占地 1 公顷，共有 99 套住宅、一个 1405 平方米的办公区、一个展览中心、一家幼儿园、一家社区俱乐部和一个足球场，共有居民 210 人，工作人员 60 人。生态村建筑师比尔·邓斯特的设计理念是建造一个"零能耗发展社区"，即整个小区只使用可再生资源产生的能源满足居民生活所需，不向大气释放二氧化碳，因此是一个"零碳"项目，其目的是向人们展示一种在城市环境中实现可持续居住的解决方案以及减少能源、水和汽车使用率的良策。生态村的设计标准要求非常高，尤为强调对阳光、废水、空气和木材的可循环利用，各种节能措施都是从环保角度考虑，而且简便易用，事实证明这些措施都切实有效。

上海世博会零碳馆是在上海世博局大力支持之下的城市最佳实践区（UBPA）项目，该馆建成后成为我国采用本土化产品建造的第一座零碳建筑，该项目贴合了上海世博会的主题"城市，让生活更美好"。零碳馆由两栋零碳排放的建筑前后相接而成，其原型取自世界上第一个零二氧化碳社区——伦敦贝丁顿零碳社区。零碳馆结合了上海地区气候特征，在四层高的建筑中设置有零碳报告厅、零碳餐厅、零碳展示厅和6套零碳样板房，空调系统由太阳能、被动风能及地源热能联合驱动，向游客展示建筑领域对抗气候变化的策略。在上海世博会期间，零碳馆以游戏的形式，让参观者通过互动活动亲身体验生活中的节能减排细节，体验未来的减碳、零碳生活方式。

1.6　绿色建筑的特点

绿色建筑是指在建筑的全寿命周期内，最大限度地节约资源，保护环境和减少污染，为人们提供健康、适用和高效的使用空间，与自然和谐共生的建筑。绿色建筑为人类提供健康舒适的工作、居住、活动空间，同时最高效率地利用能源，最低限度地影响环境。

绿色建筑起源于20世纪70年代中期。1973年，欧佩克国家爆发的石油危机波及美国，导致汽油价格飙升。美国政府开始在全国范围内对燃料实行配额使用。此举促使许多人认识到过度依赖单一能源的风险和不明智，由此推动了人们对太阳能和电机的研究和关注。建筑学家也从建筑角度寻找建筑物的节能途径，包括采取各种措施封闭房屋门窗以及使用绝缘材料（如石棉）等提高供暖和供冷的热效率。

20世纪70年代后期至80年代初期，人们又逐步认识到，不恰当地采取门窗封闭和采用绝缘材料，会导致有毒有害物质的释放，例如地毯、乙烯塑料墙体和地面地板释放的有毒物质、绝缘材料中的有毒物、作坊和橱柜中的甲醛等。因而建筑学家进一步研究和实施节能与保护室内空气质量并重的措施，包括建筑物内充分通风、采用大量的自然光以及摒弃化学处理材料而使用天然材料。此时，欧美国家有一些建筑师应用生态学思想设计了不少被称为"生态建筑"的住宅，在设计上一般基于这样的思路：利用覆土、温室及自然通风技术提供稳定、舒适的室内气候；风车及太阳能装置提供建筑基本能源；粪便、废弃食物等生活垃圾用作沼气燃料及肥料；温室种植的花卉、蔬菜等植物提供富氧环境；收集雨水以获得生活用水；污水经处理后用于养鱼及植物灌溉……因此，在这类建筑中，草皮屋顶、覆土保温、温室及植被、蓄热体、风车及太阳能装置等成为其基本构造特征，如位于美国明尼苏达州的欧勒布勒斯住宅就是这样的一个典型建筑。

1985年，"绿色建筑"这一词汇出现。美国纽约市环境保护基金会在公园路建成了一幢新型建筑大楼。这幢大楼采用独特的集中式自然采光结构、无毒绝缘材料和自然材料。此后，绿色建筑的概念不断为更多人所接受。企业也认识到，节能意味着节约资金，更多的阳光和新鲜空气意味着雇员的心情愉悦，因而也意味着更高的工作效率。1992年，美国建筑研究所出版了《环境资源指南（第一版）》。此时，更多的人认识到，绿色建筑不仅是要建设地球友好的墙体建筑物，也是为了确保空气质量、节约能源、再循环和把建筑物的负面影响降至最低。

1992年在巴西里约热内卢举行的联合国环境与发展大会（地球峰会）上，绿色居住建筑（绿色家居）风光无限。联合国向美国的"奥斯汀绿色建筑计划"授予了"环境示范行动"称号。该计划是由美国得克萨斯州奥斯汀市一家建筑研究设计中心指导，由城市政府提供资金完成的。这是美国首次由一个城市建立与可持续性相关的建筑计划。该计划的成功实施也激发了美国其他各州和美国能源部对类似项目的投资热情。波特兰、丹佛和西雅图等许多发展迅速、环保意识高的城市发起了绿色居住建筑计划。这些计划要求经营者学会节能、节水技术以及采用替代材料。许多计划还派遣专家对相关建筑进行地球友好性打分，以反映建筑物设计和构筑的环境市场价值，例如，不使用原始林木材可得2分，带集水系统可得15分等。

1998年10月26日至28日，"98绿色建筑挑战"（Green Building Challenge'98）会议在加拿大温哥华市召开。芬兰、加拿大、英国、荷兰、美国、丹麦、法国、挪威、奥地利、瑞典、瑞士、日本、德国、波兰等14个国家派出了17个研究小组，参与会议的学术交流，介绍本国在绿色建筑方面的实践与经验。我国也有代表出席，但没有参加论文交流和发言。本次会议所讨论的专题非常广泛，涉及绿色建筑的评估工具及其运用、绿色建筑的设计及其支持工具和过程、绿色建筑的反馈信息、绿色建筑的原则与理论、室内物理环境、城市问题、绿色城市的评估、有关国家绿色建筑的实例等领域。会上对34个绿色建筑进行了详细评估，另有约100个建筑进行了展示。

"绿色建筑挑战"是由14个国家共同提出的"伙伴计划"，旨在开发和试验建筑物环境行为的新型系统。加拿大自然资源部作为该计划的秘书处单位，由各国代表组成的国际框架委员会协调整个技术过程，2000年10月下旬，第二次会议在荷兰阿姆斯特丹召开。

1.7 建筑节能的特点

建筑节能在发达国家最初指减少建筑中能量的散失，普遍称为"提高建筑中的能源利用率"，即在保证提高建筑舒适性的条件下，合理使用能源，不断提高能源利用效率。如今，建筑节能具体指在建筑物的规划、设计、新建（改建、扩建）、改造和使用过程中，执行节能标准，采用节能型的技术、工艺、设备、材料和产品，提高保温隔热性能和采暖供热、空调制冷制热系统效率，加强建筑物用能系统的运行管理，利用可再生能源，在保证室内热环境质量的前提下，增大室内外能量交换热阻，以减少为供热系统、空调制冷制热、照明、热水供应大量热消耗而产生的能耗。

全面的建筑节能就是在建筑全寿命过程中每一个环节节能，是一项系统工程，一般由国家立法、政府主导，对建筑节能作出全面、明确的政策规定，并由政府相关部门按照国家的节能政策，制定建筑节能标准。要真正做到全面的建筑节能，还须由开发商、设计方、施工方、监督部门、运行管理部门、用户等各个主体，严格按照国家节能政策和节能标准的规定，全面贯彻执行各项节能措施，从而使每一位公民真正树立起全面的建筑节能观，将建筑节能真正落到实处。

公共建筑节能检测是对建筑物室内平均温度、湿度、非透光外围护结构传热系数、冷水（热泵）机组实际性能系数、水系统回水温度一致性、水系统供回水温差、水泵效率、冷源系统能效系数、风机单位风量耗功率、新风量、定风量系统平衡度、热源（调度中心、热力站）室外温度等进行的节能检测。

居住建筑节能检测是对室内平均温度、围护结构主体部位传热系数、外围护结构热桥部位内表面温度、外围护结构热工缺陷、外围护结构隔热性能、室外管网水力平衡度、补水率、室外管网热损失率、锅炉运行效率、耗电输热比等进行的节能检测。

随着城市建设的高速发展，我国的建筑能耗逐年大幅度上升，已达全社会能源消耗量的32%，加上每年房屋建筑材料生产能耗约13%，建筑总能耗已达全国能源总消耗量的45%。建筑节能是关系到我国建设低碳经济、完成节能减排目标、保持经济可持续发展的重要环节之一。要想做好建筑节能工作，我们需要认真规划、强力推进，踏踏实实地从细节抓起。

我国的采暖空调和照明用能量近期增长速度已明显高于能量生产的增长速度，因此，减少建筑的冷热及照明能耗是降低建筑能耗总量的重要内容，一般可从以下几方面实现：合理规划与设计建筑；优化围护结构；提高终端用户用能效率；提高总的能源利用效率；利用新能源。同时，相关单位应积极采用新技术，减少能源消耗、提高能源的使用效率，减少建筑围护结构的能量损失。建筑物围护结构的能量损失主要来自三部分，即外墙、门窗、屋顶，这三部分的节能技术是各国建筑界都非常关注的。此外，降低建筑设施运行的能耗、新能源的开发利用、新材料的开发利用［比如外墙保温及饰面系统（EIFS）、建筑保温绝热板系统（SIPS）、隔热水泥模板外墙系统（ICFS）等］和节能改造，也是建筑行业的热点话题。

延伸阅读

我国加快推动建筑领域节能降碳

新华社北京3月15日电 记者15日从国家发展改革委了解到，国务院办公厅近日转发国家发展改革委、住房城乡建设部《加快推动建筑领域节能降碳工作方案》（以下简称《方案》）。

《方案》明确主要目标：到2025年，建筑领域节能降碳制度体系更加健全，城镇新建建筑全面执行绿色建筑标准，新建超低能耗、近零能耗建筑面积比2023年增长0.2亿平方米以上，完成既有建筑节能改造面积比2023年增长2亿平方米以上，建筑用能中电力消费占比超过55%，城镇建筑可再生能源替代率达到8%，建筑领域节能降碳取得积极进展。到2027年，超低能耗建筑实现规模化发展，既有建筑节能改造进一步推进，建筑用能结构更加优化，建成一批绿色低碳高品质建筑，建筑领域节能降碳取得显著成效。

《方案》提出了提升城镇新建建筑节能降碳水平、推进城镇既有建筑改造升级、强化建筑运行节能降碳管理、推动建筑用能低碳转型、推进供热计量和按供热量收费、提升农房绿色低碳水平、推进绿色低碳建造、严格建筑拆除管理、加快节能降碳先进技术研发推广、完善建筑领域能耗碳排放统计核算制度、强化法规标准支撑、加大政策资金支持力度等12项重点任务。

（来源：新华社）

思考题

1. 低能耗建筑有何特点?
2. 被动式超低能耗建筑有何特点?
3. 零能源建筑有何特点?
4. 低碳建筑有何特点?
5. 零碳建筑有何特点?
6. 绿色建筑有何特点?
7. 建筑节能有何特点?
8. 试述近年来我国在低能耗建筑领域的创新和突破。

第 2 章 低能耗建筑能源体系

2.1 太阳能

太阳能（solar energy）是一种可再生能源，是指太阳的热辐射能，主要表现就是人们常说的太阳光线，在现代一般用于发电或者为热水器等提供能源。自地球上生命诞生以来，就主要以太阳提供的热辐射能生存，而自古人类也懂得以阳光晒干物件，并作为制作食物的方法，如制盐和晒咸鱼等。在化石燃料日趋减少的情况下，太阳能已成为人类使用能源的重要组成部分，并不断发展。太阳能的利用有光热转换和光电转换两种方式，太阳能发电系统是一种新兴的可再生能源应用形式，见图 2-1-1。广义上的太阳能也包括地球上的风能、化学能、水能等。

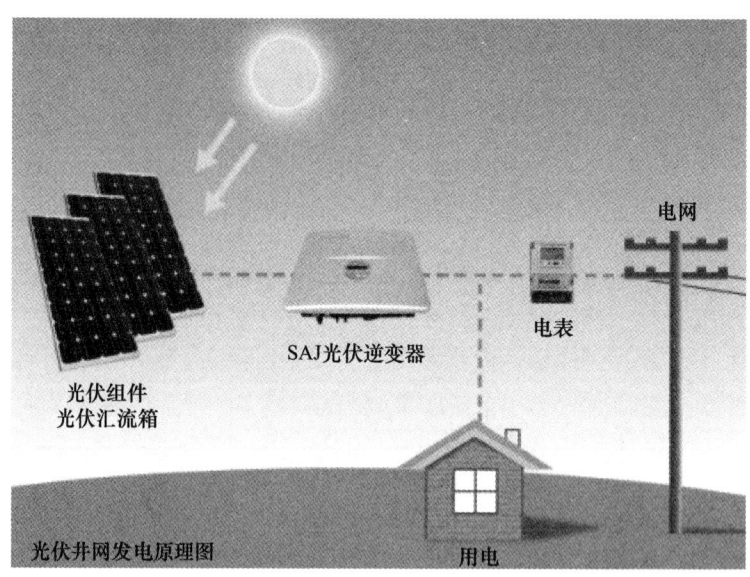

图 2-1-1　太阳能发电系统

太阳能是由太阳内部氢原子发生氢氦聚变释放出巨大核能而产生的，是来自太阳的辐射能量。人类所需能量的绝大部分都直接或间接地来自太阳。植物通过光合作用吸收二氧化碳，释放氧气，并把太阳能转变成化学能在植物体内储存下来。煤炭、石油、天然气等化石燃料也是由古代埋在地下的动植物经过漫长的地质年代演变形成的一次能源。地球本身蕴藏的能量通常指与地球内部的热能有关的能源和与原子核反应有关的能源。

与原子核反应有关的能源正是核能。原子核的结构发生变化时能释放出大量的能量，称为原子核能，简称核能，俗称原子能。它则来自地壳中储存的铀、钍等发生裂变反应时的核裂变能，以及海洋中储藏的氘、氚、锂等发生聚变反应时的核聚变能。这些物质在发生原子核反应时释放出能量。目前核能最大的用途是发电。此外，还可以用作其他类型的动力源、热源等。

太阳能是太阳内部连续不断的核聚变反应过程产生的能量。地球轨道上的平均太阳辐射强度为 $1369W/m^2$。地球赤道周长为 40076km，从而可计算出，地球获得的能量可达 173000TW。在海平面上的标准峰值强度为 $1kW/m^2$，地球表面某一点 24h 的年平均辐射强度为 $0.20kW/m^2$，相当于有 102000TW 的能量。

尽管太阳辐射到地球大气层的能量仅为其总辐射能量的 22 亿分之一，但已高达 173000TW，也就是说太阳每秒钟照射到地球上的能量就相当于 500 万 t 煤，每秒照射到地球的能量则为 $1.465×10^{14}$J。地球上的风能、水能、海洋温差能、波浪能和生物质能都来源于太阳。即使是地球上的化石燃料（如煤、石油、天然气等）从根本上说也是远古以来贮存下来的太阳能，所以广义的太阳能所包括的范围非常大，狭义的太阳能则限于太阳辐射能的光热、光电和光化学的直接转换。

光伏板组件是一种暴露在阳光下便会产生直流电的发电装置，由几乎全部以半导体物料（例如硅）制成的固体光伏电池组成，见图 2-1-2。简单的光伏电池可为手表以及计算机提供能源，较复杂的光伏系统可用于房屋照明、交通信号灯和监控系统，并入电网供电。光伏板组件可以制成不同形状，而组件又可连接，以产生更多电能。天台及建筑物表面均可使用光伏板组件，其甚至可被用作窗户、天窗或遮蔽装置的一部分，这些光伏设施通常被称为附设于建筑物的光伏系统。

图 2-1-2　光伏板组件

现代的太阳热能科技将阳光聚合，并运用其能量产生热水、蒸汽和电力。除了运用适当的科技来收集太阳能外，建筑物亦可利用太阳的光和热能，方法是在设计时加入合适的装备，例如巨型的向南窗户或使用能吸收及慢慢释放太阳热力的建筑材料。

太阳光普照大地，没有地域的限制，无论陆地或海洋，无论高山或岛屿，处处皆有，可直接开发和利用，便于采集，且无须开采和运输。开发利用太阳能不会污染环境，它是最清洁能源之一，在环境污染越来越严重的今天，这一点是极其宝贵的。每年到达地球表面上的太阳辐射能相当于 $1.3×10^{14}$ 吨煤，其总量属现今世界上可以开发的最大能源。根据太阳产生的核能速率估算，氢的储量足够维持上百亿年，而地球的寿命也约为几十亿年，从这个意义上讲，可以说太阳的能量是用之不竭的。

到达地球表面的太阳辐射的总量尽管很大，但是能流密度很低。平均说来，北回归线附近，夏季在天气较为晴朗的情况下，正午时太阳辐射的辐照度最大，在垂直于太阳光方向每平方米面积上接收到的太阳能平均为 1000W；若按全年日夜平均，则只有 200W 左右。而在冬季大致只有一半，阴天一般只有 1/5 左右，这样的能流密度是很低的。因此，在利用太阳能时，想要得到一定的转换功率，往往需要面积相当大的一套收集和转换设备，造价较高。由于受到昼夜、季节、地理纬度和海拔高度等自然条件的限制以及晴、阴、云、雨等随机因素的影响，所以，到达某一地面的太阳辐照度既是间断的，又是极不稳定的，这给太阳能的大规模应用增加了难度。为了使太阳能成为连续、稳定的能源，从而最终成为能够与常规能源相竞争的替代能源，就必须很好地解决蓄能问题，即把晴朗白天的太阳辐射能尽量储存起来，以供夜间或阴雨天使用，但蓄能也是太阳能利用中较为薄弱的环节之一。太阳能利用技术发展至今，有些方面在理论上是可行的，技术上也是成熟的，但有的太阳能利用装置效率偏低，成本较高，在实验室利用效率也不超过30%，总体来说，经济性还不能与常规能源相竞争。在今后相当一段时期内，太阳能利用的进一步发展，主要受到经济性的制约。现阶段，太阳能板是有一定寿命的，一般最多3~5年就需要换一次太阳能板，而换下来的太阳能板则非常难被大自然分解，从而造成较大的污染。

据记载，人类利用太阳能已有 3000 多年的历史。将太阳能作为一种能源和动力加以利用，只有 300 多年的历史。真正将太阳能作为"近期急需的补充能源"和"未来能源结构的基础"，则是近几十年的事。20 世纪 70 年代以来，太阳能科技突飞猛进，太阳能利用日新月异。图 2-1-3 为太阳能工程图。

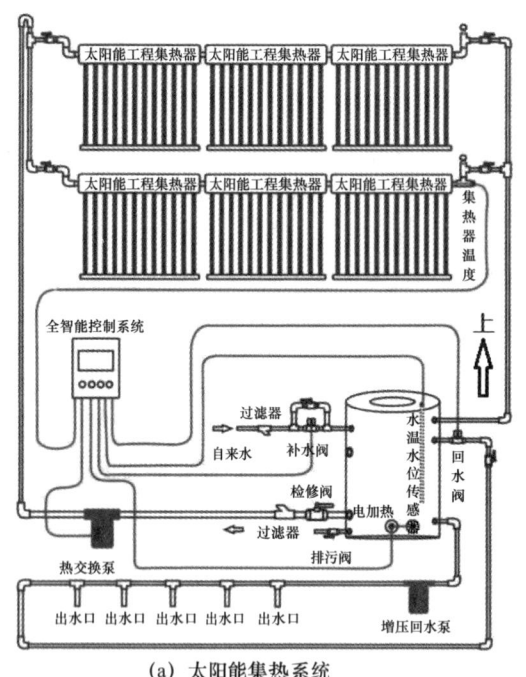
(a) 太阳能集热系统

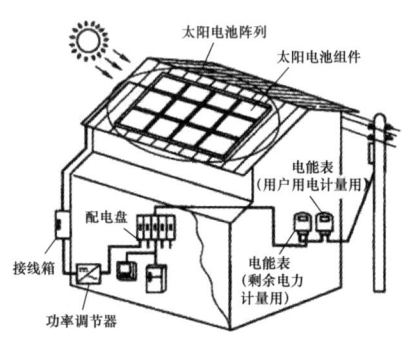
(b) 住宅用太阳能光伏发电系统

图 2-1-3　太阳能工程图

光热利用的基本原理是将太阳辐射能收集起来，通过与物质的相互作用转换成热能加以利用。目前使用最多的太阳能收集装置，主要有平板型集热器、真空管集热器、陶瓷太阳能集热器和聚焦集热器（槽式、碟式和塔式）等四种。通常根据所能达到的温度和用途的不同，把太阳能光热利用分为低温利用（<200℃）、中温利用（200～800℃）和高温利用（>800℃）。目前低温利用主要有太阳能热水器、太阳能干燥器、太阳能蒸馏器、太阳能采暖（太阳房）、太阳能温室、太阳能空调制冷系统等，中温利用主要有太阳灶、太阳能热发电聚光集热装置等，高温利用主要有高温太阳炉等。

利用太阳能发电的方式有多种，已实现应用的主要有以下两种。第一种是光—热—电转换，即利用太阳辐射所产生的热能发电，一般是用太阳能集热器将所吸收的热能转换为工质的蒸汽，然后由蒸汽驱动汽轮机带动发电机发电。前一过程为光—热转换，后一过程为热—电转换。第二种是光—电转换，其基本原理是利用光生伏特效应将太阳辐射能直接转换为电能，它的基本装置是太阳能电池。

太阳能电池材料要求很高，要求耐紫外光线的辐射，透光率不下降；钢化玻璃做成的组件可以承受直径25mm的冰球以23m/s的速度撞击。装用的EVA（乙烯-醋酸乙烯共聚物）胶膜固化后的性能要求是透光率大于90%；交联度为65%～85%；玻璃/胶膜剥离强度大于30N/cm，TPT/胶膜剥离强度大于15N/cm；耐温性：高温85℃、低温-40℃；太阳电池的背面需耐老化、耐腐蚀、耐紫外线辐射、不透气等。太阳能发电广泛用于太阳能移动电源、通信电源、太阳能灯具、太阳能建筑等领域。太阳能在2050年前可能成为电力的主要来源。IEA（国际能源署）相关报告显示，2050年前太阳能光伏（PV）系统将最多为全球贡献16%的电力，来自太阳能发电厂的太阳能热力发电（STE）将提供11%的电力。

太阳能热水器装置通常包括太阳能集热器、储水箱、管道及抽水泵与其他部件。另外在冬季需要热交换器和膨胀槽以及发电装置以备电厂不能供电之需。太阳能集热器（solar collector）是在太阳能集热系统中接受太阳辐射并向传热工质传递热量的装置。按传热工质可分为液体集热器和空气集热器；按采光方式可分为聚光型集热器和吸热型集热器两种，另外还有一种真空集热器。好的太阳能集热器应该能用20～30年。1980年以来所制作的集热器寿命可维持40～50年，且很少进行维修。

早期最广泛的太阳能应用即用于将水加热，现今全世界已有数百万太阳能热水装置。太阳能热水系统主要元件包括收集器、储存装置及循环管路三部分，此外，可能还有辅助的能源装置（如电热器等）以供应无日照时使用，或者可能有循环水，以控制水位或控制电动部分或温度的装置以及接到负载的管路等。

依据循环方式不同，太阳能热水系统可分自然循环式和强制循环式两种。自然循环式热水系统的储存箱置于收集器上方，水在收集器中接受太阳辐射的加热，温度上升，造成收集器及储水箱中水温不同而产生密度差，产生浮力，此为热虹吸现象，促使水在储水箱及收集器中自然流动。由于存在密度差，水流量与收集器的太阳能吸收量成正比。此种形式因不需循环水，维护甚为简单，已被广泛采用。强制循环式热水系统用水使水在收集器与储水箱之间循环。当收集器顶端水温高于储水箱底部水温若干摄氏度时，控制装置将启动，使水流动。水入口处设有止回阀以防止夜间水从收集器逆流，引起热损失；由此种形式的热水系统的流量可量化（可根据自水的流量计算），容易预测性能，亦可推算一定时间内的加热水量。在同样设计条件下，其较自然循环方式可以获得更高水温，但因其必须利用水，故存在水电力、维护（如漏水等）以及控制装置时动时停，容易损坏水等问题。因此，除大型热水系统或需要较高水温的场所会选择强制循环式热水系统，大多数情况下都使用自然循环式热水系统。

太阳能发电系统分为离网发电系统与并网发电系统。离网发电系统主要由太阳能电池组件、控制器、蓄电池组成，若要为交流负载供电，还需要配置交流逆变器。并网发电系统就是太阳能组件产生的直流电经过并网逆变器转换成符合市电电网要求的交流电之后，直接接入公共电网。并网发电系统有两类。一类是集中式大型并网电站，一般都是国家级电站，主要特点是将所发电能直接输送到电网，由电网统一调配向用户供电。但这种电站投资大、建设周期长、占地面积大，还没有太大发展。另一类是分散式小型并网发电系统，特别是光伏建筑一体化发电系统，由于投资小、建设快、占地面积小、政策支持力度大等优点，是目前并网发电的主流。太阳能控制器是由专用处理器 CPU、电子元器件、显示器、开关功率管等组成，见图 2-1-4。

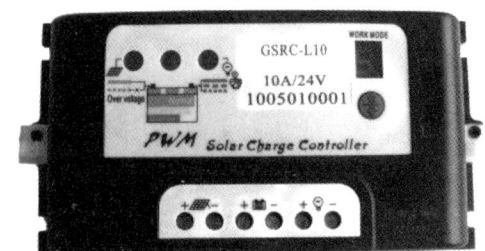

图 2-1-4　太阳能控制器

太阳能路灯是一种太阳能作为能源的路灯，因其具有不受供电影响、不用开沟埋线、不消耗常规电能、只要阳光充足就可以就地安装等特点，因此受到人们的广泛关注，又因其污染小，而被称为绿色环保产品，见图 2-1-5 和图 2-1-6。太阳能路灯既可用于城镇公园、道路、草坪的照明，又可用于人口分布密度较小、交通不便经济不发达、缺乏常规燃料、难以用常规能源发电，但太阳能资源丰富的地区，以解决这些地区人们的家用照明问题。

图 2-1-5　太阳能路灯（1）

图 2-1-6　太阳能路灯（2）

我国蕴藏着丰富的太阳能资源，太阳能利用前景广阔。目前，我国太阳能产业规模已位居世界第一，是全球太阳能热水器生产量和使用量最大的国家，也是重要的太阳能光伏电池生产国。我国比较成熟的太阳能产品有两项，即太阳能光伏发电系统和太阳能热水系统。2023 年 2 月，《中华人民共和国 2022 年国民经济和社会发展统计公报》发布，2022

全年太阳能电池（光伏电池）产量3.4亿kW，增长46.8%，并网太阳能发电装机容量39261万kW，增长28.1%。图2-1-7为太阳能电厂。

太阳能的技术应用包括太阳能集热技术、太阳能空调技术、太阳能蓄热采暖技术、太阳能遮阳技术、太阳能光伏发电技术、太阳墙、智能控制技术和新风换能技术、高性能围护节能技术。太阳能集热系统采用构架式、整体阳台式等多种形式实现与建筑完美结合，

图2-1-7　太阳能电厂

除提供24小时生活热水外，还能实现剩余热量的储存，确保太阳能地板采暖充足的热量，使冬季室内温度保持在18℃左右；通过改变集热器的设计、安装形式达到夏季遮阳、冬季采光的效果。太阳能光伏发电系统可为建筑内照明、家用电器、系统设备等提供用电；电量分两路交流输出，一路为整楼照明、家用电器、系统设备等供电，另一路专门给空调供电，避免大功率空调工作时对生活用电的冲击。太阳能智能控制系统集太阳能循环监控、家庭安防报警、家电控制、信息发布、抄表、可视对讲、射频（RF）卡门禁等功能于一体，可提高家居和居住区的安全和自动化水平。

2.2　地热能

地热能（geothermal energy）是由地壳抽取的天然热能，这种能量来自地球内部的熔岩，并以热力形式存在，是引致火山爆发及地震的能量，见图2-2-1。地球上火山喷出的熔岩温度高达1200～1300℃，天然温泉的温度大多在60℃以上，有的甚至高达100～140℃。透过地下水的流动和熔岩涌至离地面1～5千米的地壳，热力得以被传送至较接近地面的地方。高温的熔岩将附近的地下水加热，这些被加热的水最终会渗出地面。运用地热能最简单和最经济的方法，就是直接取用这些热源，并抽取其能量。

图2-2-1　地热能

人类很早以前就开始利用地热能，例如利用温泉沐浴、医疗，利用地下热水取暖、建造农作物温室、水产养殖及烘干谷物等，但真正认识地热资源并进行较大规模的开发利用却是始于20世纪中叶。地热能大部分是来自地球深处的可再生性热能，它起于地球的熔融岩浆和放射性物质的衰变，还有一小部分能量来自太阳，大约占总的地热能的5%，表面地热能大部分来自太阳。地下水的深处循环和来自极深处的岩浆侵入地壳后，把热量从地下深处带至近表层。其储量比人们所利用能量的总量多很多，大部分集中分布在构造板块边缘一带，该区域也是火山和地震多发区。它不但是无污染的清洁能源，而且如果热量

提取速度不超过补充的速度，那么热能是可再生的。

地热能是一种新的洁净能源，在当今人们的环保意识日渐增强和能源日趋紧缺的情况下，对地热资源的合理开发利用已愈来愈受到人们的青睐。其中距地表 2000m 内储藏的地热能为 2500 亿 t 标准煤。全国地热可开采资源量为每年 68 亿 m^3，所含地热量为 973 万亿 kJ。在地热利用规模上，我国近些年来一直位居世界首位，并以每年近 10% 的速度稳步增长。在我国的地热资源开发中，经过多年的技术积累，地热发电效益显著提升。除地热发电外，直接利用地热水进行建筑供暖、发展温室农业和温泉旅游等利用途径也得到较快发展。全国已经基本形成以西藏羊八井为代表的地热发电、以天津和西安为代表的地热供暖、以东南沿海为代表的疗养与旅游和以华北平原为代表的种植和养殖的开发利用格局。

地热发电实际上就是把地下的热能转变为机械能，然后再将机械能转变为电能的能量转变过程，见图 2-2-2。开发的地热资源主要是蒸汽型和热水型两类，因此，地热发电也分为两大类。地热蒸汽发电有一次蒸汽法和二次蒸汽法两种。一次蒸汽法直接利用地下的干饱和（或稍具过热度）蒸汽，或者利用从汽、水混合物中分离出来的蒸汽发电。二次蒸汽法有两种含义，一种是不直接利用比较脏的天然蒸汽（一次蒸汽），而是让它通

图 2-2-2　地热能的利用

过换热器汽化洁净水，再利用洁净蒸汽（二次蒸汽）发电；另一种是将从第一次汽水分离出来的高温热水进行减压扩容生产二次蒸汽，压力仍高于当地大气压力，和一次蒸汽分别进入汽轮机发电。

地热水中的水，按常规发电方法是不能直接送入汽轮机去做功的，必须以蒸汽状态输入汽轮机做功。对温度低于 100℃ 的非饱和态地下热水发电有两种方法，一种是减压扩容法，另一种是利用低沸点物质。减压扩容法利用抽真空装置，使进入扩容器的地下热水减压汽化，产生低于当地大气压力的扩容蒸汽然后将汽和水分离、排水、输汽充入汽轮机做功，这种系统称为"闪蒸系统"。低压蒸汽的比容很大，因而使汽轮机的单机容量受到很大的限制，但运行过程中比较安全。利用低沸点物质，如氯乙烷、正丁烷、异丁烷和氟里昂等作为发电的中间工质，地下热水通过换热器加热，使低沸点物质迅速气化，利用所产生气体进入发电机做功，做功后的工质从汽轮机排入凝汽器，并在其中经冷却系统降温，又重新凝结成液态工质后再循环使用，这种方法称为"中间工质法"，这种系统称为"双流系统"或"双工质发电系统"。这种发电方式安全性较差，如果发电系统的封闭稍有泄漏，工质逸出后很容易发生事故。

离地球表面 5000m 深，15℃ 以上的岩石和液体的总含热量，据推算约为 14.5×10^{25} J，约相当于 4948 万亿 t 标准煤的热量。地热来源主要是地球内部长寿命放射性同位素热核反应产生的热能。按照其储存形式，地热资源可分为蒸汽型、热水型、地压型、干热岩型和熔岩型五大类。

图 2-2-3 为地热能分布示意图。地热资源可按温度进行划分。我国一般把高于 150℃

的称为高温地热，主要用于发电；低于此温度的叫中低温地热，通常直接用于采暖、工农业加温、水产养殖、医疗和洗浴等。

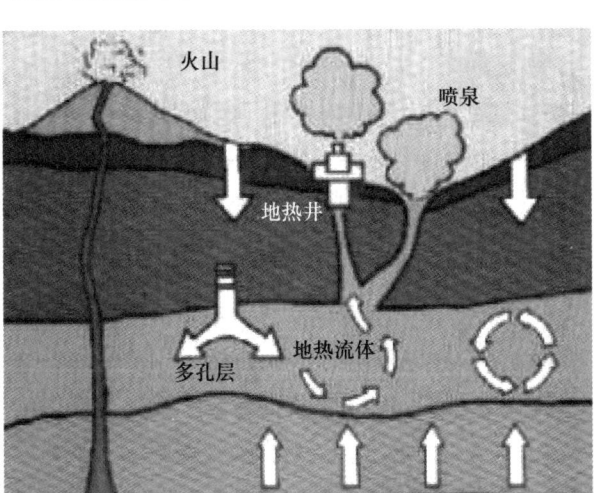

图 2-2-3　地热能分布示意图

世界地热资源主要分布于以下五个地热带。第一个是环太平洋地热带，位于世界最大的太平洋板块与美洲、欧亚、印度板块的碰撞边界，即从美国的阿拉斯加、加利福尼亚到墨西哥、智利，从新西兰、印度尼西亚、菲律宾到我国沿海和日本。世界许多地热田都位于这个地热带，如美国盖瑟斯、墨西哥普列托、新西兰怀腊开、我国台湾马槽和日本松川及大岳等地热田。第二个是地中海、喜马拉雅地热带，位于欧亚板块与非洲、印度板块的碰撞边界，从意大利直至我国滇藏，如意大利拉德瑞罗地热田和我国西藏羊八井及云南腾冲地热田均属这个地热带。第三个是大西洋中脊地热带，位于大西洋板块的开裂部位，包括冰岛和亚速尔群岛的一些地热田。第四个是红海、亚丁湾、东非裂谷地热带，包括肯尼亚、乌干达、扎伊尔、埃塞俄比亚、吉布提等国的地热田。第五个是其他地热区，即除板块边界形成的地热带外，在板块内部靠近边界的部位，在一定的地质条件下也有高热流区，可以蕴藏一些中低温地热，如中亚、东欧地区的一些地热田和我国的胶东半岛、辽东半岛及华北平原的地热田。

地热能的利用可分为地热发电和直接利用两大类，而对于不同温度的地热流体可能利用的范围如下：①200～400℃：直接发电及综合利用；②150～200℃：双循环发电、制冷、工业干燥、工业热加工；③100～150℃：双循环发电、供暖、制冷、工业干燥、脱水加工、回收盐类、罐头食品；④50～100℃：供暖、温室、家庭用热水、工业干燥；⑤20～50℃：沐浴、水产养殖、饲养牲畜、土壤加温、脱水加工。现在许多国家为了提高地热利用率，而采用梯级开发和综合利用的办法，如热电联产联供、热电冷三联产、先供暖后养殖等。

将地热能直接用于采暖、供热和供热水是仅次于地热发电的地热利用方式。因为这种利用方式简单、经济性好，备受各国重视，特别是位于高寒地区的西方国家，其中冰岛开发利用得最好。该国早在1928年就在首都雷克雅未克建成了世界上第一个地热供热系统，现今这一供热系统已发展得非常完善，每小时可从地下抽取7740吨80℃的热水，供全市

11万居民使用。由于没有高耸的烟囱,冰岛首都已被誉为"世界上最清洁无烟的城市"。此外,利用地热给工厂供热也是大有前途的,如用作干燥谷物和食品的热源,用作硅藻土生产、木材、造纸、制革、纺织、酿酒、制糖等生产过程的热源。目前世界上最大两家地热应用工厂就是冰岛的硅藻土厂和新西兰的纸浆加工厂。我国利用地热供暖和供热水发展也非常迅速,在京津地区已成为地热利用中最普遍的方式。

地热在医疗领域的应用有诱人的前景,热矿水就被视为一种宝贵的资源,世界各国都很珍惜。由于地热水从很深的地下提取到地面,除温度较高外,常含有一些特殊的化学元素,从而使它具有一定的医疗效果。如含碳酸的矿泉水供饮用,可调节胃酸、平衡人体酸碱度;含铁矿泉水饮用后,可治疗缺铁贫血症;氢泉、硫水氢泉洗浴可治疗神经衰弱和关节炎、皮肤病等。由于温泉的医疗作用及伴随温泉出现的特殊的地质、地貌条件,使温泉常常成为旅游胜地,吸引大批疗养者和旅游者。

地热能在应用中要注意地表的热应力承受能力,不能形成过大的覆盖率,否则会对地表温度和环境产生不利的影响。在各种可再生能源的应用中,地热能显得较为低调,人们更多地关注来自太空的太阳能,却忽略了地球本身赋予人类的丰富资源。地热能将有可能成为未来能源的重要组成部分。相对于太阳能和风能的不稳定性,地热能是较为可靠的可再生能源,这让人们相信地热能可以作为煤炭、天然气和核能的最佳替代能源。另外,地热能确实是较为理想的清洁能源,能源蕴藏丰富并且在使用过程也不会产生温室气体。

美国的地热能使用仅占全国能源组成的 0.5%。麻省理工学院的一份报告指出,美国现有的地热系统每年只采集约 3000MW 能量,而保守估计,可开采的地热资源达到 10 万 MW。相关专家指出,倘若给与地热能源相应的关注和支持,在未来几年内,地热能很有可能成为与太阳能、风能等量齐观的新能源。如果往地下挖 6ft(1ft=0.30m,下同),会发现在美国任意地区的地下温度均保持在 45~75°F(1°F≈17.22℃,下同)。这为地热能的利用提供了得天独厚的条件。通过热力泵为家庭供暖就是对地热能的一种典型利用。尽管成本偏高,但其简单、可靠、无噪声且低污染等诸多优势还是让地热泵能得到了越来越多的重视。与在欧洲的流行不同,地热泵在美国却没有真正得到推广,至少截至目前还是如此。事实上,美国地热资源储量大得惊人,而利用率还不足 1%。美国人似乎对这种家庭供暖方式不太感冒。不过随着美国地热泵市场在不断扩大,在供应、销售和服务上均有了长足进步,已经形成了一个市场网络。同时,地热泵的经销商们也开始意识到想要让过去没怎么接触过地热能的美国民众接受这个新事物,一定要大力宣传其优势所在。客观来说,虽然美国拥有丰富地热资源,但地热泵(图 2-2-4)并非"百搭"的家庭供热方式。尽管在大多数地区地热泵都能发挥很好的作用,但比起常规的供热方式,使用地热泵多少还是有点麻烦。除了要了解什么型号的系统才适合,对安装成本和能源消耗成本也需要做到心里有数,而地热泵的安装也相对复杂,这些都让不少本来对其有兴趣的用户打了退堂鼓。

图 2-2-4 地热泵

地热泵供暖最吸引人的地方就是它的高效率。这就意味着可以节约用电量，从而有效减少电费开支。自20世纪40年代地热在美国开始被利用以来，地热泵技术一直在不断发展。比起使用空调来取暖或制冷，地热泵的效率显然要高出许多，同时也更为可靠和持久。一台地热泵的寿命可以长达25年到50年。除了高效和能够长期使用，地热泵还具备低噪声及低维护成本等优势。在美国俄克拉何马州，一个面积约280m²的房子利用地热泵，每月只需要花费60美元就可以满足所有的能源需求。

不过，由于使用地热泵需要考虑很多因素，包括当地地质条件等一些不确定因素，地热泵的推广仍面临很多阻碍。地热利用发展速度总体仍较为缓慢，困难重重。因为想要建立大型发电设施必须钻入地下很深才行，但钻入地下很深后也有可能没有发现足够储量。因此，开发地下热能也是要付出代价的。另外，安装地热泵的成本也较难预估。由于各地地理条件不同，因此也很难统计出一个具有代表性的地热泵使用成本。

美国利用地热产生的能量在所有可再生能源中排名第三，仅次于水力发电和生物质能，但比太阳能和风能利用得广泛。值得一提的是，在清洁能源之中，地热发电的成本也比较低。根据国际地热协会的分析，地热发电的成本也仅为风力发电成本的一半左右。

地热即地球热能。地球土壤可以储存太阳热能且不会挥发。这种热能在霜线以下不会受到季节性温度变化的影响。通过在霜线下方掩埋地热转换器，地热能设备可以有效利用所有储存在土壤中的热能。具体运作方法是将注入生态防冻水溶液的管道埋入房屋的周围。这些管道由耐受性很强的聚乙烯材料制成。只要安装适当，它们不易损坏，很难受干腐病、极度潮湿等恶劣环境的影响。地热能转换器可以被水平、垂直放置。该系统机变灵活，可适应特殊地况。因为地热能系统不受外界空气温度的影响，在寒冷天气里，地下管道中的热转换液体就能利用温暖的土壤温度为地热泵进行加热或冷却。地热泵通过地下管道吸入控温溶液，经传统气压输送管或聚乙烯输送管把它输送到需要的地方。需要制冷时，地热系统就利用土壤的低温工作。系统吸入可产生冷空气的控温溶液，冷空气调整到所需温度后通过输送管被释放到屋内。地热能取暖、制冷系统优于气源热泵、燃气炉等传统系统，这是因为传统系统依赖于随气候不同而剧烈变化的外界温度，它们效能的差距在极端温度条件下尤为明显。在冬天极冷、夏天极热的条件下，取暖、制冷设备需高强度运转才能保证室内有舒适的温度，由此而产生高额费用也是显而易见的。地热能系统通过一套深埋入霜线下方土壤中的高密度聚乙烯材料制成的管道吸入外部空气，直接节约取暖费用的作用不言而喻。

2.3　风能

风能（wind energy）是空气流动所产生的动能，是太阳能的一种转化形式。由于太阳辐射造成地球表面各部分受热不均匀，引起大气层中压力分布不平衡，在水平气压梯度的作用下，空气沿水平方向运动形成风。风能资源的总储量巨大，一年中技术可开发的能量约为$5.3 \times 10^{13} kW \cdot h$。风能是可再生的清洁能源，储量大、分布广，但它的能量密度低（只有水能的1/800），并且不稳定。在一定的技术条件下，风能可作为一种重要的能源得到开发利用。风能资源决定于风能密度和可利用的风能年累积小时数。风能密度是单位迎风面积可获得的风的功率,与风速的三次方和空气密度成正比关系。

　　风能是因空气流做功而提供给人类的一种可利用的能量,属于可再生能源(包括水能、生物能等)。空气流具有的动能称风能。空气流速越高,动能越大。人们可以用风车把风的动能转化为旋转的动作去推动发电机,以产生电力,方法是透过传动轴,将转子(由以空气动力推动的扇叶组成)的旋转动力传送至发电机。风力被使用在大规模风农场和一些供电被隔绝的地点,为当地的生活和发展作出了巨大的贡献(图2-3-1和图2-3-2)。

图 2-3-1　风能发电　　　　　　　　　图 2-3-2　风能路灯

　　人类利用风能的历史可以追溯到公元前,但数千年来,风能技术发展缓慢,没有引起人们足够的重视。但自1973年第一次石油危机以来,在常规能源告急和全球生态环境恶化的双重压力下,风能作为新能源的一部分才重新有了长足的发展。风能作为一种无污染和可再生的新能源有着巨大的发展潜力,特别是对沿海岛屿,交通不便的边远山区,地广人稀的草原牧场,以及远离电网和近期内电网还难以达到的农村、边疆,作为解决生产和生活能源的一种可靠途径,有着十分重要的意义。即使在发达国家,风能作为一种高效清洁的新能源也日益受到重视,比如美国能源部就曾经调查过,单是得克萨斯州和南达科他州两州的风能密度就足以供应全美国的用电量。

　　据估计,到达地球的太阳能中虽然只有大约2%转化为风能,但其总量仍是十分可观的。全球的风能约为1300亿kW,比地球上可开发利用的水能总量还要多10倍。

　　理论上风应沿水平气压梯度方向吹,即垂直与等压线从高压向低压吹,但是地球在自转,使空气水平运动发生偏向的力,称为地转偏向力,这种力使北半球气流向右偏转,南半球向左偏转,所以地球大气运动除受气压梯度力外,还受地转偏向力的影响。大气真实运动是这两力的合力。实际上,地面风不仅受这两个力的支配,而且在很大程度上受海洋、地形的影响,山隘和海峡能改变气流运动的方向,还能使风速增大,丘陵、山地摩擦大使风速减少,孤立山峰却因海拔高使风速增大。因此,风向和风速的时空分布较为复杂。比如海陆差异对气流运动的影响,在冬季,大陆比海洋冷,大陆气压比海洋高,风从大陆吹向海洋;夏季相反,大陆比海洋热,风从海洋吹向内陆。这种随季节转换的风称为季风。

　　所谓的海陆风也是白昼时,大陆上的气流受热膨胀上升至高空流向海洋,到海洋上空冷却下沉,在近地层海洋上的气流吹向大陆,补偿大陆的上升气流,低层风从海洋吹向大陆称为海风,夜间(冬季)时,情况相反,低层风从大陆吹向海洋,称为陆风。在山区由于热力原因引起的风白天由谷地吹向平原或山坡,夜间由平原或山坡吹向谷底,前者称谷风,后者称为山风。这是由于白天山坡受热快,温度高于山谷上方同高度的空气温度,坡地上的暖空气从山坡流向谷地上方，谷地的空气则沿着山坡向上补充流失的空气，这时由山谷吹向山坡的风，称为谷风。夜间，山坡因辐射冷却，降温速度比同高度的空气快，冷空气沿坡地向下流入山谷，称为山风。

当太阳辐射能穿越地球大气层时，大气层约吸收 2×10^{16} W 的能量，其中一小部分转变成空气的动能。因为热带比亚热带吸收较多的太阳辐射能，产生大气压力差导致空气流动而产生风。至于局部地区，例如，在高山和深谷，在白天，高山顶上空气受到阳光加热而上升，深谷中冷空气取而代之，因此，风由深谷吹向高山；夜晚，高山上空气散热较快，于是风由高山吹向深谷。另一例子，如在沿海地区，白天由于陆地与海洋的温度差，而形成海风吹向陆地；反之，晚上由陆地吹向海上。

一般而言，风力发电机组启动风速为 2.5m/s，脸上感觉有风且树叶摇动情况下，就已开始运转发电了，而当风速达 28～34m/s 时，风机将会自动侦测停止运转，以降低对受体本身的伤害。风能为洁净的能量来源，风能设施日趋进步，大量生产降低成本，在适当地点，风力发电成本已低于其他发电机。风力发电在生态上的问题是可能干扰鸟类，如美国堪萨斯州的松鸡在风车出现之后已逐渐消失。目前的解决方案是离岸发电，离岸发电价格较高但效率也高。在一些地区，风力发电的经济性不足，许多地区的风力有间歇性，在我国电力需求较高的夏季及白日是风力较少的时间，必须借助压缩空气等储能技术发电。风力发电需要大量土地兴建风力发电场，才可以生产比较多的能源。进行风力发电时，风力发电机会发出很大的噪声，所以要找一些空旷的地方来兴建。现在的风力发电还未成熟，还有相当发展空间。

我国位于亚洲大陆东部，濒临太平洋，季风强盛，内陆还有许多山系，地形复杂，加之青藏高原耸立我国西部，改变了海陆影响所引起的气压分布和大气环流，增加了我国季风的复杂性。冬季风来自西伯利亚和蒙古国等中高纬度的内陆，气候十分严寒干燥，冷空气积累到一定程度，在有利高空环流引导下，就会形成寒潮，在频繁南下的强冷空气控制和影响下，寒冷干燥的西北风侵袭我国北方各省（自治区、直辖市）。每年冬季总有多次大幅度降温的强冷空气南下，主要影响我国西北、东北和华北，直到次年春夏之交才消失。夏季风是来自太平洋的东南风、印度洋和南海的西南风，东南季风影响遍及我国东半部，西南季风则影响西南各省和南部沿海，但风速远不及东南季风大。热带风暴是太平洋西部和南海热带海洋上形成的空气涡旋，是破坏力极大的海洋风暴，每年夏秋两季频繁侵袭我国，登陆我国南海之滨和东南沿海，热带风暴也能在上海以北登陆，但次数很少。

青藏高原地势高亢开阔，冬季东南部盛行偏南风，东北部多为东北风，其他地区一般为偏西风，夏季大约以唐古拉山为界，以南盛行东南风，以北为东至东北风。我国幅员辽阔，陆疆总长达 20000 多公里，还有 18000 多公里的海岸线，拥有岛屿 5000 多个，因此风能资源丰富。我国现有风电场场址的年平均风速均达到 6m/s 以上。一般认为，可将风电场风况分为三类：年平均风速 6m/s 以上时为较好；7m/s 以上为好；8m/s 以上为很好。可按风速频率曲线和机组功率曲线，估算国际标准大气状态下该机组的年发电量。我国相当于 6m/s 以上的地区在全国范围内仅限于较少数几个地带，就内陆而言，大约仅占全国总面积的 1/100，主要分布在长江到南澳岛之间的东南沿海及其岛屿，这些地区是我国最大的风能资源区以及风能资源丰富区，包括山东、辽东半岛、黄海之滨，南澳岛以西的南海沿海、海南岛和南海诸岛，内蒙古从阴山山脉以北到大兴安岭以北，新疆达坂城，阿拉山口，河西走廊，松花江下游，张家口北部等地区以及分布各地的高山山口和山顶。

据估算，我国风能理论可开发总量（R），全国为 32.26 亿 kW，实际可开发利用量（R'），按总量的 1/10 估计，并考虑到风轮实际扫掠面积为计算气流正方形面积的 0.785 倍 [1m 直径风轮面积为 $0.5^2 \times \pi = 0.785$（m^2）]，故实际可开发量为 $R' = 0.785R/10 = 2.53$（亿 kW）。

2.4　生物质能

生物质能是自然界中有生命的植物提供的能量，这些植物以生物质作为媒介储存太阳能，属再生能源。据计算，生物质储存的能量比世界能源消费总量多 2 倍。人类历史上最早使用的能源是生物质能。19 世纪后半叶以前，人类利用的能源以薪柴为主。当前较为有效地利用生物质能的方式有沼气、生物质制取乙醇等。制取沼气主要是利用城乡有机垃圾、秸秆、水、人畜粪便，通过厌氧消化产生可燃气体甲烷，供生活生产之用。当前的世界能源结构中，生物质能所占比例微乎其微。生物质能可转化为常规的固态、液态和气态燃料，取之不尽，用之不竭，是一种可再生能源，同时也是唯一一种可再生的碳源。

生物质是指利用大气、水、土地等通过光合作用而产生的各种有机体，即一切有生命的可以生长的有机物质通称为生物质。广义上讲，生物质包括所有的植物、微生物以及以植物、微生物为食物的动物及其生产的废弃物。有代表性的生物质如农作物、农作物废弃物、木材、木材废弃物和动物粪便。狭义上讲，生物质主要是指农林业生产过程中除粮食、果实以外的秸秆、树木等木质纤维素（简称木质素）、农产品加工业下脚料、农林废弃物及畜牧业生产过程中的禽畜粪便和废弃物等物质，其特点是可再生、低污染、分布广泛。

生物质能源是从太阳能转化而来，通过植物的光合作用将太阳能转化为化学能，储存在生物质内部的能量，与风能、太阳能等同属可再生能源，可实现能源的永续利用。生物质能源中的有害物质含量很低，属于清洁能源；同时，生物质能源的转化过程是通过绿色植物的光合作用将二氧化碳和水合成生物质，生物质能源的使用过程又生成二氧化碳和水，形成二氧化碳的循环排放过程，能够有效减少人类二氧化碳的净排放量，降低温室效应。

利用现代技术可以将生物质能源转化成可替代化石燃料的生物质成型燃料、生物质可燃气、生物质液体燃料等。在热转化方面，生物质能源可以直接燃烧，或经过转换形成便于储存和运输的固体、气体和液体燃料，可运用于大部分使用石油、煤炭及天然气的工业锅炉和窑炉中。世界自然基金会 2011 年 2 月发布的《能源报告》认为，到 2050 年，将有 60% 的工业燃料和工业供热都采用生物质能源。生物质能源资源丰富、分布广泛，根据世界自然基金会的预计，全球生物质能源潜在可利用量达 350EJ/年（约合 82.12 亿 t 标准油）。我国生物质资源可转换为能源的潜力约 5 亿 t 标准煤，随着造林面积的扩大和经济社会的发展，我国生物质资源转换为能源的潜力可达 10 亿 t 标准煤。在传统能源日渐枯竭的背景下，生物质能源是理想的替代能源，被誉为继煤炭、石油、天然气之外的第四大能源。

依据来源的不同,适合于能源利用的生物质资源可分为林业生物质资源、农业生物质资源、生活污水和工业有机废水、城市固体废物和畜禽粪便五大类。

林业生物质资源是指森林生长和林业生产过程提供的生物质能源,包括薪炭林、在森林抚育和间伐作业中的零散木材、残留的树枝、树叶和木屑等;木材采运和加工过程中的枝丫、锯末、木屑、梢头、板皮和截头等;林业副产品的废弃物,如果壳和果核等。

农业生物质能资源是指农业作物(包括能源作物);农业生产过程中的废弃物,如农作物收获时残留在农田内的农作物秸秆(玉米秸、高粱秸、麦秸、稻草、豆秸和棉秆等);农业加工业的废弃物,如农业生产过程中剩余的稻壳等。能源植物泛指各种用以提供能源的植物,通常包括草本能源作物、油料作物、制取碳氢化合物植物和水生植物等。

生活污水主要由城镇居民生活、商业和服务业的各种排水组成,如冷却水、洗浴排水、盥洗排水、洗衣排水、厨房排水、粪便污水等;工业有机废水主要是酿酒、制糖、食品、制药、造纸及屠宰等行业生产过程中排出的废水,其中都富含有机物。

城市固体废物主要是由城镇居民生活垃圾,商业、服务业垃圾和少量建筑业垃圾等固体废物构成,其组成成分比较复杂,受当地居民的平均生活水平、能源消费结构、城镇建设、自然条件、传统习惯以及季节变化等因素影响。

畜禽粪便是畜禽排泄物的总称,它是其他形态生物质(主要是粮食、农作物秸秆和牧草等)的转化形式,包括畜禽排出的粪便、尿液及其与垫草的混合物。

沼气是由生物质能转换的一种可燃气体。沼气是一种混合物,主要成分是甲烷(CH_4)。沼气是有机物质在厌氧条件下,经过微生物的发酵作用而生成的一种混合气体。由于这种气体最先是在沼泽中发现的,所以称为沼气。人畜粪便、秸秆、污水等各种有机物在密闭的沼气池内,在厌氧(没有氧气)条件下发酵,经种类繁多的沼气发酵微生物分解转化,从而产生沼气。沼气是一种混合气体,可以燃烧,通常可以供农家用来烧饭、照明。

生物质的硫含量、氮含量低、燃烧过程中生成的 SO_x、NO_x 较少。生物质作为燃料时,由于它在生长时需要的二氧化碳相当于它排放的二氧化碳的量,因而对大气的二氧化碳净排放量近似于零,可有效地减轻温室效应。缺乏煤炭的地域,可充分利用生物质能。根据生物学家估算,地球陆地每年生产 1000~1250 亿 t 生物质;海洋年生产 500 亿 t 生物质;生物质能源的年生产量远远超过全世界总能源需求量,相当于世界总能耗的 10 倍。随着农林业的发展,特别是薪炭林的推广,生物质资源还将越来越多。生物质能源可以以沼气、压缩成型固体燃料、气化生产燃气、气化发电、生产燃料乙醇、热裂解生产生物柴油等形式存在,应用在国民经济的各个领域(图 2-4-1~图 2-4-4)。

图 2-4-1 脂肪燃料快艇

图 2-4-2　气化燃烧锅炉

图 2-4-3　生物质能木质压缩颗粒

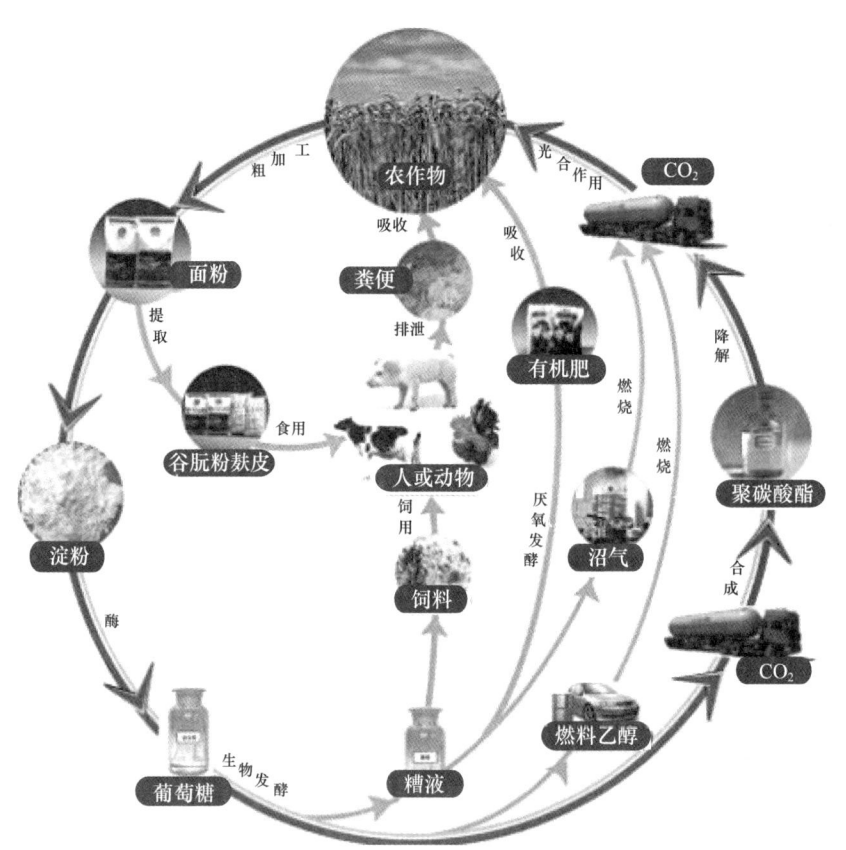

图 2-4-4　生物质能能量利用图

人类对生物质能的利用，包括直接用作燃料的有农作物的秸秆、薪柴等；间接作为燃料的有农林废弃物、动物粪便、垃圾及藻类等，它们通过微生物作用生成沼气，或采用热解法制造液体和气体燃料，也可制造生物炭。生物质能是世界上最为广泛的可再生能源。生物质尚未被人们合理利用，多半直接当薪柴使用，效率低，影响生态环境。现代生物质能的利用是通过生物质的厌氧发酵制取甲烷，用热解法生成燃料气、生物油和生物炭，用生物质制造乙醇和甲醇燃料，以及利用生物工程技术培育能源植物，发展能源农场。

生物质能的利用主要有直接燃烧、热化学转换和生物化学转换等三种途径。生物质的直接燃烧在今后相当长的时间内仍将是我国生物质能利用的主要方式。当前改造热效率仅为10%左右的传统烧柴灶，推广效率可达20%～30%的节柴灶这种技术简单、易于推广、效益明显的节能措施，被国家列为农村新能源建设的重点任务之一。生物质的热化学转换是指在一定的温度和条件下，使生物质汽化、炭化、热解和催化液化，以生产气态燃料、液态燃料和化学物质的技术。生物质的生物化学转换包括有生物质—沼气转换和生物质—乙醇转换等。沼气转化是有机物质在厌氧环境中，通过微生物发酵产生一种以甲烷为主要成分的可燃性混合气体，即沼气。乙醇转换是利用糖质、淀粉和纤维素等原料经发酵制成乙醇。

生物质的直接燃烧和固化成型技术的研究开发主要着重于专用燃烧设备的设计和生物质成型物的应用。现已成功开发的成型技术按成型物形状主要分为三大类：以日本为代表开发的螺旋挤压生产棒状成型物技术，欧洲各国开发的活塞式挤压制的圆柱块状成型技术，以及美国开发研究的内压滚筒颗粒状成型技术和设备。

生物质气化技术是将固体生物质置于气化炉内加热，同时通入空气、氧气或水蒸气，来产生品位较高的可燃气体。它的特点是气化率可达70%以上，热效率也可达85%。生物质气化生成的可燃气经过处理可用于合成、取暖、发电等不同用途，这对于生物质原料丰富的偏远山区意义十分重大，不仅能改变人们的生活质量，而且也能够提高用能效率，节约能源。

由生物质制成的液体燃料叫作生物燃料。生物燃料主要包括生物乙醇、生物丁醇、生物柴油、生物甲醇等。虽然利用生物质制成液体燃料起步较早，但发展比较缓慢。

沼气是各种有机物质在隔绝空气（还原）并且在适宜的温度、湿度条件下，经过微生物的发酵作用产生的一种可燃烧气体。沼气的主要成分甲烷类似于天然气，是一种理想的气体燃料，它无色无味，与适量空气混合后即可燃烧。

我国是世界上开发沼气较多的国家，最初主要是农村的户用沼气池，以解决秸秆焚烧和燃料供应不足的问题，后来的大中型沼气工程始于1936年，此后，大中型废水、养殖业污水、村镇生物质废弃物、城市垃圾沼气的建立扩宽了沼气的生产和使用范围。自20世纪80年代以来，通过沼气发酵综合利用技术，以沼气为纽带，将物质多层次利用、能量合理流动的高效农业模式，已逐渐成为我国农村地区利用沼气技术促进可持续发展的有效方法。通过沼气发酵综合利用技术，沼气用于农户生活用能和农副产品生产加工，沼液用于饲料、生物农药、培养料液的生产，沼渣用于肥料的生产，我国北方推广的塑料大棚、沼气池、禽畜舍和厕所相结合的"四位一体"沼气生态农业模式，中部地区以沼气为纽带的生态果园模式，南方建立的"猪—果"模式，以及其他地区因地制宜建立的"养殖—沼气""猪—沼—鱼"和"草—牛—沼"等模式，都是以农业为龙头，以沼气为纽带，对沼气、沼液、沼渣的多层次利用的生态农业模式。沼气发酵综合利用生态农业模式的建立使农村沼气和农业生态紧密结合，是改善农村环境卫生的有效措施，也是发展绿色种植业、养殖业的有效途径，已成为农村经济新的增长点。

沼气燃烧发电是随着大型沼气池建设和沼气综合利用的不断发展而出现的一项沼气利用技术，它将厌氧发酵处理产生的沼气用于发动机上，并装有综合发电装置，以产生电能和热能。沼气发电具有高效、节能、安全和环保等特点,是一种分布广泛且价廉的分布式能源。沼气发电在发达国家已收到广泛重视和积极推广。生物质能发电并网电量在西欧一些国家占能源总量的10%左右。

生物质能研究与开发已经成为世界重大热门课题之一,受到世界各国政府与科学家的关注。许多国家都制定了相应的开发研究计划,如日本的阳光计划、印度的绿色能源工程、美国的能源农场和巴西的酒精能源计划等,其中生物质能源的开发利用占有相当的比例。国外的生物质能技术和装置多已达到商业化应用程度,实现了规模化产业经营。

未来,我国生物质能产业发展的重点是沼气及沼气发电、液体燃料、生物质固体成型燃料以及生物质发电,促进生物质能产业发展的政策环境将进一步完善,技术水平进一步提高,生物质能产业必将成为我国国民经济新的增长点。

延伸阅读

世界在建海拔最高,进度条更新!

4月20日,在西藏自治区日喀则市萨迦县的高原山地上,由中核汇能西藏公司投资、中核二二公司承建的中核集团首个在藏风电项目——中核萨迦30万千瓦风光储一体化项目风电场首台风机吊装完成。根据测算,该风电场区最高海拔达到5193米,是目前世界上在建海拔最高、单体容量最大的风电项目。

据了解,该项目位于喜马拉雅山北麓,距离珠穆朗玛峰仅140公里左右,总装机为300兆瓦,其中风电总装机为200兆瓦,共安装40台风力发电机组,单机容量为5兆瓦。单个风机风轮直径达183米,叶长达90.1米,轮毂高度105米,总重量483.9吨,在正常运行下,单个风机叶片每转动一周可生产约3度电,每转动1小时即可产生电量5000度,可满足4个普通家庭的一年用电需求。

据悉,项目建成后年发电量近6亿度,相当于每年可节约燃烧标准煤约16.42万吨,减排二氧化硫约45.34万吨,减排二氧化碳约45.01万吨,有效促进当地经济社会高质量发展。

(来源:科技日报)

思考题

1. 太阳能有何特点?
2. 地热能有何特点?
3. 风能有何特点?
4. 生物质能有何特点?
5. 试述近年来我国在低能耗建筑能源体系建设领域的创新和突破。

第3章 外墙节能技术

低能耗建筑的外墙节能技术举足轻重，墙体的复合技术有内附保温层、外附保温层和夹心保温层三种。我国采用夹心保温做法的较多。在欧洲各国，大多采用外附发泡聚苯板的做法，德国外保温建筑占建筑总量的80%，其中70%均采用泡沫聚苯板。

3.1 外墙保温

外墙保温材料多种多样。水泥基发泡材料属于无机混凝土类，导热系数0.042～0.051W/(m·K)，A1级防火，阻燃，与建筑同寿命，是气闭型保温材料。岩棉板属于无机类材料，导热系数0.041～0.045W/(m·K)，防火，阻燃，吸湿性大，保温效果差（图3-1-1）。陶瓷保温板属于无机类材料，导热系数0.08～0.10W/(m·K)，防火，不燃，不吸水，施工方便，使用耐久。珍珠岩等浆料材料属于无机类材料，导热系数0.07～0.09W/(m·K)，防火性好，耐高温保温效果差，吸水性高。膨胀聚苯板（EPS板）属于有机类材料，导热系数0.037～0.041W/(m·K)，保温效果好，价格便宜，强度稍差。挤塑聚苯板（XPS板）属于有机类材料，导热系

图3-1-1 岩棉板

数0.028～0.03W/(m·K)，保温效果更好，强度高，耐潮湿，价格贵，施工时表面需要处理。胶粉聚苯颗粒保温浆料材料属于有机类材料，导热系数0.057～0.06W/(m·K)，阻燃性好，废品回收性强，保温效果不理想，对基层平整度要求不高，可节省找平工序，施工时每次抹灰厚度不宜超过20mm。聚氨酯发泡材料属于有机类材料，导热系数0.025～0.028W/(m·K)，防水性好，保温效果好，强度高，价格较贵。酚醛树脂复合板属于有机类材料，导热系数0.029～0.03W/(m·K)，保温效果极佳，强度高，耐潮湿，价格贵，施工时表面需要处理。无机活性墙体隔热保温材料属于无机类材料，导热系数0.045～0.055W/(m·K)，保温效果更好，强度高，耐潮湿，施工方便。

3.1.1 外墙保温的相关要求

外保温系统的施工应遵守相关规范规定。基层清理应符合要求，清理混凝土墙面上残

留的浮灰、脱模剂油污等杂物及抹灰空鼓部位等，并进行修补；外墙各种洞口填塞密实；要求粘贴聚苯板表面平整度偏差不超过4mm，超过偏差时对凸出墙面处进行打磨，对凹进部位进行找补。

墙面测量、弹线、挂线应合规；根据建筑立面设计和外墙外保温技术要求，在墙面弹出外门窗水平、垂直控制线及伸缩线、装饰缝线等；在建筑外墙大角及其他必要处挂垂直基准线，每个楼层适当位置挂水平线，以控制聚苯板的垂直度和平整度。

粘贴翻包网格布应仔细，凡是粘贴的聚苯板侧边外露处都应做网格布翻包处理，即将不小于200mm宽的网格布中的80mm宽用专用黏结砂浆牢固粘贴在基面上，后期粘贴聚苯板时再将剩余网格布翻包过来。

粘贴聚苯板应规范，外保温用聚苯板标准尺寸为600mm×900mm、600mm×1200mm两种，非标准尺寸或局部不规则处可现场裁切。整块墙面的边角处应用最小尺寸超过300mm的聚苯板，聚苯板的拼缝不能留在门窗口的四角处；由于基层墙体的表面平整度不够好，因此宜采用点框粘法，当饰面为涂料做法时，黏结面积不小于40%；不得在板的侧面涂抹黏结砂浆；排板时按水平顺序排列，上下错缝粘贴，阴阳角处应做错茬处理；粘板时及时清理板边溢出的黏结砂浆，使板与板之间无"碰头灰"；板缝应拼严，缝宽超过2mm时用相应厚度的聚苯片填塞；拼缝高差不大于1.5mm，否则应先用砂纸或专用打磨机具打磨平整。

锚固件固定应可靠，采用机械锚固件固定聚苯板时，锚固件安装应至少在黏结砂浆使用24h后进行，用电锤在聚苯板表面向内打孔，孔径视锚固件直径而定，进墙深度不得小于50mm的要求；拧入或敲入锚固钉，钉头和圆盘不得超出板面。

聚苯板接缝处表面不平时，需要用衬有木方的粗砂纸打底；打磨动作要求为呈圆周方向轻柔旋转，打磨后用刷子清除聚苯板表面的泡沫碎屑。

抹底层抹面砂浆即第一遍抹灰。聚苯板粘贴及锚固件施工完毕并经验收合格后进行聚合物砂浆抹灰，在聚苯板面抹底层抹面砂浆，同时将翻包网格布压入砂浆中；门窗口四角和阴阳角部位所用的增强网格布随即压入砂浆中。铺贴网格布应合规；将网格布绷紧后贴于底层抹面砂浆上，用抹子由中间向四周把网格布压入砂浆的表层，要平整压实，严禁网格布皱褶；网格布不得压入过深；铺贴遇有搭接时，必须满足横向100mm，纵向75mm的搭接长度要求；在底层砂浆凝结前再抹一道抹面砂浆罩面，以仅覆盖网格布、微见网格布轮廓为宜；面层砂浆切忌不停揉搓，以免形成空鼓。

岩棉外墙系统构造主要包括黏结层、保温层、抹面灰层、饰面层及配件。饰面层应采用饰面砂浆、装饰灰浆等轻质功能性涂层或有良好透气性的水性外墙涂料。岩棉板外墙外保温系统，导热系数低、透气性好、燃烧性能级别高等优势，可应用于新建、扩建、改建的居住建筑和公共建筑外墙的节能保温工程，包括外墙外保温、非透明幕墙保温和EPS外保温系统的防火隔离带。

聚氨酯外墙保温防火系统，具有突出的防火性能，达到国家A级标准，耐火耐热、高温下不融化、无滴落物、低烟雾，尺寸稳定性好，并且具有良好的保温节能效果，集优异的防火性能和良好的节能效果于一身，适用于外墙保温等诸多领域。聚氨酯（PIR）板防火等级达到B1级，聚氨酯外墙保温防火系统达到国家防火标准A级，高温下不熔滴，不软化，不扩散火焰穿透，从根本上解决外保温火灾的发生。图3-1-2为复合A级聚氨酯外墙保温板。

图 3-1-2 复合 A 级聚氨酯外墙保温板

3.1.2 外墙保温的注意事项

外墙保温形式多种多样，常见的单一材料保温外墙有加气混凝土、烧结保温砖，还有保温装饰一体化板材、保温砌块等。复合保温外墙按照保温材料设置位置的不同可分为内保温、外保温和夹心保温外墙。

外墙内保温技术的特点是将保温材料置于外墙体的内侧。其对饰面和保温材料的防水、耐候性等技术指标的要求不高，纸面石膏板、石膏抹面砂浆等均可满足使用要求，取材方便。内保温材料被楼板所分隔，仅在一个层高范围内施工，不需搭设脚手架。在夏热冬冷和夏热冬暖地区，内保温可以满足相关要求。对于既有建筑的节能改造，特别是当房屋卖给个人后，整栋楼或整个小区统一改造有困难时，只有采用内保温的可能性大一些。因此，近几年，外墙内保温也得到广泛的应用。外墙内保温技术的缺点是圈梁、楼板、构造柱等会引起热桥，热损失较大；由于材料、构造、施工等原因，饰面层出现开裂；不便于用户二次装修和吊挂饰物；占用室内使用空间；对既有建筑进行节能改造时，对居民的日常生活干扰较大；墙体受室外气候影响大，昼夜温差和冬夏温差大，容易造成墙体开裂。

外墙夹心保温技术的特点是将保温材料置于外墙的内、外侧墙片之间，内、外侧墙片可采用混凝土空心砌块。其可对内侧墙片和保温材料形成有效的保护，对保温材料的选材要求不高，聚苯乙烯、玻璃棉以及脲醛现场浇筑材料等均可使用；对施工季节和施工条件的要求不是很高，不影响冬期施工，在黑龙江、内蒙古、甘肃北部等严寒地区曾经得到一定的应用。其缺点是在非严寒地区，此类墙体与传统墙体相比略偏厚；内、外侧墙片之间需有连接件连接，构造较传统墙体复杂；外围护结构的"热桥"较多，在地震区，建筑中圈梁和构造柱的设置使"热桥"增多，保温材料的效率得不到充分的发挥；外侧墙片受室外气候影响大，昼夜温差和冬夏温差大，容易造成墙体开裂和雨水渗漏。

保温装饰板外保温系统（简称保温装饰一体板系统）由黏接剂、保温装饰板、密封材料和辅助锚固件构成。施工时，先在基层墙体上做防水线找平层，采用以粘为主、粘锚结合的方式将保温装饰板固定在基层上。保温装饰板由保温层、无机树脂板、饰面层和连接件复合而成。保温层材料可选用 EPS 板、XPS 板、PUR 板、酚醛板、岩棉板。饰面层采用涂料饰面，无机树脂板为 A 级不燃材料，厚度不宜超过 10mm，每平方米质量不宜超过 20kg。保温装饰板与基层墙体的有效粘接面积应大于装饰板面积的 50%，拉伸黏结强度不得小于 0.10MPa。固定保温装饰板的锚固件数量不得少于每平方米 6 个。

外墙保温对施工条件有一定的要求，施工现场的环境温度和基层墙体表面温度在施工及施工后 24h 内不得低于 5℃，一般在 5~35℃ 环境下施工；风力不得大于 5 级；基层墙面干燥；阴雨天不能施工；不能在强风环境中或夏季高温、阳光直射的墙面上施工，以避免材料在施工中失水过快而出现毛细裂缝；应避免尚未硬化的材料受到相对恶劣的气候条件的直接作用，特别是避免雨水的冲刷，必要时应对新施工的墙面加以保护；应随时掌握后三天的天气情况，如若出现下雨天严禁施工；工序应满足要求，外墙施工应没有交叉作业；洁净度应满足要求，基层墙面必须彻底清除表面的浮灰、污渍、脱模剂、空鼓、突出物及风化物等影响黏结强度的异物；平整度、垂直度应满足要求，以 2m 的靠尺检查，最大偏差应小于 4mm；超差部位应修补。

3.2　保温层的相关要求

保温层材料是导热系数小的轻质保温材料，有的同时找坡构成坡度。保温层的厚度依当地气候和对室温的要求而定。

3.2.1　保温层的特点

保温层分为内墙保温和外墙保温。随着全球经济的发展，能源形势严峻，建筑节能已成为当今世界发展的潮流，更是当今世界发展的需要。在国内外，目前应用最多的建筑外墙围护结构节能措施即外墙外保温系统。合适的外墙外保温层厚度可以提高建筑围护结构的保温隔热性能，降低建筑能耗。对外墙外保温系统保温层厚度的研究已成为一个重要的问题。外墙保温是指由保温材料组成，在外保温系统中起到保温隔热作用的构造层。我国要求新规划的楼盘必须强制做外墙保温层。保温层的主要作用就是起到房屋保温、隔热的作用。

我国寒冷地区的既有住宅建筑多属砖混结构，建筑围护结构热工性能差、墙体不保温，造成了全年采暖空调能耗居高不下。改进建筑围护结构热工性能是节能改造的关键，而外墙节能在建筑节能中占有非常重要的位置。目前，我国对房屋建筑的保温隔热性能提出了更高的要求，而目前很多城市居民楼还是简单的平顶屋。

外保温是目前大力推广的一种建筑保温节能技术。外保温与内保温相比，技术合理，有其明显的优越性，使用同样规格、同样尺寸和性能的保温材料，外保温比内保温的效果好。外保温技术不仅适用于新建的结构工程，也适用于旧楼改造，适用范围广，技术含量高；外保温包在主体结构的外侧，能够保护主体结构，延长建筑物的寿命；有效减少了建筑结构的热桥，增加建筑的有效空间，同时消除了冷凝，提高了居住的舒适度。

在一系列的节能政策、法规、标准和强制性条文的指导下，我国住宅建设的节能工作不断深入，节能标准不断提高，引进开发了许多新型的节能技术和材料，在住宅建筑中大力推广使用。

3.2.2 保温层的注意事项

墙体是外围护的主体，要降低建筑物的能耗，首先要考虑墙体的节能，因此，外保温复合墙体的保温层厚度设计也越来越引起大家的重视。虽然提高外墙的保温性能可以减少建筑物的供热能耗费用，但也会增加外墙的建设成本，提高建设方的一次建设基金。并且，保温层的使用寿命是有限的，因此不能无限制地加大保温层厚度去减少能耗费用，而要合理选择保温层的厚度，使外墙在保温层生命周期内所造成的采暖能耗费用和保温层造价之和最低。

屋顶由里向外的结构是 0.1cm 涂料、1.5cm 水泥砂浆、20cm 楼板、2cm 水泥砂浆、珍珠岩保温层、2cm 水泥砂浆和 1cm 三毡四油防水材料。北方地区这样的屋顶在夏季太阳日照下的表面温度最高可以达到 75℃，冬季为-40℃。为了保持室内有较好的舒适温度，又不造成浪费，必须设计最佳保温层厚度及选择最佳保温材料。

模型假设非常重要。通常情况下，假设研究对象为室内空气维持在设定适宜值的空调建筑。冬季建筑物采暖热负荷包括围护结构的耗热量和冷风渗透的耗热量，其中，认为冷风渗透的耗热量不直接影响围护结构的热阻，而在计算保温层最佳厚度时只考虑屋顶耗热量的影响；假设屋顶结构体及保温层材料均匀，热传导系数是常数，室内温度和室外温度保持不变，且热传导过程已处于稳定状态；室内空气与围护结构内表面之间允许温度差 4℃，即在冬季平顶屋室内空气比内墙壁高 4℃；北方地区屋顶在夏季太阳日照下的表面温度最高达 75℃，冬季为-40℃。

建立模型应合理。模型中使用的主要参数包括单位面积的透过屋顶损失的热量（W/m²）；围护结构的传热系数 [W/（m²·℃）]；室内外温差（℃）；年采暖耗热量（J/m²）；采暖度日数（℃·d）；由里到外屋顶结构材料的传热阻（m²·K/W）；保温层的热阻（m²·K/W）；由里到外屋顶结构材料的厚度（m）；保温层的厚度；材料各层的导热系数 [W/（m·K）]；保温层的导热系数 [W/（m·K）]；单位面积年采暖总费用（¥/m²）；单位面积保温层的投资费用 [¥/（m²）]；单位面积年采暖耗热费用 [¥/（m²·a）]；单位面积采暖年运行费用 [¥/（m²·a）]；贴现系数；银行利润；贴现率；通货膨胀率；使用年限；单位体积保温材料的造价；单位时间的电价（¥/h）；空调单位面积单位时间的发热量（J/h）；采暖系统的总效率；采暖或降暖日数（d）。

厚度为 d 的均匀介质，两侧温度差为 ΔT，则单位时间由温度高的一侧向温度低的一侧通过单位面积的热量 Q 与 ΔT 成正比，即 $Q=k\Delta T$，其中，k 为热传导系数，$k=f(R)$ 为介质的传热阻。贴现系数 PWF（Present Worth Factor），是把今后某一日期收到或支付的款项，折算为现值的过程；一元资金在不同时期的现值，叫作贴现系数，即将资金的将来值折算成现值。所谓采暖度日数 HDD（Heating Degree Days）是指一段时间（月、季或年）日平均温度低于 65°F（18.3℃）的累积度数。如果日平均温度高于 65°F，那么这一天无采暖度日数。

屋顶是建筑物的重要围护结构，为确保其保持室温，减少热损的功能，尤其是在严寒地区，在保证寒冷地区冬季室内气温达到应有标准的情况下，还需把其采暖费用作为重要考虑因素。保温层厚度是决定建筑保温水平的重要参数。一般随着保温层厚度的增加，围护结构的绝热性能提高，从而降低建筑负荷，采暖设备造价和采暖系统运行费用也相应降低；但同时，围护结构的建造费用也相应增加，因此，一定存在某一特定的保温层厚度，即经济厚度 d，使建筑物总费用（建造费用和经营费用之和）最小。于是考虑建立关于总费用 W 的目标函数，其包括保温层的投资费用和采暖耗热费用，其中对于采暖耗热费用，考虑经济和节能，采用生命周期法，建立节能建筑设计的数学模型。建立关于保温层厚度 d 的关系式，得到计算经济厚度的关系，使得目标函数 W 最小，对应的即为最佳厚度 d。由此得到最佳保温厚度，变换保温材料时只需替代导热系数，结合数据得到最佳保温材料。通过不同材料的保温层最佳厚度的比较分析获得不同材料保温层的最佳厚度。

就实际保温效果而言，聚氨酯泡沫最好，挤塑板次之，苯板最差。就耐冷热性能而言，聚氨酯泡沫最好，挤塑板次之，苯板最短。就吸水率（性）而言，挤塑板最低，聚氨酯次之，苯板最易吸水。就使用寿命而言，聚氨酯泡沫最长，挤塑板次之，苯板最短。就价格而言，聚氨酯泡沫最高，挤塑板次之，苯板最低。聚氨酯现场发泡（喷涂）可直接现场喷涂成型（液体膨胀），成型、运输方便；其他两种板材需要运输、粘贴，较为麻烦且会存在一定的破损，有拼接缝存在。

思考题

1. 外墙保温有哪些特点？
2. 低能耗建筑外墙保温层有哪些要求？
3. 试述近年来我国在外墙节能技术领域的创新和突破。

第 4 章 门窗节能技术

低能耗建筑门窗节能技术主要借助中空玻璃、镀膜玻璃（包括反射玻璃、吸热玻璃）、高强度 Low-E 防火玻璃（高强度低辐射镀膜防火玻璃）、采用磁控真空溅射方法镀制含金属银层的玻璃以及极具特色的智能玻璃。

4.1 中空玻璃

中空玻璃由美国人于 1865 年发明，是一种良好的隔热、隔声、美观适用、并可降低建筑物自重的新型建筑材料，见图 4-1-1。它是用两片（或三片）玻璃，使用高强度高气密性复合黏结剂，将玻璃片与内含干燥剂的铝合金框架黏结，制成的高效能隔声隔热玻璃。中空玻璃多种性能优于普通双层玻璃，因此得到了世界各国的认可。

图 4-1-1　中空玻璃

中空玻璃可以根据要求选用各种不同性能的玻璃原片，如无色透明浮法玻璃、压花玻璃、吸热玻璃、热反射玻璃、夹丝玻璃、钢化玻璃等与边框（铝框架或玻璃条等），经胶结、焊接或熔接而制成。图 4-1-2 为中空玻璃剖面。中空玻璃可采用 3mm、4mm、5mm、6mm、8mm、10mm、12mm 厚片度原片玻璃，空气层厚度可采用 6mm、9mm、12mm 间隔。高性能中空玻璃与一般普通中空玻璃不同，除在两层玻璃中间封入干燥空气之外，还要在外侧玻璃中间空气层侧，涂上一层热性能好的特殊金属膜，它可以阻止由太阳射到室内的一定能量，起到更好的隔热效果。

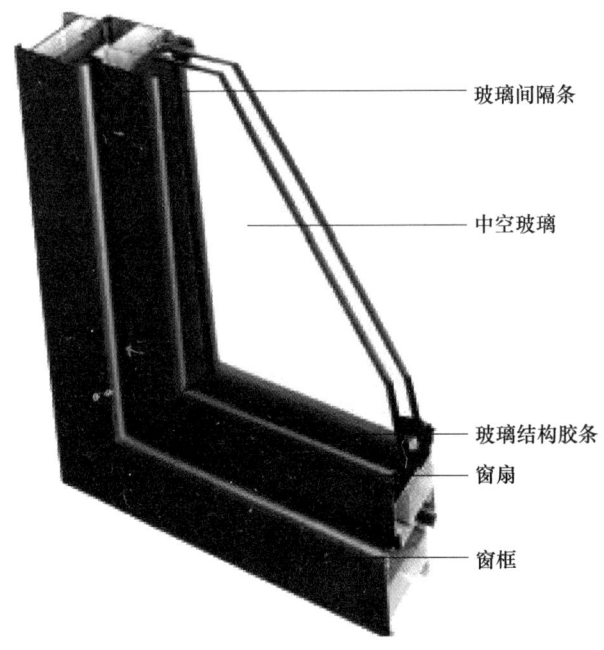

图 4-1-2 中空玻璃剖面

4.1.1 中空玻璃的特点

由于中空玻璃内部存在着可以吸附水分子的干燥剂，气体是干燥的，在温度降低时，中空玻璃的内部也不会产生凝露的现象，同时，在中空玻璃的外表面结露点也会升高。如当室外风速为5m/s，室内温度20℃，相对湿度为60%时，5mm玻璃在室外温度为8℃时开始结露，而16mm（5+6A+5）中空玻璃在同样条件下，室外温度为-2℃时才上结露，27mm（5+6A+5+6A+5）三层中空玻璃在室外温度为-11℃时才开始结露。

中空玻璃的能量传递有三种方式，即辐射传递、对流传递和传导传递。

辐射传递是能量通过射线以辐射的形式进行的传递，这种射线包括可见光、红外线和紫外线等的辐射，就像太阳光线的传递一样。合理配置的中空玻璃和合理的中空玻璃间隔层厚度，可以最大限度降低能量通过辐射形式的传递，从而降低能量的损失。

对流传递是由于在玻璃的两侧具有温度差，使空气在冷的一面下降而在热的一面上升，产生空气的对流，而造成能量的损失。造成这种现象的原因有几个：一是玻璃与周边的框架系统密封不良，造成窗框内外的气体能够直接进行交换产生对流，导致能量的损失；二是中空玻璃的内部空间结构设计不合理，导致中空玻璃内部的气体因温度差的作用产生对流，带动能量进行交换，从而产生能量的流失；三是构成整个系统的窗内外温度差较大，致使中空玻璃内外的温度差也较大，空气借助冷辐射和热传导的作用，首先在中空玻璃的两侧产生对流，然后通过中空玻璃整体传递过去，形成能量的流失；合理的中空玻璃设计，可以降低气体的对流，从而降低能量的对流损失。

传导传递是通过物体分子的运动，带动能量进行运动，而达到传递的目的，就像用铁锅做饭和用电烙铁焊东西一样，中空玻璃对能量的传导传递是通过玻璃和其内部的空气来完成的。玻璃的导热系数是0.77W/(m·K)；而空气的导热系数是0.028W/(m·K)，由此可见，玻璃的热传导率是空气的27倍，而空气中的水分子等活性分子的存在，是影响中空玻璃能量的传导传递和对流传递性能的主要因素，因而提高中空玻璃的密封性能，是提高中空玻璃隔热性能的重要手段。

高性能中空玻璃由于有一层特殊的金属膜，遮蔽系数可达到0.22～0.49，使室内空调（冷气）负载减轻；其传热系数为1.4～2.8W/（m²·K），比普通中空玻璃低，对减轻室内暖气负荷，同样发挥很大作用。因此，窗户开得越大，节能效果越明显。高性能中空玻璃可以拦截由太阳射到室内的部分能量，因而可以防止因辐射热引起的不舒适感，减轻夕照阳光引起的目眩。高性能中空玻璃有多种色彩，可以根据需要选用色彩，以达到更理想的艺术效果。高性能中空玻璃适用于办公大楼、展览室、图书馆等公共设施和像计算机房、精密仪器车间、化学工厂等要求恒温恒湿的特殊建筑物，另外也可以用于防晒和防夕照目眩的地方。

中空玻璃中间封入干燥空气，因此根据温度、气压的变化，内部空气压力也随之变化，但玻璃面上只产生很小的变形。中空玻璃制造时可能产生微小翘曲，施工过程中也可能形成畸变。所以由于这些因素，反射率也相应地有些变化，应予以重视。此外，选用颜色不同，反射率也不尽相同。金、铜及银金属涂层在中远红外区，即波长范围大于$4\mu m$时，反射率很高；如金属涂层为典型厚度，全部反射率可达90%～95%，高红外反射率就相当于低发射率（Low-E），这会减少中空玻璃组件内外玻璃板的辐射转换，与此相应的是，与空气层为12mm标准中空玻璃构件比较，其隔热值能够达到0.3W/（m²·K）。另外，如构件中的空气由重气体替代的话，其隔热值是1.4W/（m²·K）。减薄金属层的厚度，玻璃透光率可以增加到60%左右；此种极薄的涂层具有非常好的保护太阳能的作用，同时仍有很高的红外反射率值，为75%～85%；空气层为12mm中间充以重气体，用涂层隔热值可达1.6～1.9W/（m²·K）。

中空玻璃主要用于需要采暖、空调、防止噪声或结露以及需要无直射阳光和特殊光的建筑物上，广泛应用于住宅、饭店、宾馆、办公楼、学校、医院、商店等需要室内空调的场合，也可用于火车、汽车、轮船、冷冻柜等的门窗。中空玻璃主要用于外层玻璃装饰；其光学性能、导热系数、隔声系数均应符合国家标准；设计结构合理符合标准的中空玻璃，才能发挥其隔热、隔声、防盗、防火的功效；采用抽真空双层钢化玻璃更可以达到实验室标准；市场上还有添加惰性气体和彩色颜料气体的中空玻璃，以及增加美景条等起到加固和装饰作用。中空玻璃铝隔条的作用至关重要，铝被称为活泼金属元素，但在空气中其表面会形成一层致密的氧化膜，使之不能与氧、水继续作用；在高温下能与氧反应，放出大量热，用此种高反应热，铝可以从其他氧化物中置换金属（铝热法）。

4.1.2 中空玻璃的适用条件

常见中空玻璃有浮法中空玻璃、钢化中空玻璃、镀膜中空玻璃、Low-E中空玻璃。常见的中空玻璃"5+9A+5"为双层中空，这里的5是指玻璃的厚度是5mm，9指的是中空部分有9mm，字母A是air的缩写。市场上还有的型号5+15A+5、5+22A+5、5+27A+5、5+32A+5等。

由于中空玻璃的隔热性能较好，玻璃两侧的温度差较大，还可以降低冷辐射的作用；当室外温度为-10℃时，室内单层玻璃窗前的温度为-2℃，而中空玻璃窗前的温度是

13℃；在相同的房屋结构中，当室外温度为-8℃，室内温度为20℃时，3mm普通单层玻璃冷辐射区域占室内空间的67.4%，而采用双层中空玻璃（3+6A+3）mm则为13.4%。使用中空玻璃，可以提高玻璃的安全性能，在使用相同厚度的原片玻璃的情况下，中空玻璃的抗风压强度是普通单片玻璃的1.5倍。

槽铝式双道密封中空玻璃第一道密封用丁基胶，具有极低的水蒸气透过率；第二道密封胶主要有聚硫胶和硅酮胶。聚硫胶水蒸气透过率小于硅酮胶，但抗紫外线能力不如硅酮胶，故适用于窗或有框玻璃幕墙（因铝框可遮阳，避免太阳光直接照射）；硅酮胶则适用于隐框玻璃幕墙，其抗紫外线能力及强度均高于聚硫胶；当建筑对中空玻璃有较高的装饰性要求时，可选用乳白色或透明的硅酮胶。木窗则忌用硅酮胶作为第二道密封，因其抗木制品防腐剂的能力很差，密封剂会因迁移而受损。

间隔铝框宜采用连续长管弯角式，接头处应用丁基胶做密封处理。间隔铝框如采用四角插接式，其各个接头处亦应用丁基胶做密封处理，以此做成的中空玻璃，使用寿命不如前者。当中空玻璃第二道密封胶采用硅酮胶时，不应采用四角插接式间隔铝框的中空玻璃。因为使用了密封胶密封，故不应在70℃及更高的温度下使用，否则会大大影响中空玻璃的使用寿命。

中空玻璃空气层内部压力的变化使玻璃变形，会导致影像畸变，故在海拔1000m或以上使用中空玻璃时，空气层的气压必须调整，在下订单时应与玻璃供应商商议。窗户的隔热性能与窗框材料密切相关，因此应选择隔热性能良好的窗框材料。如用作采光顶棚，室内侧玻璃应使用夹层或防爆膜。

Low-E中空玻璃膜面位于第2面或第3面，应根据设计需要选择；如果设计的中空玻璃必须为大小片形式，则膜面必须置于第3面。四边支承中空玻璃的最大许用面积为中空玻璃按两单片玻璃薄片厚度计算出的最大许用面积的1.5倍。建筑设计时应对相关技术性能提出要求，比如保温性能、隔热性能、隔声性能、采光性能、密封性能、耐候性能等。

暖边密封系统应遵守相关规定。门窗用中空玻璃可以采用单独使用胶条密封系统作为单道密封方式，可以保证中空玻璃具有10年以上的使用寿命。幕墙用中空玻璃必须在胶条的外面封结构胶作为二次密封胶，以保证中空玻璃具有足够的结构强度，其特别适宜制作异形中空玻璃和充气中空玻璃，尤其适宜异形充气Low-E中空玻璃使用，因为胶条本身没有对Low-E膜层产生不良影响的挥发气体，所以能够保证Low-E中空玻璃具有长久的使用寿命。超级间隔条式中空玻璃窗用中空玻璃可在超级间隔条的外侧封足够深度的热熔丁基胶，以保证中空玻璃密封系统具有足够的抗水汽渗透性能；幕墙用中空玻璃必须在热熔丁基胶外侧封足够深度的第三层结构胶，以保证中空玻璃具有足够的结构强度和使用寿命。

传统暖边间隔系统应遵守相关规范规定。U型条式中空玻璃窗用中空玻璃可以仅采用热熔丁基胶作为单独的密封材料使用。幕墙用中空玻璃必须在热熔丁基胶外侧封足够深度的结构胶，以保证具有足够的黏结强度和使用寿命；在用做充气中空玻璃时，必须十分注意U型条接头处的密封。注胶式铝条中空玻璃基本等同于传统铝条中空玻璃，需要注意的是由于这种产品采用的是在两个铝条中间采用隔热材料黏结，因此整个铝条的厚度必须超过12mm才能实现，而且由于中间隔热材料的特性，很难在拐角处实现弯角处理，所以在设计使用充气中空玻璃时需要注意接角处的密封控制。

4.1.3 中空玻璃的注意事项

中空玻璃作为建筑节能材料，因其具有良好的隔热和隔声性能而被广泛应用，同时，社会对中空玻璃的质量要求越来越高。据了解，中空玻璃最大的质量问题就是在使用中空气层结露，其原因是空气层的露点在使用过程中升高了，因此控制中空玻璃的露点是控制中空玻璃质量的关键。中空玻璃在使用过程中，当环境温度降低到使玻璃表面温度降低至干燥空气层内的露点时，干燥空气层的表面会产生结露或结霜。

中空玻璃的露点是指密封于空气层中的空气湿度达到饱和状态时的温度，低于该温度，空气层中的水蒸气就会凝结成液态水。由此可推出：水的含量越高，空气的露点温度也就越高，当玻璃内表面温度低于空气层内空气的露点时，空气中的水分就会在玻璃内表面结露或结霜。中空玻璃的露点上升是由外界的水分进入空气层而不被干燥剂吸收而造成的。有三种原因可能会导致露点上升，即密封胶内存有气泡，导致水分进入空气层；水汽通过聚合物扩散进入空气层中；干燥剂的有效吸附能力低。

制备中空玻璃应严格控制生产环境温度，生产环境主要影响密封性能及剩余吸附能力；应减少水分通过聚合物的扩散，这主要通过选择低渗透系数的密封胶、确定合理的密封厚度、减少中空玻璃的内外温度差（即生产环境控制在一定温度范围内，不能使温度范围过大）来实现；应缩减生产工艺时间，尽量减少干燥剂与大气接触的时间，减少吸附能力的损失而使干燥剂有较高的吸附能力；应选择合适的铝型材，其细孔的导气缝要小，减少操作过程中分子筛的吸水率；应选择合适的干燥剂，要选择吸附率较高且持久的干燥剂。通过选料、加工、环境等各个环节的控制，中空玻璃的质量会得到明显控制。

制作流程应合理。加热的玻璃宜采用多组压辊，逐渐压至要求厚度；每组压辊应相互平行，确保压制玻璃厚度均匀。经压机出口处胶条的温度应控制在40～55℃。复合胶条中空玻璃的封口采用三步程序，即压、拐、捏程序，以完成中空玻璃的封口操作，压是将外侧的胶条沿着边部垂直方向向另一段压条挤压，到两段胶条完全融合到一起为止；拐是将多余的胶沿着中空玻璃中间的空间层抹平，使外面没有多余的胶存在；捏是将两片玻璃向内捏，消除因为压、拐造成的玻璃向外侧分离造成的间隙。工人应密切关注胶条离开热压机的温度，胶条封口温度、厚度、平整度、位移，胶条密封面的贴合完整性，封口严实性。

就一扇窗户而言，屋内热能的散失主要通过窗框传导、玻璃辐射、窗页和门框的缝隙对流等途径，因而中空玻璃应运而生。事实上"中空玻璃"并不"空"。按技术要求，中空玻璃的两层间距一般为8mm。实验证明，如果8mm的间距完全真空，大气压力会将玻璃压碎。故合格的中空玻璃，其夹层空间必须填充惰性气体氩和氪。充填后，检测显示其K值（传热系数极限值），同比真空状态下还可下降5%，这就意味着保温性能更好。如果选购回的中空玻璃其夹层内真正是"空"的，充其量就是双层玻璃，保温节能功效必然差。科学检测证明，合格的中空玻璃能使一般窗玻璃传热系数极限值K值从3.5降到2.8，传热性能下降就能使屋内热量不容易散失。

市面冒牌的中空玻璃，多半只是将两块玻璃简单地固定在一起，其隔热性能无疑很差。隔热性能低劣的"双层玻璃"常因空气、水汽的进入而致使夹层内起雾发花，甚至结出霉点，于是一些企业往往采用在两片玻璃间夹有带孔的铝条，在铝条的孔隙中放上颗粒状干燥剂的"加工"手法，实际上只是起了掩人耳目的作用，并未提高双层玻璃的任何隔热性能，时间一长干燥剂失效后，还是会露馅。"验明正身"的一个窍门，就是冬季里看看玻璃之间有没有出现冰冻，春夏看有没有水汽，当然，当中嵌有铝条的玻璃，往往假"真空"的居多；窗框的材质也是一个标志，中空玻璃的窗框一般均为塑钢材质，而非铝合金。

中空玻璃的玻璃可采用浮法玻璃、夹层玻璃、压花玻璃、吸热玻璃、镀膜玻璃、钢化玻璃、幕墙用钢化和半钢化玻璃、着色玻璃等。中空玻璃用弹性密封胶应符合相关规范的规定；中空玻璃用塑性密封胶应符合相关规范的规定，使用的第一道、第二道密封胶组分间色差应分明、有效期在半年以上；隐框幕墙选用中空玻璃时，必须做到中空玻璃第二道密封胶一定要采用硅酮密封胶，并与结构性玻璃装配用密封胶相容，即两者必须采用相互相容的密封胶；当结构性装配使用某一硅酮密封胶，最好订购的中空玻璃密封胶层也用同一厂家的硅酮密封胶。用塑性密封胶制成的含有干燥剂和波浪形铝带的胶条，其性能应符合相关规范规定。使用金属间隔框时，应去污或进行化学处理。干燥剂的质量、规格、性能应符合相关规范规定。

中空玻璃的公称厚度为两片玻璃厚度与间隔框厚度之和。中空玻璃的密封、露点、紫外线照射、气候循环和高温、高湿性能应满足相关规范要求；在试验压力低于环境气压（10±0.5）kPa 时，厚度增长必须不小于 0.8mm，在该气压下保持 2.5h 后，厚度增长偏差小于 15% 为不渗漏，全部试样不允许有渗漏现象；将露点仪温度降到 -40℃ 及以下，使露点仪与试样表面接触 3min 全部试样内表面无结露或结霜；紫外线照射 168h，试样内表面不得有结雾或污染的痕迹。

中空玻璃的安装应根据风荷载控制开孔规定尺寸及所需玻璃的厚度。中空玻璃要制成构件，尺寸不能改变，装配中空玻璃的开孔应是长方形和垂直的，要注意检查其规格的精确性。中空玻璃不允许有任何表面被油漆或纸张所覆盖，因为这会造成局部过热而导致破碎。中空玻璃不得与框架直接接触。安装要求应根据镶嵌中空玻璃的材料种类而变化。

4.2 镀膜玻璃

镀膜玻璃（coated glass）也称反射玻璃，见图 4-2-1～图 4-2-3。镀膜玻璃是在玻璃表面涂镀一层或多层金属、合金或金属化合物薄膜，以改变玻璃的光学性能，满足某种特定要求。镀膜玻璃按产品的不同特性，可分为热反射玻璃、低辐射玻璃（Low-E 玻璃）、导电膜玻璃等。

图 4-2-1　镀膜玻璃（1）

图 4-2-2　镀膜玻璃（2）　　　　　图 4-2-3　镀膜玻璃（3）

热反射玻璃一般是在玻璃表面镀一层或多层诸如铬、钛或不锈钢等金属或其化合物组成的薄膜，使产品呈现丰富的色彩，对于可见光有适当的透射率，对红外线有较高的反射率，对紫外线有较高吸收率，因此，也称为阳光控制玻璃，主要用于建筑和玻璃幕墙。低辐射玻璃是在玻璃表面镀由多层银、铜或锡等金属或其化合物组成的薄膜，产品对可见光有较高的透射率，对红外线有很高的反射率，具有良好的隔热性能，主要用于建筑和汽车、船舶等交通工具，由于膜层强度较差，一般都制成中空玻璃使用。导电膜玻璃是在玻璃表面涂敷氧化铟锡等导电薄膜，可用于玻璃的加热、除霜、除雾以及用作液晶显示屏等。

镀膜玻璃的生产方法很多，主要有真空磁控溅射法、真空蒸发法、化学气相沉积法以及溶胶—凝胶法等。真空磁控溅射法，可以设计制造多层复杂膜系，可在白色的玻璃基片上镀出多种颜色，膜层的耐腐蚀和耐磨性能较好，该方法制备的磁控溅射镀膜玻璃是生产和使用最多的产品之一。真空蒸发镀膜玻璃通过真空蒸发法制备，其品种和质量与磁控溅射镀膜玻璃相比均存在一定差距，已逐步被真空溅射法取代。化学气相沉积法是在浮法玻璃生产线上通入反应气体，使其在灼热的玻璃表面分解，均匀地沉积在玻璃表面形成镀膜玻璃。该方法的特点是设备投入少、易调控，产品成本低，化学稳定性好，可进行热加工，是最有发展前途的生产方法之一。溶胶—凝胶法生产镀膜玻璃工艺简单，稳定性也好，不足之处是产品光透射比过高，装饰性较差。

在线阳光控制镀膜玻璃是一种对太阳光具有良好控制作用的镀膜玻璃，产品具有稳定的物化性能，可广泛用于各类建筑物、采光窗等。高透型 Low-E 玻璃具有较高的可见光透射率、太阳能透过率和远红外线发射率，所以采光性极佳，透过玻璃的太阳热辐射多，隔热性能优良，适用于北方寒冷地区和部分地域的高通透性建筑，突出自然采光效果。遮阳型 Low-E 玻璃对室内视线有一定的遮阳性，可阻止太阳热辐射进入室内，限制夏季室外的二次热辐射进入室内，南方、北方都适用，且因其具有丰富的装饰效果和室外视线遮阳作用，适用于各类建筑物。双银 Low-E 玻璃突出了玻璃对太阳热辐射的遮阳效果，将玻璃的高透光性与太阳热辐射的低透过性巧妙地结合在一起，有较高的可见光透过率，可有效地限制夏季室外的背景热辐射进入室内。

当前，市场应用最多的是热反射玻璃和低辐射玻璃，基本上采用真空磁控溅射法和化学气相沉积法两种生产方法。国际上比较著名的真空磁控溅射法设备生产厂家有美国的 BOC 公司和德国的莱宝公司，化学气相沉积法的生产厂家有英国的皮尔金顿公司等。20 世纪 80 年代后期以来，我国已经出现数百家镀膜玻璃生产厂家，在行业中影响较大的真空磁控溅射法生产厂家有中国南玻集团公司和上海阳光镀膜玻璃公司等，化学气相沉积法生产厂家有山东蓝星玻璃公司和长江浮法玻璃公司等。

4.3　有色玻璃

有色玻璃（colored glass），又名吸热玻璃，指加入彩色艺术玻璃着色剂后呈现不同颜色的玻璃。着色剂用量、熔制时间和熔制温度不同，都会不同程度地影响有色玻璃的烧成颜色。有色玻璃能够吸收太阳可见光，减弱太阳光的强度，玻璃在吸收太阳光线的同时自身温度提高，容易产生热胀裂。

6mm 厚的透明浮法玻璃，在太阳光照下总透过热量为 84%，而同样条件下有色玻璃的总透过热量为 60%。有色玻璃的颜色和厚度不同，对太阳辐射热的吸收程度也不同。有色玻璃吸收太阳可见光，减弱太阳光的强度，起到反眩作用，同时具有一定的透明度，能吸收一定的紫外线。

有色玻璃材质在很多地方都有应用，不仅仅在室内的装修，汽车上一般都会安装暗色调的玻璃，太阳眼镜也都是有色的玻璃镜片，还有各种装饰性的灯具，为了绚丽的颜色，都会装上有颜色的玻璃灯罩。

有色玻璃属于特种玻璃类，也称吸热玻璃，通常能阻挡 50% 左右的阳光辐射。如 6mm 厚的蓝色玻璃只能透过 50% 的太阳辐射，茶色、古铜色吸热玻璃仅能透过 25% 的太阳光。吸热玻璃适用于既需采光又需隔热的炎热地区的建筑物门窗或外墙体。但是，在城市住宅区楼群中，能起杀菌、消毒、除味作用的阳光，反而会被这些有色吸热玻璃挡掉一半，实在是得不偿失。有些住户安装了纱窗，其透光率为 70%，与无色透明普通玻璃组合，总透光率在 61% 左右，正好适宜，但若配上有色吸热玻璃，其透光率仅为 35%，肯定影响室内的光照要求。将阳台也用有色吸热玻璃封闭住也是常见的错误方法。阳台是居室直接与大自然接触的场所，不建议封闭，更不建议用有色玻璃装饰。如果长期生活在蓝灰色、茶色等弱光环境中，室内视线质量必然下降，容易使人身心疲惫，对健康将会产生不良的影响。

室内装修宜采用高透光率的普通玻璃，窗外配装开合方便的遮阳设备，室内可装透明或半透明窗帘和不透明窗幔。这样，既能起到挡风避雨、隔热吸声等良好作用，又可充分享受阳光的沐浴。

4.4　防火玻璃

防火玻璃在防火时的作用主要是控制火势的蔓延或隔烟，是一种措施型的防火材料，其防火效果以耐火性能进行评价。它是经过特殊工艺加工和处理，在规定的耐火试验中能保持其完整性和隔热性的特种玻璃。防火玻璃的原片玻璃可选用浮法平面玻璃、钢化玻璃、复合防火玻璃，还可选用单片防火玻璃制造（图4-4-1和图4-4-2）。

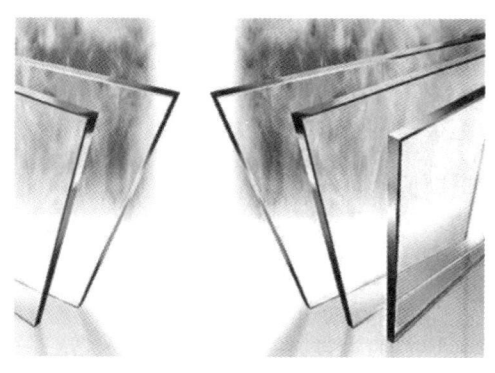

图4-4-1　防火玻璃（1）

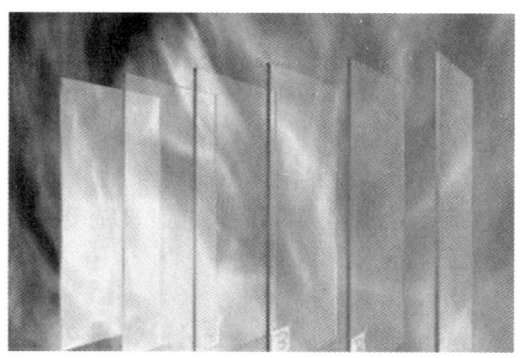

图4-4-2　防火玻璃（2）

防火玻璃主要有夹层复合防火玻璃、夹丝防火玻璃、特种防火玻璃、中空防火玻璃、高强度单层铯钾防火玻璃五种。

4.4.1　分类及特点

防火玻璃是一种在规定的耐火试验中能够保持其完整性的特种玻璃，按产品种类分为A、B、C三类。A类是指同时满足耐火完整性、耐火隔热性要求的防火玻璃。包括复合型防火玻璃和灌注型防火玻璃两种。此类玻璃具有透光、防火（隔烟、隔火、遮挡热辐射）、隔声、抗冲击性能，适用于建筑装饰钢木防火门、窗、上亮、隔断墙、采光顶、挡烟垂壁、透视地板及其他需要既透明又防火的建筑组件中。B类是指同时满足耐火完整性、热辐射强度要求的防火玻璃。此类防火玻璃多为复合防火玻璃具有透光、防火、隔烟特点。C类是指只满足耐火完整性要求的单片防火玻璃。此类玻璃具有透光、防火、隔烟、强度高等特点，适用于无隔热要求的防火玻璃隔断墙、防火窗、室外幕墙等。

防火玻璃按结构分为防火夹层玻璃、薄涂型防火玻璃、单片防火玻璃和防火夹丝玻璃；其中防火夹层玻璃按生产工艺特点又可分为复合防火玻璃和灌注防火玻璃。防火玻璃按耐火极限分5个等级，即0.5h、1.00h、1.50h、2.00h、3.00h。防火玻璃按耐火性能分隔热型防火玻璃（A类）和非隔热型防火玻璃（C类）、部分隔热型防火玻璃（B类）。

防火玻璃按其功能可分为复合防火玻璃（灌注型和复合型，灌浆防火玻璃的隔热性能好，复合防火玻璃的防火性能好）与单片防火玻璃。复合型防火玻璃由两层或多层玻璃原片附之一层或多层水溶性无机防火胶夹层复合而成。火灾发生时，向火面玻璃遇高温后很快炸裂，其防火胶夹层相继发泡膨胀十倍左右，形成坚硬的乳白色泡状防火胶板，有效地阻断火焰，隔绝高温及有害气体。成品可磨边、打孔、改尺切割，用于外窗、外幕墙时，设计方案应考虑防火玻璃与PVB夹层玻璃组合使用。其适用范围包括建筑物房间、走廊、通道的防火门窗及防火分区和重要部位防火隔断墙。

单片防火玻璃是一种单层玻璃构造的防火玻璃，能在一定的时间内保持耐火完整性，阻断迎火面的明火及有毒、有害气体，但不具备隔温绝热功效，适用于外幕墙、室外窗、采光顶、挡烟垂壁、防火玻璃无框门，以及无隔热要求的隔断墙。

灌注型防火玻璃有两层玻璃原片（有特殊需要也可用三层玻璃原片），四周以特制阻燃胶条密封，中间灌注的防火胶液，经固化后为透明胶冻状，与玻璃粘接成一体。遇高温以后，玻璃中间透明胶冻状的防火胶层会迅速硬结，形成一张不透明的防火隔热板，在阻止火焰蔓延的同时，也阻止高温向背火面传导。此类防火玻璃不仅具有防火隔热性能，而且隔声效果出众，可加工成弧形，适用于防火门窗、建筑天井、中庭、共享空间、计算机机房防火分区隔断墙。需要强调的是，玻璃四周会显露黑色密封边框，适用于周边压条镶嵌安装，用于无遮挡的正阳面和西照面外窗时，事前应咨询制造商，征求合理建议。

硼硅酸盐玻璃热膨胀系数低，热冲击性好，是一种使用较为广泛的防火玻璃。硼硅酸盐防火玻璃的化学组成一般是 SiO_2 含量 68%～78%，B_2O_3 含量 10%～13%，Al_2O_3 含量 2%～4%，R_2O 含量 4%～8%。

单片铯钾防火玻璃是通过特殊化学处理在高温状态下进行二十多小时离子交换，替换了玻璃表面的金属钠，形成化学钢化应力；同时通过物理处理后，玻璃表面形成高强的压应力，大大提高了抗冲击强度，当玻璃破碎时呈现微小颗粒状态，减少对人体造成伤害。单片铯钾防火玻璃的强度是普通玻璃的 6～12 倍，是钢化玻璃的 1.5～3 倍。

单片铯钾防火玻璃的优点是和它与工作的温度关系不大，但有能力抵得住热浪冲击和温度的快速变化，这依赖于玻璃的比热容（影响温度升高的速率）、热传导率（热穿过玻璃的速率和分布）以及热膨胀率，同时单片铯钾防火玻璃可以承受从 300℃ 到冷水里的淬火处理。单片铯钾防火玻璃的热传导率为 1.13W/（m·K），热膨胀率为 (8.5～9.5)×10^{-6}/℃，与玻璃原片相同；抗水性、耐酸性、耐碱性均符合相关规范规定。单片铯钾防火玻璃与传统灌浆防火玻璃相比，除了高强度、容易安装之外，最大的特点是高耐候性。化学灌浆防火玻璃除了在制作过程中容易出现气泡外，在紫外线照射及火焰作用下很快变成乳白色，失去了通透这个基本属性，从而无法观察火灾情况。单片铯钾防火玻璃在紫外线及火焰作用下依然保持通透功能，无任何变化。

4.4.2 防火玻璃的注意事项

选用防火玻璃前，要先清楚由防火玻璃组成的防火构件的消防具体要求，是防火、隔热还是隔烟，还应了解耐火极限要求。单片和复合灌注型防火玻璃不能像普通平板玻璃那样用玻璃刀切割，必须定尺加工，但复合型（干法）防火玻璃可以达到可切割的要求。选用防火玻璃组成防火构件时，除考虑玻璃的防火耐久性能外，其支承结构和各元素也必须满足耐火的需要。

将防火玻璃运用到幕墙与隔断的设计，并不是简单地将幕墙或隔断所使用的非耐火性材料改用耐火材料就可以，更不是将普通玻璃换成防火玻璃就万事大吉，而是要将它作为一个防火系统来全面考虑。防火玻璃幕墙与隔断所能达到的耐火性能等级，需要综合考虑整个系统各因素的耐火等级才能确定，主观地推测可能会犯错误，必要时需做检测试验来确定。设计选用防火玻璃时，需注意玻璃板块的尺寸与耐火性能等级的对应关系。

4.5 智能玻璃

智能玻璃是一种高技术型着色玻璃。1992 年，设在美国洛杉矶的加利福尼亚大学的研究人员研制出一种被称为"智能玻璃"的高技术型着色玻璃，它能在某些化合物中改变颜色。研究人员先使用一种生产玻璃用的溶液，随后添加选择性极高的在某些化合物中能变色的酶或蛋白质。溶液凝固时，形成一根根玻璃丝围在大蛋白的四周。智能玻璃有足够多的孔容纳小气体分子，如氧气和一氧化碳分子进入。它们与蛋白质发生反应，导致颜色改变。这种智能玻璃可用来监测大气中的气体。如果做成光导纤维，它还可监测血流中的气体浓度。

智能玻璃利用电致变色原理制成。它在美国和德国一些城市的建筑装潢中很受青睐，安装智能玻璃后，朝南方向的窗户随着阳光辐射量的增加，会自动变暗，与此同时，处在阴影下的其他朝向窗户开始明亮。装上智能窗户后，人们不必为遮挡骄阳配上暗色或装上机械遮光罩。严冬，朝北方向的智能窗户能为建筑物提供70%的太阳辐射量，获得漫射阳光所给予的温暖，同时还可使建筑物减少供暖和制冷需用能量的25%、照明需用能量的60%、峰期电力需用能量的30%。

英国科学家正在开发用在轿车上的智能玻璃，它不仅起美化作用，还将为现代汽车增添新的功能。这些玻璃包括有色玻璃、防碎玻璃、映像玻璃（全息玻璃）、红外线玻璃、防雨/防光玻璃、嵌入无线电玻璃等。有色玻璃是一种能控制太阳光的智能玻璃，它能阻挡84%的太阳光，而标准无色4mm厚玻璃只能阻挡11%的太阳光。如轿车安装这种玻璃，可保护纤维和装饰品不褪色。防碎玻璃主要用于侧面车窗，它与挡风玻璃一样结实牢固，小偷也不易砸破玻璃窗进去偷窃实物。映像玻璃用于未来车内的路线导航、标记和信息系统，司机可以直接从挡风玻璃上得到，还可以在雾雨天气里看到1英里（1英里≈1.6千米）以外的景物。红外线玻璃能在下雨天气自动打开挡风玻璃刮水器，并根据雨量来改变刮水器速度。防雨/防光玻璃表面采用新技术处理，使它容易防水，并降低玻璃反射光的数量。这种玻璃除用在车窗玻璃以外，主要用在车内各种仪表面罩以防从挡风玻璃映进来的光反射进司机视线。嵌入无线电玻璃可将无线电天线嵌入玻璃内部，还可将蜂窝电话或电视机等各种设备嵌入到玻璃里面，这样使轿车更为美观，不会因天线而破坏轿车整体形象。

延伸阅读

玻璃材料闪耀"智慧之光"

湖北省博物馆镇馆之宝越王勾践剑，被誉为"天下第一剑"。这把宝剑的特殊之处，不仅在于埋藏了2300多年依然锋利如初，更令人震惊的是，其剑格中晶莹剔透的装饰物并非天然宝石，而是人工合成的玻璃。

玻璃作为一种由天然矿物（石英砂）加工而成的无定形材料，拥有悠久的历史。从4000多年前在美索不达米亚和古埃及被发明之后，玻璃在很长一段时间内，都是作为稀有的装饰与礼器材料使用，如公元前14世纪古埃及法老图坦卡蒙陵墓中法老胸针上的玻璃圣甲虫等。直至公元10世纪以后，随着透明玻璃组分的诞生以及吹制法等工艺的不断成熟，玻璃开始规模化生产并被制成容器、窗花、镜子等，广泛应用于生活中。

玻璃之所以能够长时间保存，是因为它具有特殊的非晶态结构和稳定的化学性质。从微观结构来看，玻璃内部的原子排列杂乱无章，就像液体一样；然而从宏观层面来看，玻璃会表现出固体的特征，这被称为"玻璃态"，是非晶态固体的一种。尽管玻璃内部的原子是无规则的，但如果我们将观测范围缩小，就会发现近邻原子的排列具有一定的规律，这被称为"短程有序"。在玻璃内部存在着一种被称为硅氧四面体的构造单元，即一个硅原子位于中心，四个氧原子分别连接在四个顶点上，这种牢固的构造单元赋予玻璃耐高温、耐腐蚀、耐氧化和高硬度等特性。后来人类不断研究玻璃特性、创新玻璃品种，玻璃已成为当下日常生活中最为常见的材料。

进入16世纪，玻璃的功能性特征进一步被发现。16世纪末，显微镜被发明，接着，望远镜问世。人类借助玻璃奇特的物理特性，不仅放大了肉眼可见的物体，而且观察到超越视觉自然局限的世界，掀起光学技术革命。当时间来到近代，从居里夫人使用玻璃器皿发现元素钋和镭、开创放射性理论，到高锟利用玻璃纤维实现通信革命，再到阿列克谢·叶基莫夫在有色玻璃中发现量子点，众多改变世界的重大科学发现中都有玻璃的身影。可以说，玻璃激发了硅元素的潜在物理特性，通过不同元素组合赋予材料新的生命力，助推人类的科技进步，单就这一点来说，玻璃是一项平凡而又重要的材料创造。

（节选自《人民日报》2024年1月16日副刊《玻璃材料闪耀"智慧之光"》）

思考题

1. 中空玻璃有何特点？
2. 镀膜玻璃有何特点？
3. 有色玻璃有何特点？
4. 防火玻璃有何特点？
5. 智能玻璃有何特点？
6. 试述近年来我国在门窗节能技术领域的创新和突破。

第 5 章 屋顶节能技术

5.1 智能技术

智能建筑指将建筑物的结构、系统、服务和管理根据用户的需求进行最优化组合,从而为用户提供一个高效、舒适、便利的人性化建筑环境。智能建筑是集现代科学技术于一体的产物,其技术基础主要由现代建筑技术、现代电脑技术、现代通信技术和现代控制技术组成。

智能建筑是随着人类对建筑内外信息交换、安全性、舒适性、便利性和节能性的要求产生的。智能建筑及节能行业强调用户体验,具有内生发展动力。建筑智能化提高客户工作效率,提升建筑适用性,降低使用成本,已经成为发展趋势。

智能家居是采用现代计算机、信息通信和系统集成技术建立的家庭信息化平台,它通过家庭网络将家居设备和系统互联并统一管理,以提供一个舒适、便利、安全、节能和环保的家居生活环境。

建筑智能化工程又称弱电系统工程,主要指通信自动化(CA),楼宇自动化(BA),办公自动化(OA),消防自动化(FA)和保安自动化(SA),简称5A,主要包括的系统有计算机管理系统工程、楼宇设备自控系统工程、通信系统工程、保安监控及防盗报警系统工程、卫星及共用电视系统工程、车库管理系统工程、综合布线系统工程、计算机网络系统工程、广播系统工程、会议系统工程、视频点播系统工程、智能化小区物业管理系统工程、可视会议系统工程、大屏幕显示系统工程、智能灯光及音响控制系统工程、火灾报警系统工程、计算机机房工程,一卡通系统工程等。

5.1.1 智能控制技术的特点

智能控制技术是以控制理论、计算机科学、人工智能、运筹学等学科为基础,扩展了相关的理论和技术,其中应用较多的有专家系统、遗传算法、模糊逻辑、神经网络等理论和自适应控制、自组织控制、自学习控制等技术。

专家系统是利用专家知识对专门的或困难的问题进行描述。用专家系统所构成的专家控制,无论是专家控制系统还是专家控制器,其相对工程费用较高,而且还涉及自动地获取知识困难、无自学能力、知识面太窄等问题。尽管专家系统在解决复杂的高级推理中获得较为成功的应用,但是专家控制的实际应用相对还是比较少。

遗传算法作为一种非确定的拟自然随机优化工具，具有并行计算、快速寻找全局最优解等特点，它可以和其他技术混合使用，用于智能控制的参数、结构或环境的最优控制。

模糊逻辑用模糊语言描述系统，既可以描述应用系统的定量模型也可以描述其定性模型；模糊逻辑可适用于任意复杂的对象控制；但在实际应用中模糊逻辑实现简单的应用控制比较容易；简单控制是指单输入单输出系统（SISO）或多输入单输出系统（MISO）的控制，因为随着输入输出变量的增加，模糊逻辑的推理将变得非常复杂。

模糊逻辑和神经网络作为智能控制的主要技术已被广泛应用，两者既有相同性又有不同性。其相同性在于两者都可作为万能逼近器解决非线性问题，并且两者都可以应用到控制器设计中。不同的是，模糊逻辑可以利用语言信息描述系统，而神经网络则不行；模糊逻辑应用到控制器设计中，其参数定义有明确的物理意义，因而可提出有效的初始参数选择方法，神经网络的初始参数（如权值等）只能随机选择，但在学习方式下，神经网络经过各种训练，其参数设置可以达到满足控制所需的行为。

模糊逻辑和神经网络都是模仿人类大脑的运行机制，可以认为神经网络技术模仿人类大脑的硬件，模糊逻辑技术模仿人类大脑的软件。根据模糊逻辑和神经网络的各自特点，其所结合的技术即为模糊神经网络技术和神经模糊逻辑技术。模糊逻辑、神经网络和它们混合技术适用于各种学习方式智能控制的相关技术与控制方式结合或综合交叉结合，构成风格和功能各异的智能控制系统和智能控制器是智能控制技术方法的一个主要特点。

神经网络是利用大量的神经元按一定的拓扑结构和学习调整方法。它能表示出丰富的特性，比如并行计算、分布存储、可变结构、高度容错、非线性运算、自我组织、学习或自学习等。这些特性是人们长期追求和期望的系统特性，它在智能控制的参数、结构或环境的自适应、自组织、自学习等控制方面具有独特的能力。

神经网络可以和模糊逻辑一样适用于任意复杂对象的控制，但它与模糊逻辑不同的是擅长单输入多输出系统和多输入多输出系统的多变量控制。在模糊逻辑表示的一体化智能运维管理系统（SIMO）和多进多出天线系统（MIMO）中，其模糊推理、解模糊过程以及学习控制等功能常用神经网络来实现。

随着我国社会生产力水平的不断提高和我国计算机网络技术、现代控制技术、智能卡技术、可视化技术、无线局域网技术、数据卫星通信技术等高科技技术水平的不断提升，智能建筑将会在未来我国的城市建设中发挥更加重要的作用，作为现代建筑甚至未来建筑的一个有机组成部分，不断吸收并采用新的可靠性技术，实现设计和技术上的突破，为传统的建筑概念赋予新的内容。

5.1.2 智能控制与传统自动控制的区别

智能控制与传统的或常规的控制有密切的关系，不是相互排斥的。常规控制往往包含在智能控制之中，智能控制也利用常规控制的方法来解决"低级"的控制问题，力图扩充常规控制方法，并建立一系列新的理论与方法来解决更具有挑战性的复杂控制问题。

传统的自动控制是建立在确定的模型基础上的，智能控制的研究对象则存在模型严重的不确定性，即模型未知或知之甚少，模型的结构和参数在很大的范围内变动，比如工业过程的病态结构问题、某些干扰的无法预测，致使无法建立其模型，这些问题对基于模型的传统自动控制来说很难解决。

传统的自动控制系统的输入或输出设备与人及外界环境的信息交换很不方便，因此行业希望制造出能接受印刷体、图形甚至手写体和口头命令等形式的信息输入装置，能够更加深入而灵活地和系统进行信息交流，同时还要扩大输出装置的能力，能够用文字、图纸、立体形象、语言等形式输出信息。另外，通常的自动装置不能接受、分析和感知各种"看得见、听得着"的形象、声音的组合以及其他外界情况。为扩大信息通道，就必须给自动装置安装能够以机械方式精确模拟各种感觉的送音器，即文字、声音、物体识别装置。可喜的是，近几年计算机及多媒体技术的迅速发展，为智能控制在这一方面的发展提供了物质上的准备，使智能控制变成了多方位、立体的控制系统。

传统的自动控制系统对控制任务的要求要么使输出量为定值（调节系统），要么使输出量跟随期望的运动轨迹（跟随系统），因此具有控制任务单一性的特点。而智能控制系统的控制任务比较复杂，例如在智能机器人系统中，它要求系统对一个复杂的任务具有自动规划和决策能力，有自动躲避障碍物运动到某一预期目标位置等能力。对于这些具有复杂的任务要求的系统，采用智能控制的方式便可以满足。

传统的控制理论对线性问题有较成熟的理论，而对于高度非线性的控制对象，虽然有一些非线性方法可以利用，但结果不尽如人意。而智能控制为解决这类复杂的非线性问题找到了一个出路，成为解决这类问题行之有效的途径。工业过程智能控制系统除具有上述几个特点外，又有另外一些特点，如被控对象往往是动态的，而且控制系统在线运动，一般要求有较高的实时响应速度等，恰恰是这些特点又决定了它与其他智能控制系统如智能机器人系统、航空航天控制系统、交通运输控制系统等的区别，决定了它的控制方法以及形式的独特之处。

与传统的自动控制系统相比，智能控制系统具有足够的关于人的控制策略、被控对象及环境的有关知识以及运用这些知识的能力。同时，智能控制系统能以知识表示的非数学广义模型和以数学表示的混合控制过程，采用开闭环控制和定性及定量控制结合的多模态控制方式。另外，智能控制系统具有变结构特点，能总体自寻优，具有自适应、自组织、自学习和自协调能力，补偿及自修复能力和判断决策能力。总之，智能控制系统通过智能机自动地完成其目标的控制过程，其智能机可以在熟悉或不熟悉的环境中自动地或通过人机交互完成拟人任务。

相对于智能家居在我国的发展历程，智能建筑的发展历史还要更长，就基础功能而言，大型公共建筑的智能化已经进入普及阶段。全国各大中城市的新建办公楼宇和商业楼宇基本都是智能建筑，这也就意味着公共建筑的智能化已经成为现代建筑的标准配置。然而，智能建筑在国内的发展状况也并不让人满意，系统稳定性差、功能实现率低、智能化水平参差不齐，一直是智能建筑屡遭诟病的问题。近些年，智能一体化设计逐渐在智能建筑行业兴起。简单来说，智能建筑一体化，就是将繁杂的智能控制系统集成在一起，做到了标准统一、施工方统一，使系统的稳定性、可靠性大大增加。

5.1.3 智能建筑的功能

智能建筑融入智慧城市应从智能建筑体系架构确定、设计理念更新、标准与规范完善、访问模式确立、集成融合平台建设、云计算服务平台建设以及嵌入式控制器系统架构等方面来考虑。

智能建筑的基本功能主要为楼宇自动化、通信自动化和办公自动化，它们是智能化建筑中最基本的且是必须具备的基本功能，从而形成"3A"智能建筑。

智能建筑主要由系统集成中心、综合布线系统、建筑设备自动化系统、办公自动化系统、通信自动化系统五大部分组成。智能建筑所用的主要设备通常放置在智能建筑内的系统集成中心（System Integrate Center，SIC）。它通过建筑物综合布线（Generic Cabling，GC）与各种终端设备，如通信终端（电话机、传真机等）、传感器（如压力、温度、湿度等传感器）的连接，"感知"建筑物内各个空间的"信息"，并通过计算机进行处理后给出相应的控制策略，再通过通信终端或控制终端（如开关、电子锁、阀门等）给出对应控制对象的动作反应，使建筑达到某种程度的智能，从而形成建筑设备自动化系统、办公自动化系统、通信网络自动化系统。

此外，智能建筑还包括智能集成系统、信息设施系统、信息化应用系统、建筑设备管理系统、公共安全系统、机房工程等组成部分。

智能化集成系统（Intellignted Integration System，IIS）是将不同功能的建筑智能化系统，通过统一的信息平台实现集成，以形成具有信息汇集、资源共享及优化管理等综合功能的系统。信息设施系统（Information Technology System Infrastructure，ITSI）是为确保建筑物与外部信息通信网的互联及信息畅通，对语音、数据、图像和多媒体等各类信息予以接收、交换、传输、存储、检索和显示等进行综合处理的多种类信息设备系统加以组合，提供实现建筑物业务及管理等应用功能的信息通信基础设施。信息化应用系统（Information Technology Application System，ITAS）是以建筑物信息设施系统和建筑设备管理系统等为基础，为满足建筑物各类业务和管理功能的多种类信息设备与应用软件而组合的系统。建筑设备管理系统（Building Management System，BMS）是对建筑设备监控系统和公共安全系统等实施综合管理的系统。公共安全系统（Public Security System，PSS）是为维护公共安全，综合运用现代科学技术，以应对危害社会安全的各类突发事件而构建的技术防范系统或保障体系。机房工程（Engineering of Electronic Equipment Plant，EEEP）是为提供智能化系统的设备和装置等安装条件，以确保各系统安全、稳定和可靠地运行与维护的建筑环境而实施的综合工程。

楼宇自动控制网络数据通信协议（data communication protocol for building automation and control network，简称BACnet），是一种专门为楼宇设备的集成控制制定的数据通讯协议，是为了规范楼宇内空调、给排水和供配电等楼宇设备自动控制系统之间的互联，使之成为更具有开放性和互操作性的数据通信统一标准协议。楼宇自动控制网络数据通信协议标准主要包括BACnet、Lonworks、TCP/IP三种通信协议。BACnet与后两者相比较具有如下特点，即该协议为楼宇自控专用网，具有楼宇自控所需的特有功能和特性，具有良好的扩展性；协议完全开放、技术先进，没有商业技术机密，没有使用授权问题；具有广泛的权威性。

5.2 生态技术

生态技术是指既可满足人们需要、节约资源和能源，又能保护环境的手段和方法，与环保技术、清洁生产技术概念比较，更具有广泛性和普遍性。

替代技术是开发新资源、新材料、新工艺、新产品，替代原来所用的资源、材料、工艺和产品，提高资源利用效率，减轻生产过程中环境压力的技术。如四氟乙烷是消耗臭氧层物质 CFC-12 的代用品，广泛用于汽车空调、冰箱、工商制冷等领域的制冷剂，也可用于气雾剂产品的抛射剂、清洗剂，以及生产泡沫塑料的发泡剂。再比如铜替代技术，采用成熟的铜替代产品，不仅为企业节省了成本，也为国家节约了能源，同时也会为消费者从价格上带来好处。

减量技术是在生产源头节约资源和减少污染的技术，如温室效应气体减量技术、CO 的再利用与存储、污泥减量技术等。

再利用技术是延长原料或产品使用周期，通过反复使用来减少资源消耗的技术，如废弃纸包装回收再利用技术、废旧塑料回收利用技术、废电池回收利用技术等。

资源化技术是将在生产过程中产生的废弃物变为有用的资源或产品的技术。如北京洲际环发再生资源技术开发有限公司的研发团队将"仿生技术"应用到城市生活垃圾处理过程中，成功研发出生活垃圾资源化、无害化、无剩余化、快速化综合技术。

5.2.1 生态技术的特点

使用时不造成或很少造成环境污染和生态破坏，这是生态技术最本质的特征。生态技术应力求达到低消耗、高产出、自循环、无公害的要求，通过原材料的最充分利用而降低消耗，通过运行过程的生态化循环控制而避免或减少污染，通过资源的科学化配置和开发而获得最大整体效益。

生态技术能高效率地回收利用废旧的物资和副产品，把一个生产过程产生的废品变成另一个生产过程的原材料，保持资源利用的不断循环。生态技术是能持续利用的，既能满足需要，又不损害未来世世代代的利益，它能被所有的人永远使用而不会造成资源枯竭或在环境方面造成无法承受的后果。

生态技术是一个技术体系。生态技术不是指某一单项技术，而是一个技术群，或者说是一整套相互关联的技术，不仅包括工业清洁生产、生态农业，也包括生态破坏和污水、废气、固体废物防治技术，以及污染治理生物技术和环境监测高新技术。生态技术对高新技术的容量很大，可以说生态技术强烈呼唤高新技术。从体系结构来看，生态技术应当以太阳能、生物能等再生能源为主要能源基础，以生物技术、信息技术等高新技术为中心，以各种再生型或低耗型常规技术为补充，形成结构合理的整体性复合型技术网络体系。从生产结果来看，生态技术不以单项过程和生产单一产品的最优化为目标，而是以整个生产过程的综合性生产和多种产品产出的最优化为目标，实行非线性的、循环的生产工艺模式，实现资源的多层次利用，以及物质在工业系统中循环利用，输出的产品多样化和废物最少化。

生态技术是一个发展的动态的相对概念，随着时间的推移和科技的进步，生态技术的内涵和外延也将不断变化和发展，也就是说，在不同条件下，环境的变迁受技术因素影响（污染增加型技术、污染减少型技术和中性技术），使生态技术有不同的内容，这就是生态技术的动态性。人们在主观上希望尽可能采用污染减少型技术或发展生态技术，但是技术因素的演变是客观条件作用的结果，包括经济、自然、社会、技术发展等各个方面。显然，把握生态技术的动态性，有助于认识技术因素演变的内在规律及其对环境的影响，更有助于采取合适的技术对策，在加快经济发展的同时减轻对环境的不利影响。

生态技术建立在环境科学、生态学、可持续发展理论和信息科学等最新科学知识发展的基础之上。在这些理论指导下，人类才有可能充分估计到技术作用的远期效果和对自然系统的整体影响，避免和预防技术应用对环境带来的负面效应，才能开发出生态技术。

5.2.2 生态技术的作用

生态技术能有效解决企业的资源浪费和环境污染问题。传统企业的生产方式是以高资源耗费、高污染的单向非循环为特征的，这种非持续发展模式致使我国企业生产中普遍存在着生产消耗高、建设浪费、生态环境破坏等严重问题，限制了企业进一步发展。而生态技术能够在生产中优化工艺流程，减少能源和材料的不必要流失和浪费，使资源最大限度地转化为产品。

生态技术是解决环境污染的根本手段。利用生态技术能预防和控制对环境的破坏和污染，有效地治理和恢复已遭破坏和污染的环境。能够实现物质能源减量化，减少污染，减轻生态环境压力，保护生态环境，有助于企业生态化转向，促进生态文明建设。

生态技术有利于合理有效地利用不可再生资源、开发利用可再生资源。利用当代生态技术，能够不断寻找和开发新的资源和能源，不断提高现有资源和能源的利用率，如通过大力发展新能源技术，开发利用太阳能、风能、潮汐能、生物能等新能源，减少对煤炭、石油等不可再生能源的依赖；通过大力发展新材料技术，加强新型原材料的研发和应用，减少对木材以及各种金属矿物的依赖。

利用生态技术能够提高资源利用率，减少排放。在传统技术下的生产过程中，会把产生的大量本具有再利用价值的"废弃物"排放到环境中，这不仅产生环境污染而且造成资源浪费。生态技术能高效率地回收利用废弃的物资和副产品，把一个生产过程产生的废品变成另一个生产过程的原材料，将能源和物质投入减少到最低限度，资源最大限度地转化为产品，同时使生产过程中产生的废弃物可以重新加以利用，实现了资源的循环利用，使废弃物无公害化或少公害化，既节约了资源又保护了生态环境。

生态技术能够满足大众不断增长的对绿色产品的需求，促进生态行为文明建设。随着科技的进步和文明的发展，人们生活水平不断提高，生态文明意识不断增强。人们对绿色产品越来越感兴趣，并热衷于绿色消费。绿色消费更新了以往只关心个人消费而很少关心社会生活环境利益的传统消费观，社会消费群体越来越青睐有益身体健康、不造成环境污染的绿色产品。绿色消费的兴起直接影响市场。消费者对绿色产品具有广泛的消费需求，并且绿色产品的单价明显高于同类非生态产品。企业为了迎合消费者的新消费观念，就会采用生态技术，开发绿色工艺，生产绿色产品，开拓绿色市场，通过提高资源利用率和减少排污费降低生产成本。企业提高了市场竞争力，获得了较高经济效益。

生态技术是我国企业突破绿色壁垒的必然选择。绿色壁垒是绿色贸易壁垒的简称，也叫环境壁垒，产生于20世纪80年代后期，90年代开始兴起于各国，指在国际贸易中，一些国家以保护生态资源、生物多样性、环境和人类健康为借口，设置一系列苛刻的、高于国际公认或绝大多数国家不能接受的环保法规和标准，对外国商品进口采取的准入限制或禁止措施。超越绿色壁垒成为我国企业提高国际竞争能力的重要因素。为了消除绿色壁垒给我国企业带来的束缚，必须发展生态技术，提高产品的生态技术含量，以此提高企业的综合竞争能力，只有这样企业才能在激烈的国际竞争中占有一席之地。

5.3 屋顶节能

屋顶节能主要包括保温隔热型屋顶、屋顶平改坡、通风屋顶、种植屋顶（绿化屋顶）、蓄水屋顶和其他新型屋顶。

保温隔热型屋顶主要是在屋顶铺设或粉刷各种保温绝热及反射材料来达到保温节能效果的屋顶。除采用膨胀珍珠岩、玻璃棉和聚苯乙烯泡沫等保温材料，还包括反射降温隔热屋顶（屋顶刷铝银粉或采用表面带有铝箔的卷材）、绝热反射膜屋顶（屋顶铺设铝钛合金气垫膜，可阻止80%以上的可见光）、降温涂料屋顶（通过热塑性树脂/热固性树脂＋高反射率的透明无机材料制成热反射涂料来降温）和节能屋面瓦屋顶（将增强水泥喷涂于发泡隔热材料上）。

屋顶平改坡是指在建筑结构许可条件下，将多层住宅平屋面改建成坡屋顶，并对外立面进行整修粉饰，达到改善住宅性能和建筑物外观视觉效果的房屋修缮行为。

通风屋顶是指在屋顶设置通风的空气间层，利用间层中空气的流动带走热量，降低屋顶表面温度。

蓄水屋顶就是在刚性防水屋面上蓄一层水，其目的是利用水蒸发时，带走大量水层中的热量，大量消耗晒到屋面的太阳辐射热，从而有效地减弱屋面的传热量和降低屋面温度，是一种较好的隔热措施，也是改善屋面热工性能的有效途径。

其他新型屋顶中比较多的是利用智能技术、生态技术来实现建筑节能的愿望，如太阳能集热屋顶和可控制的通风屋顶等。

5.4 屋顶绿化

屋顶绿化的国际通俗定义是一切脱离了地气的种植技术，它的涵盖面不单单是屋顶种植，还包括露台、天台、阳台、墙体、地下车库顶部、立交桥等不与地面、土壤相连接的各类建筑物和构筑物的特殊空间的绿化，见图5-4-1。屋顶绿化是人们根据建筑屋顶结构特点、荷载和屋顶上的生态环境条件，选择生长习性与之相适应的植物材料，通过一定技艺，在建筑物顶部及一切特殊空间建造绿色景观的一种形式，是当代园林发展的新亮点、新阶段。

屋顶绿化一般分为三类，包括只为解决城市生态效益的绿色植被，既重生态又供观赏的屋顶草坪以及集观赏、休憩、活动于一

图 5-4-1　屋顶绿化

体的屋顶绿化。其中集观赏、休憩、活动于一体的屋顶绿化是从建筑荷载允许度和屋顶生态环境及功能的实际出发，其绿化又分为两种形式：一是简式轻型的绿化，以草坪为主，配置多种地被和花灌木等植物，讲求景观色彩。用不同品种植物配置出图案，结合步道砖铺装出图案；二是花园式复合型绿化，近似地面园林绿地。通常采用国际上通行的防水阻隔根、蓄排水新工艺、新设备、新技术，乔灌花草、山石水、亭廊榭合理搭配组合，可以点缀园艺小品，但硬铺装要少，且要严守建筑设计荷载、支撑允许的原则。

5.4.1 屋顶绿化的特点

从城市环境角度来看，屋顶绿化可改善城市环境和气候，缓解城市的热岛效应，调节城市的温度和湿度。屋顶的绿色植物调节气温的作用十分明显，既可以调节建筑物本身的温度，也可以降低建筑物周围环境的气温，还可以大大降低屋顶外表面的平均辐射温度，改善城市的热环境。绿化植物可以滞留空气中的尘埃，具有滞尘、杀菌、吸收低浓度污染物及增加空气中负离子的作用，具有很强的空气净化能力和清新能力，达到净化空气的效果；可以缓解暴雨所造成的积水、洪涝及其他各种地质灾害以及缓和酸雨的危害；可以为鸟类、昆虫等创造适宜的生长环境，有利于生物多样性保护；具有很好的生态效益，即可改善城市的生态环境和增加城市整体美感，提高市民的生活和工作环境质量，达到与环境协调、共存、发展的目的；可以提高国土资源的利用率。

从建筑角度来看，屋顶绿化可改善建筑物的外观，遮盖影响视觉效果的屋顶或墙体等；可以缓解建筑物热胀冷缩而导致的屋顶裂纹引起的损害，以及紫外线等导致的防水层老化和渗漏；可以有效地降低屋顶结构层表面的温度，有效降低夏季空调能耗，改善室内热环境，对建筑设备节能和改善屋顶房屋室内热舒适环境的意义重大，达到节约能源的目的；火灾发生时，起到保护建筑物和燃烧延迟的作用；对于商业性建筑物而言，可以达到改善环境、吸引客流的目的；对于办公写字楼和工厂厂房等建筑来说，可以最大限度地利用建筑空间，建成供员工小憩的"屋顶花园"。

从使用者角度来看，屋顶绿化可改善周围环境，起到视线遮挡，保护私密性的作用；可以减噪和防风，同时还可以有效地减小建筑物墙体的日光反射；绿化环境可以缓解人们精神上和身体上的紧张和疲劳感，为人们提供进行栽培，园艺活动的场所，丰富人们的生活，怡情养性。

5.4.2 屋顶绿化的应用

轻型屋顶绿化也叫草坪式屋顶绿化或简单式屋顶绿化，由于其既对屋顶负荷要求低、管理简便、养护费用低廉，又能同时实现生态保护和营造良好的景观两个效果，适用于大面积推广应用，所以技术一提出就受到政府和市场方面的重视，是目前采用面积最大的屋顶绿化方式。轻型屋顶绿化轻型简便，可以达到迅速建设、一次成坪、立竿见影的效果。轻型屋顶绿化建设成本低，仅为一般屋顶绿化的30%；管理方便，建设后，只需稍加浇水、施肥、修剪、防治病虫草害等管理措施，就能保持常年和长年景观效果；没有渗水烦恼，采用的草坪根系纤弱无穿透力，即使屋面有小裂缝也不会使其扩张而引起渗水；草坪植株矮小，不必担心大风对高植物的吹动作用力而引起屋面结构损坏；而且，因为种植总层的覆盖，会使原有的防水层得到保护而延长使用寿命。轻型屋顶绿化可以控制光污染，绿色屋顶可以阻断光污染途径；可以控制热污染，可减少热岛效应、降低电能消耗；可以降低空气灰尘二次污染，大面积屋顶绿化，可以使悬浮物有一个落脚点，控制悬浮物在高层引起二次漂浮，从而达到降低城市空间悬浮物、提高空气质量的目的；可以缓冲城市地面排水压力；大面积轻型屋顶绿化可发挥生态作用且可改变城市鸟瞰景观。

重型屋顶绿化的土壤层厚度不小于25cm，由种植层、土壤层、蓄水毡、E-PVC/TPO卷材、排水板和过滤布、保温板（可选）、隔汽层、混凝土屋面构成。

冷屋顶又称白色反光屋顶，是指日射反射率高的屋顶，它通过对普通屋顶涂上浅色的、高反射率的涂料，提高屋顶的日射反射率，减少太阳热量的吸收，从而达到减少空调冷负荷、节约空调能耗的目的。冷屋顶可减小空调能耗；可控制热岛效应；保护臭氧层，屋顶材料的老化较慢，使用时间较长。

5.5 开闭屋顶

开闭屋顶或开合屋盖（retractable roof）是一种较为新颖的建筑形式，是当代人类物质文化生活水平发展到相当程度的产物。

开闭屋顶是人们对场、院、馆功能要求日益完美的结果（图5-5-1）。它打破了传统室内空间与室外空间的界限，可以根据使用功能与天气情况在室内环境与室外环境之间进行转换。当雷雨风雪时将屋盖关闭，享受温馨与热烈；当天高气爽时将屋盖打开，感受自然之美。屋盖开启后室内外融为一体，尤其在夜晚，夜色与灯光融合，更有一种特殊感受。

图5-5-1 江苏南通体育会展中心开闭顶

开合屋盖的出现与人类体育事业的发展密切相关，其应用对象初期以游泳馆、网球馆等体育建筑为主，规模逐渐从小型体育建筑发展到大型体育场工程，应用范围逐渐扩展到楼宇、宾馆、庭院、商业广场中庭、机库、车间厂房等任何一个有开放空间要求的地方，成为一种较为理想的屋顶系统。

从20世纪80年代末开始，开合屋盖工程在发达国家得到快速发展。1989年建成的加拿大多伦多天空穹顶是现代大型开合屋盖结构中的经典之作，美国1998年建成菲尼克斯棒球场与亚利桑那州棒球场和2000年建成休斯敦棒球场、米勒棒球场均为开合屋盖结构。20世纪90年代初至21世纪初是日本开合屋盖建设的鼎盛时期。在欧洲已经建成的开合屋盖建筑中，最知名的是1997年建成的荷兰阿姆斯特丹体育场和2005年竣工的英国温布利足球场。

随着我国综合国力的增强和体育事业的发展，国内开合屋盖的体育场、体育馆也不断涌现，并不断延伸到宾馆、庭院、商业广场中庭等各个领域。开合屋盖的设计涉及建筑、结构、机械、自动化控制等多个学科领域，技术要求很高。

开合屋盖具有不同的开合形式，其特点是组成活动屋盖的一个或多个可移动单元按照一定的轨迹，并在较短的时间内运动，使屋盖达到开启和闭合的效果。开合形式应根据建筑创意、使用功能、地理环境、气象条件、运营管理方式等条件综合确定。目前最主要有活动屋盖水平直线移动、水平旋转移动、空间旋转移动、空间曲面移动、膜褶皱移动、膜平行折叠等多种开合方式。

5.6 太阳能集热器

太阳能集热器是一种将太阳的辐射能转换为热能的设备。由于太阳能比较分散，必须设法把它集中起来，所以，集热器是各种利用太阳能装置的关键部分。

效率比较高的集热器由收集和吸收装置组成。阳光由不同波长的可见光和不可见光组成，不同物质和不同颜色对不同波长的光的吸收和反射能力是不一样的。黑色吸收阳光的能力最强，因此棉衣一般用深色或黑色布。白色反射阳光的能力最强，因而夏季的衬衫多是淡色或白色的。利用黑色可以聚热，让平行的阳光通过聚焦透镜聚集在一点、一条线或一个小的面积上，也可以达到集热的目的。纸在阳光照射下，不管阳光多么强，哪怕是在炎热的夏天，也不会被阳光点燃。但是，若利用集光器，把阳光聚集在纸上，就能将纸点燃。

集热器一般可分为平板集热器、聚光集热器和平面反射镜等几种类型。平板集热器一般用于太阳能热水器（图 5-6-1 和图 5-6-2）。聚光集热器可使阳光聚焦获得高温，焦点可以是点状或线状，用于太阳能电站、房屋的采暖（暖气）和空调（冷气）、太阳炉等。聚光镜构造有菲涅尔透镜、抛物面镜和定日镜三种。平面反射镜用于太阳能塔式发电，有跟踪设备，一般和抛物面镜联合使用。平面镜把阳光集中反射在抛物面镜上，抛物面镜使其聚焦。

图 5-6-1 太阳能集热器（1）

图 5-6-2 太阳能集热器（2）

太阳能集热器虽然不是直接面向消费者的终端产品，但却是组成各种太阳能热利用系统的关键部件。无论是太阳能热水器、太阳灶、主动式太阳房、太阳能温室还是太阳能干燥、太阳能工业加热、太阳能热发电等都离不开太阳能集热器，都是以太阳能集热器作为系统的动力或者核心部件。

太阳能集热器按集热器的传热工质类型分为液体集热器、空气集热器；按进入采光口的太阳辐射是否改变方向分为聚光型集热器、非聚光型集热器；按集热器是否跟踪太阳分为跟踪集热器、非跟踪集热器；按集热器内是否有真空空间分为平板型集热器、真空管集热器；按集热器的工作温度范围分为低温集热器、中温集热器、高温集热器；按集热板使用材料分为纯铜集热板、铜铝复合集热板、纯铝集热板。

5.6.1 太阳能集热器的特点

平板型太阳能集热器主要有吸热板、透明盖板、隔热层和外壳等几部分组成。用平板型太阳能集热器组成的热水器即平板太阳能热水器。当平板型太阳能集热器工作时，太阳辐射穿过透明盖板后，投射在吸热板上，被吸热板吸收并转化成热能，然后传递给吸热板内的传热工质，使传热工质的温度升高，作为集热器的有用能量输出。与此同时，温度升高后的吸热板不可避免地要通过传导、对流和辐射等方式向四周散热，成为集热器的热量损失。平板型太阳集热器是太阳集热器中一种最基本的类型，其结构简单、运行可靠、成本适宜，还具有承压能力强、吸热面积大等特点，是太阳能与建筑结合的最佳选择之一。欧洲、日本和以色列等地区和国家均是以平板型集热器为主，国内市场以真空管为主。国外太阳能市场始终以平板集热器为主，是因为国外太阳能系统设计理念的不同。国外系统一般采用间接系统、分体式系统和闭式承压系统，这类系统一般初投资高，但系统可靠、维护成本低、水质不会污染和系统寿命长。平板集热器用于太阳能采暖系统时能较方便解决非采暖季节的系统过热问题，因此，在太阳能系统工程、分体式太阳能热水器和对太阳能与建筑一体化有要求的场所，平板集热器比全玻璃真空管集热器在系统寿命、系统维护等方面具有明显优势。

为了提高太阳集热器的效率，唯一有效的办法是在保持最大限度地采集太阳能的同时，尽可能减小其对流和辐射热损。采用优质选择性吸收涂层材料和高透过率盖板材料是满足上述要求的重要途径。目前，我国平板集热器吸收表面主要采用铝条带上阳极化着色和铜条带上黑铬选择性涂层。间歇式磁控溅射铝-氮-铝材料选择性吸收涂层的镀膜生产技术是随着真空管集热器的产生而发展起来的，基本上代表了当前我国中低温选择性吸收材料的生产水平；由于该涂层耐候性能较差，不适于平板集热器的使用。

目前，国际上发达国家，尤其是欧洲国家，选择性吸收涂层的生产主要有两个特点，其一是采用真空镀膜技术，其二是采用卷绕式连续镀膜方式，即使是湿法镀膜也采用连续镀膜工艺。如丹麦的 BATEC 公司是生产黑铬吸收涂层的企业，在铜条带上采用连续电镀的方法进行生产，产品的光学性能及耐候性都很理想。此外，德国几个生产选择性涂层的公司，如 INTERPANE、TINOX、ALANOD 公司都采用真空方法和连续生产方式进行吸收涂层生产。真空镀膜技术生产工艺不存在污染问题，涂层光学性能优良，但连续化生产线投资较大，涂层生产成本较高，有些真空镀膜涂层耐候性能不很理想。湿法镀膜技术采用电化学方法生产，工艺设计或生产控制不当，容易造成一定程度的污染，但涂层（如黑铬涂层）连续化生产线投资较小，涂层具有优良的光学性能，而且也具有非常优异的耐热、耐湿、耐候性能，是一种性价比较高的太阳能选择性涂层。

目前，平板集热器太阳能系统一般采用回流排空技术及二次循环技术（通过防冻液传热），在北方地区可方便地解决集热器过冬防冻问题，无集热器冻坏的后顾之忧，并且可以解决夏季（或热水负荷不匹配时）系统过热问题，这一特点对太阳能采暖系统非常有利。此外，回流排空防过热、防冻技术方案在荷兰等欧洲国家也大量使用，是一种非常成熟的技术方案。采用黑铬选择涂层平板集热器热水系统产水量要高于相同总面积的真空管集热器热水系统。

5.6.2 太阳能集热器的应用

真空管集热器就是将吸热体与透明盖层之间的空间抽成真空的太阳能集热器。用真空管集热器部件组成的热水器即为真空管热水器（图 5-6-3、图 5-6-4）。

图 5-6-3 真空管热水器（1）

图 5-6-4 真空管热水器（2）

真空管按吸热体材料种类，可分为两类，一类是玻璃吸热体真空管（或称为全玻璃真空管），另一类是金属吸热体真空管（或称为玻璃-金属真空管）。热管式真空管是金属吸热体真空管的一种，它由热管、吸热体、玻璃管和金属端盖等主要部件组成。热管式真空管与其他类型的太阳能热水器相比，具有以下七方面不可替代的优点：①耐冰冻：采用抗冻型热管，即使在－50℃的严寒条件下也不会冻裂；②启动快：热管的热容量大，在阳光下几分钟后即可输出热量，而且在多云间晴的天气，比其他热水器能产生更多的热水；③不结垢：由于水不直接流经真空管内，避免了因结水垢而引起的水道堵塞问题；④保温好：热管具有单向传热的特点，使热水在夜间不会沿热管向下散热到周围环境；⑤承压高：由于玻璃管内不盛水，连接成集热器后可适应自来水和循环泵的压力，因而在大中型热水系统应用中独具优势；⑥耐热冲击性好：即使用户偶然误操作，阳光下空晒后的热水器内立即注入冷水，真空管也不会炸裂；⑦安装简便、运行可靠：集热器内的真空管与集热器间是"干性连接"，无热水泄漏问题，安装方便，即使有一根热管出现问题，在维修过程中也不会影响整个系统的正常使用。

但是，太阳能热水器在大中城市的推广速度极其缓慢，究其原因，主要是太阳能热水器的安装问题。由于太阳能热水器需要安装在屋顶，而住宅建筑在设计时未考虑太阳能热水器的管线问题，势必要进行二次施工。要解决这个问题，就要使太阳能热水器作为住宅的必备设施，在设计时将太阳能热水器的管线与暖气管一样埋在墙内，与主体建筑同步完工。

太阳能热水器的优势体现在以下四个方面：①有利于节能和环保，每平方米太阳能热水器每年可节约100～150kg标准煤，可减少温室气体及粉尘的排放；在太阳能热水器上安装辅助电加热设备，在冬天及连阴天可进行补充加热，这样就能达到大范围节约能源和保护环境的作用。②有利于建筑施工，由于太阳能热水器与建筑在设计和施工上均做到统一，避免了二次施工，还可起到保护屋顶和增加隔热的效果。③有利于城市美观，太阳能热水器住宅将形成城市建设的一种新景观，可美化城市建筑。④节省资金、经济实惠，太阳能热水器的技术现在已基本成熟，热管式真空管太阳能集热器的使用周期为15年，80%依靠太阳能、20%依靠辅助电加热，运行费用相对较低。

陶瓷太阳能集热器主要由陶瓷太阳能板、透明盖板、保温层和外壳等几部分组成。用陶瓷太阳能集热器组成的热水器即陶瓷太阳能热水器。当陶瓷太阳能集热器工作时，太阳辐射穿过透明盖板后，投射在陶瓷太阳能板上，被陶瓷太阳能板吸收并转化成热能，然后传递给吸热板内的传热工质，使传热工质的温度升高，作为集热器的有用能量输出。陶瓷太阳能板是以普通陶瓷为基体，立体网状钒钛黑瓷为表面层的中空薄壁扁盒式太阳能集热体。其整体为瓷质材料，不透水、不渗水、强度高、刚性好，不腐蚀、不老化、不退色，无毒、无害、无放射性，阳光吸收率不会衰减，具有长久的、较高的光热转换效率。

5.7 太阳能屋顶

太阳能屋顶（图5-7-1和图5-7-2）就是在房屋顶部装设太阳能发电装置，利用太阳能光电技术在城乡建筑领域进行发电，以达到节能减排目标。太阳能是取之不尽、用之不竭的绿色环保资源。屋顶是住宅建筑中接受阳光最重要的部位。为落实我国对世界承诺的节能减排目标，加强政策扶持新能源经济战略，加快推进太阳能光电技术在城乡建筑领域的应用，2022年1月4日，工信部等五部门联合印发的《智能光伏产业创新发展行动计划（2021—2025年）》提出"太阳能屋顶计划"。太阳能屋顶计划着力突破与解决光电建筑一体化设计能力不足、光电产品与建筑结合程度不高、光电并网困难、市场认识低等问题。

图5-7-1 太阳能屋顶（1）

图 5-7-2 太阳能屋顶（2）

太阳能屋顶计划综合考虑经济和社会效益等因素，现阶段在经济发达、产业基础较好的大中城市积极推进太阳能屋顶、光伏幕墙等光电建筑一体化示范；积极支持在农村与偏远地区发展离网式发电，实施送电下乡，落实国家惠民政策。

太阳能屋顶计划通过示范工程调动社会各方发展积极性，促进落实国家相关政策；加强示范工程宣传，扩大影响，增强市场认知度，形成发展太阳能光电产品的良好社会氛围；促进落实上网分摊电价等政策，形成政策合力，放大政策效应；将光电建筑应用作为建筑节能的重要内容，在新建建筑、既有建筑节能改造、城市照明中积极推广使用。

太阳屋顶政策限定示范项目必须大于 50kW，即需要至少 400m² 的安装面积，一般居民建筑很难参与，符合资格的业主将集中在学校、医院和政府等公用和商用建筑。考虑财政部补贴之后，度电成本可降至 0.42 元/kW·h。光伏上网电价是否能在火电上网电价上给予溢价仍不明确，但即使没有溢价，由于发电成本低于电网销售电价，业主仍有动力建设光伏项目以发电自用，替代从电网购电。

随着全球气候变暖带来的气候问题日益严重，全球化的"低碳革命"应运而生，"低能耗、低污染、低排放"成为能源应用的核心。太阳能作为取之不尽、用之不竭、无污染、廉价的能源，迅速成为新能源利用的新宠。太阳能屋顶是太阳能光伏发电应用的重要方式之一。

随着科学技术的飞速进步，人类对石油、煤炭等传统能源的开采能力迅速提高。同时，人类社会的发展对这些能源的需求也与日俱增，而传统能源污染环境、不可再生的特点决定了人类必将要寻找清洁、绿色、可再生的新能源来取代传统能源，而太阳能就是这样的能源之一。美国作为世界上最大的能源消费国，为减少能耗和温室气体排放、调整能源结构，早在 1997 年就提出了"百万太阳能屋顶计划"，使美国的太阳能应用技术得到了极大的提高。美国出台的刺激经济计划中，要求能源部为新能源项目提供 600 亿美元的贷款担保。

就我国而言，开发新能源的意义也十分重大，目前我国石油对外依存度已达 51%，能源短缺给国家安全带来极大的隐患，而国际石油价格的剧烈波动也给我国造成了重大的经济损失。所以鼓励包括太阳能在内的新能源政策的推出，不仅对于实现产业结构调整，促进经济增长方式转变，扩大就业，具有十分重要的现实意义，更主要的是长远的社会效益、环境效益和经济效益。在世界各国政策的大力支持下，新能源产业的兴起已经成为引领世界经济走出低谷的一场工业革命，相关产业的发展空间极其广阔。太阳能利用的重点是建筑，其应用方式包括利用太阳能为建筑物供热（生活热水、采暖）和供电，因此太阳能与建筑一体化是未来太阳能技术的发展方向。目前我国已经成为世界上第一大太阳能电池生产国，并涌现出一批具有国际竞争力和国际知名度的光电生产企业，形成具有规模化、国际化、专业化的产业链条。

屋顶发电，降低成本迫在眉睫。用于光伏屋顶的晶体硅太阳电池大量生产的原材料严重紧缺，目前90%的原材料都需要到国外采购。因此专家建议有关部门组织力量攻关，解决材料国产化问题，为光伏屋顶大幅度降价创造条件。

只需要买套设备，然后什么都不用做，就可以每天坐在家中赚钱，还能给国家提供所需要的清洁能源。这就是德国等国家于20世纪90年代实施的"十万屋顶计划"。德国政府规定，太阳能电站在公共电网中每发电1kW·h，由政府补贴0.574欧分，而居民屋顶发电将比太阳能电站发电的价格还要高。德国电价是0.1欧元/kW·h，而电力公司回购太阳能发电的价格是0.5欧元/kW·h，差价调动了居民的积极性。国家政策引导甚至强制规定，是太阳能能够在德国等国家大规模应用的关键。德国政府除了提供10年无息信贷，还提供37.5%的补贴，此外，还制定了相关的政策保障输电商对屋顶太阳能发电电量的优先购买并保证太阳能发电电价高于常规能源发电的电价。一系列的优惠政策为"十万屋顶计划"在德国的推广起到了保驾护航的作用。

早在2010年，在上海世博园内，中国馆、主题馆、世博中心和城市未来馆四座标志性建筑上就采用了太阳能光伏建筑一体化技术。此外，在英国零碳馆的屋顶上，片片深色的太阳能电池板本身就是屋顶建材，通过吸收太阳能所产生的能量不仅用于发电、供暖，还与被动风能和地源热能共同带动室内通风，调节屋内的温度和湿度。在法国阿尔萨斯案例馆，"水幕太阳能墙"外层同样覆盖太阳能电池板，能把照射到墙体外层的太阳光转换成电，正好能维持"水幕太阳能墙"不断运作，为建筑带来冬暖夏凉的感觉。上海世博会上光伏建筑的太阳能发电规模达到4.68MW，年均发电可达406万kW·h，减排二氧化碳总量逾3400t。世博园里的光伏建筑一体化并网电站，在当时世界同类电站尤其是中心城区的电站中，总容量位居前列。

5.8 太阳能热水系统

太阳能热水系统是利用太阳能集热器采集太阳热量，在阳光的照射下使太阳的光能充分转化为热能，通过控制系统自动控制循环泵或电磁阀等功能部件，将系统采集到的热量传输到大型储水保温水箱中，再匹配当量的电力、燃气、燃油等能源，把储水保温水箱中的水加热并成为比较稳定的定量能源设备。该系统既可提供生产和生活用热水，又可作为其他太阳能利用形式的冷热源，是太阳热能应用发展中最具经济价值、技术最成熟且已商业化的一项应用产品。

5.8.1 太阳能热水系统的原理

1) 无动力循环即热式太阳能热水系统

无动力循环即热式太阳能热水系统主要由真空管集热器、可连接水箱、可调整支架、换热器组成。无动力循环即热式太阳能热水系统运行原理是真空管内的水遇到阳光辐射后,开始升温,管内的水升温后密度变小,自然循环到水箱内,逐步把水箱内的水加热,升温后的水储存在具有聚氨酯发泡保温的水箱内。室内冷水经过水箱内固定好的波纹管流道流过,把带有压力的自来水温升到几乎与水箱内水温相同的温度(温差小于2℃)后流出,从而获得稳定、有压力的、洁净的热水。

2) 自然循环太阳能热水系统

自然循环太阳能热水系统是依靠集热器和储水箱中的温差,形成系统的热虹吸压头,使水在系统中循环;与此同时,将集热器的有用能量收益通过加热水,不断储存在储水箱内。系统运行过程中,集热器内的水受太阳能辐射能加热,温度升高,密度降低,加热后的水在集热器内逐步上升,从集热器的上循环管进入储水箱的上部;与此同时,储水箱底部的冷水由下循环管流入集热器的底部。这样经过一段时间后,储水箱中的水形成明显的温度分层,上层水首先达到可使用的温度,直至整个储水箱的水都可以使用。

用热水时,该系统有两种取热水的方法。一种是有补水箱,由补水箱向储水箱底部补充冷水,将储水箱上层热水顶出使用,其水位由补水箱内的浮球阀控制,有时称这种方法为顶水法;另一种是无补水箱,热水依靠本身重力从储水箱底部落下使用,有时称这种方法为落水法。顶水法与落水法相比,其优点是热水在压力下的喷淋可提高使用者的舒适度,而且不必考虑向贮水箱补水的问题;缺点是从贮水箱底部进入的冷水会与贮水箱内的热水掺混。落水法的优点是没有冷热水的掺混,但缺点是热水靠重力落下而影响使用者的舒适度,而且必须每天考虑向贮水箱补水的问题。图5-8-1为强制循环单水箱直接式太阳能热水系统原理。

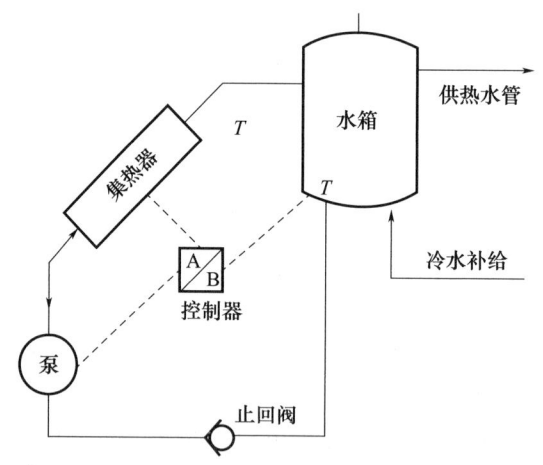

图 5-8-1 强制循环单水箱直接式太阳能热水系统原理图

3) 强制循环太阳能热水系统

强制循环太阳能热水系统是在集热器和储水箱之间管路上设置水泵,作为系统中水的循环动力；与此同时，集热器的有用能量收益通过加热水，不断储存在储水箱内。系统运行过程中，循环泵的启动和关闭必须要有控制，否则既浪费电能又损失热能。通常，温差控制较为普及，有时还同时应用温差控制和光电控制两种。温差控制是利用集热器出口处水温和贮水箱底部水温之间的温差来控制循环泵的运行。早晨日出后，集热器内的水受太阳辐射能加热，温度逐步升高，一旦集热器出口处水温和贮水箱底部水温之间的温差达到设定值（一般 8~10℃），温差控制器给出信号，启动循环泵，系统开始运行；遇到云遮日或下午日落前，太阳辐照度降低，集热器温度逐步下降，一旦集热器出口处水温和贮水箱底部水温之间的温差达到另一设定值（一般 3~4℃），温差控制器给出信号，关闭循环泵，系统停止运行。用热水时，同样有两种取热水的方法，即顶水法和落水法。在强制循环条件下，由于贮水箱内的水得到充分混合，不会出现明显的温度分层，所以顶水法和落水法都一开始就可以取到热水。

在双回路的强制循环系统中，换热器既可以是置于贮水箱内的浸没式换热器，也可以是置于贮水箱外的板式换热器。板式换热器与浸没式换热器相比，有许多优点，其一是板式换热器的换热面积大，传热温差小，对系统效率影响少；其二是板式换热器设置在系统管路之中，灵活性较大，便于系统设计布置；其三是板式换热器已商品化、标准化，质量容易保证，可靠性好。强制循环系统可适用于大、中、小型各种规模的太阳能热水系统。

4）直流式太阳能热水系统

直流式太阳能热水系统是使水一次通过集热器就被加热到所需的温度，被加热的热水陆续进入贮水箱中。系统运行过程中，为了得到温度符合用户要求的热水，通常采用定温放水的方法。集热器进口管与自来水管连接。集热器内的水受太阳辐射能加热后，温度逐步升高。在集热器出口处安装测温元件，通过温度控制器，控制安装在集热器进口管上的电动阀的开度，根据集热器出口温度来调节集热器进口水流量，使出口水温始终保持恒定。这种系统运行的可靠性取决于变流量电动阀和控制器的工作质量。有些系统为了避免对电动阀和控制器提出苛刻的要求，将电动阀安装在集热器出口处，而且电动阀只有开启和关闭两种状态。当集热器出口温度达到某一设定值时，通过温度控制器，开启电动阀，热水从集热器出口注入贮水箱，与此同时冷水（自来水）补充进入集热器，直至集热器出口温度低于设定值时，关闭电动阀，然后重复上述过程。这种定温放水的方法虽然比较简单，但由于电动阀关闭有滞后现象，所以得到的热水温度会比设定值低一些。直流式系统有许多优点，其一是与强制循环系统相比，不需要设置水泵；其二是与自然循环系统相比，贮水箱可以放在室内；其三是与循环系统相比，每天可较早地得到可用热水，而且只要有一段见晴时刻，就可以得到一定量的可用热水；其四是容易实现冬季夜间系统排空防冻的设计。直流式系统的缺点是要求性能可靠的变流量电动阀和控制器，使系统复杂，投资增大。直流式系统主要适用于大型太阳能热水系统。

5.8.2 太阳能热水系统的组成及分类

太阳能热水系统主要由太阳能集热器、储水保温水箱、连接管路、自动控制系统和其他外部设备组成。

1）太阳能集热器

太阳能集热器是系统中的集热元件，其功能相当于电热水器中的电加热管（图 5-8-2）。

和电热水器、燃气热水器不同的是，太阳能集热器利用的是太阳的辐射热量，故而加热时间只能在有太阳照射的白昼，所以有时需要辅助加热，如锅炉、电加热等。我国市场上最常见的是全玻璃太阳能真空集热管。结构分为外管和内管，在内管外壁镀有选择性吸收涂层。平板集热器的集热面板上镀有黑铬等吸热膜，金属管焊接在集热板上，平板集热器较真空管集热器成本稍高，近几年平板集热器呈现上升趋势，尤其在高层住宅的阳台式太阳能热水器方面有独特优势。全玻璃太阳能集热真空管一般为高硼硅3.3特硬玻璃制造，选择性吸热膜采用真空溅射选择性镀膜工艺。

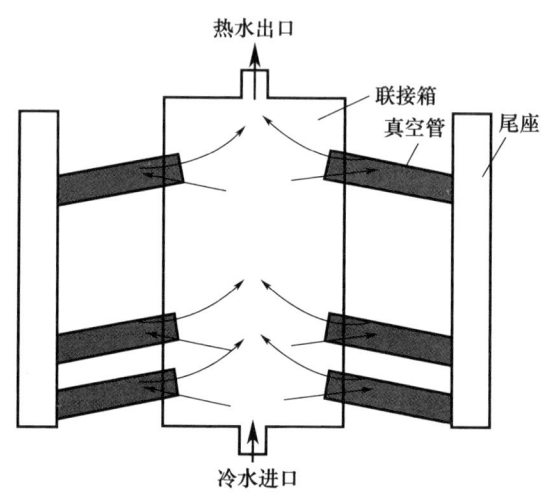

图 5-8-2　集热器结构示意图

2）储热保温水箱

储热保温水箱和电热水器的保温水箱一样，也是储存热水的容器。因为太阳能集热器只能白天工作，而人们一般在晚上才使用热水，所以必须通过保温水箱把集热器在白天产出的热水储存起来，其容积是每天晚上用热水量的总和。水箱内胆是储存热水的重要部分，其材料强度和耐腐蚀性至关重要。市场上有不锈钢、搪瓷等材质。保温层保温材料的好坏直接影响着保温效果，在寒冷天气尤其重要，较好的保温方式是聚氨酯整体发泡工艺保温。外壳一般为彩钢板、镀铝锌板或不锈钢板。

3）连接管路

连接管路是将热水从集热器输送到保温水箱、将冷水从保温水箱输送到集热器的通道，使整套系统形成一个闭合的环路。设计合理、连接正确的循环管道有利于太阳能系统达到最佳工作状态。热水管道必须做保温防冻处理。管道必须有很高的质量，保证有20年以上的使用寿命。同时，为了减少热量在管道传输过程中的损失，连接管路还应具备保温系统。

4）自动控制系统

控制中心的自动控制系统是热水系统的大脑，各种信号传感器是系统的神经。太阳能热水系统与普通太阳能热水器的区别就是控制中心。作为一个系统，控制中心负责整个系统的监控、运行、调节等功能，可以通过互联网远程控制系统的正常运行。

5）其他外部设备

其他外部设备主要包括循环泵、增压泵、供水泵和电磁阀。这些设备要根据循环管道的粗细、流量的大小、集热器串并联的组数、集热器安置位置的高低综合因素确定，尤其是循环泵扬程、流量、吸程的确定，水箱位置的高低不同，使循环泵的扬程差别巨大，应该更为谨慎。

太阳能热水系统具有很多优点。一是环保效益，即相对于使用化石燃料制造热水，能减少对环境的污染及温室气体的产生。二是节省能源，太阳能是属于每个人的能源，只要有场地与设备，任何人都可免费使用它。三是安全，不像使用瓦斯有爆炸或中毒的危险，或使用燃料油锅炉有爆炸的顾虑，或使用电力会有漏电的可能。四是不占空间，不需专人操作自动运转，且太阳能集热器装在屋顶上，不会占用室内空间。五是具有经济效益，正常的太阳能热水器是不易损坏的，寿命在十年以上，甚至有到二十年的，因为基本热源为免费的太阳能，所以使用它十分符合经济成本效益。

国际上对太阳能热水系统有科学的分类方法，即按照太阳能热水系统的7个特征进行分类，其中每个特征又都分为2～3种类型，从而构成了一个严谨的太阳能热水系统分类体系。

第1特征表示系统中太阳能与其他能源的关系，共有以下三个类型：①太阳能单独系统是指没有任何辅助能源的太阳能热水系统；②太阳能预热系统是指在水进入任何其他类型加热器之前，对水进行预热的太阳能热水系统；③太阳能带辅助能源系统是指联合使用太阳能和辅助能源，并可不依赖于太阳能而提供所需热能的太阳能热水系统。

第2特征表示集热器内传热工质是否为用户消费的热水，共有以下两个类型：①直接系统是指传热工质（水）最终被用户消费或循环流至用户的热水直接流经集热器的系统，亦称为单循环系统或单回路系统；②间接系统是指传热工质不是最终被用户消费，或循环流至用户的水不作为传热工质而是其他传热工质流经集热器的系统，亦称为双循环系统或双回路系统。

第3特征表示系统传热工质与大气接触的情况，共有以下三个类型：①敞开系统是指传热工质与大气有大面积接触的系统，其接触面主要在蓄热装置的敞开面；②开口系统是指传热工质与大气的接触仅限于补给箱和膨胀箱的自由表面或排气管开口的系统；③封闭系统是指传热工质与大气完全隔离的系统。

第4特征表示传热工质在集热器内的状况，共有以下二个类型：①充满系统是指在集热器内始终充满传热工质的系统；②回流系统是指作为正常工作循环的一部分，传热工质在泵停止运行时由集热器流入蓄热装置，而在泵重新开启时又流入集热器的系统；③排放系统是指为了防冻目的，水可以从集热器排出而不再利用的系统。

第5特征表示系统循环的种类，共有以下两个类型：①自然循环系统是指仅仅利用传热工质的密度变化来实现集热器和蓄热装置（或换热器）之间进行循环的系统，亦称为热虹吸系统；②强制循环系统是指利用泵迫使传热工质通过集热器进行循环的系统，亦称为强迫循环系统或机械循环系统。

第6特征表示系统的运行方式，共有以下两个类型：①循环系统是指运行期间，传热工质在集热器和蓄热装置之间进行循环的系统；②直流式系统是指有待加热的传热工质一次流过集热器后，进入蓄热装置（储水箱）或进入使用辅助能源加热设备的系统，有时亦称为定温防水系统。

第 7 特征表示系统中集热器与储水箱的相对位置，共有以下三个类型：①分体式系统是指储水箱和集热器之间分开一定距离安装的系统；②紧凑式系统是指将储水箱直接安装在集热器相邻位置上的系统，通常称为紧凑式太阳能热水器；③整体式系统是指将集热器作为储水箱的系统，亦称为闷晒式太阳能热水器。

实际上，同一套太阳能热水系统往往同时具备上述 7 个特征中的某一种类型，譬如，某一套典型的太阳能热水系统可以同时是太阳能带辅助能源系统、间接系统、封闭系统、充满系统、强制循环系统和分体式系统。

当然，除了按系统的特征进行分类之外，还有其他一些常用的分类方法。太阳能热水系统可以按太阳能集热器的类型进行分类，共有以下五个类型：①平板太阳能热水系统是指采用平板集热器的太阳能热水系统；②真空管太阳能热水系统是指采用真空管集热器的太阳能热水系统；③U 型管太阳能热水系统是指采用 U 型管集热器的太阳能热水系统；④热管太阳能热水系统是指采用热管集热器的太阳能热水系统；⑤陶瓷太阳能热水系统是指采用陶瓷太阳能集热器的太阳能热水系统。

太阳能热水系统还可以按储水箱的容积进行分类，根据用户对热水供应的需求确定储水箱的容量，按照储水箱的容积系统可分为以下两个类型：①家用太阳能热水系统是指储水箱容积小于 $0.6m^3$ 的太阳能热水系统，通常亦称为家用太阳能热水器；②公用太阳能热水系统是指储水箱容积大于等于 $0.6m^3$ 的太阳能热水系统，通常亦称为太阳能热水系统。太阳能热水系统也可根据用户对热水供应的需求分为间歇供热水太阳能热水系统和连续供热水太阳能热水系统。间歇供热水太阳能热水系统主要供应那些定时用热水的单位，例如部队、学校、工厂等；连续供热水太阳能热水系统指那些 24h 连续使用热水的系统，例如医院、酒店、生产线等。

5.8.3 太阳能热水系统的防冻措施

太阳能热水系统（图 5-8-3）中的集热器及其置于室外的管路，在严冬季节常常因积存在其中的水结冰膨胀而胀裂损坏，尤其是高纬度寒冷地区，因此必须从技术上考虑太阳能热水系统的"越冬"防冻措施。

集热器是太阳能热水系统中必须暴露在室外的重要部件，如果直接选用具有防冻功能的集热器，就可以避免对集热器在严冬季节冻坏的担忧。热管式真空管集热器以及内插管的全玻璃真空管集热器都属于具有防冻功能的集热器，因为被加热的水都不直接进入真空管内，真空管的玻璃罩管不接触水，再加上热管本身的工质容量又很少，所以即使在零下几十摄氏度的环境温度下真空管也冻不坏。另一种具有防冻功能的集热器是热管平板集热器，它跟普通平板集热器的不同

图 5-8-3 太阳能热水系统

之处在于，吸热板的排管位置上用热管代替，以低沸点、低凝固点介质作为热管的工质，因而吸热板也不会冻坏，不过由于热管平板集热器的技术经济性能不及上述真空管集热器，应用尚不普遍。

双循环系统（或称双回路系统）就是在太阳能热水系统中设置换热器，集热器与换热器的热侧组成第一循环（或称第一回路），并使用低凝固点的防冻液作传热工质，从而实现系统的防冻。双循环系统在自然循环和强制循环两类太阳能热水系统中都可以使用。在自然循环系统中，尽管第一回路使用了防冻液，但由于贮水箱置于室外，系统的补冷水箱与供热水管也部分敷设在室外，在严寒的冬夜，这些室外管路虽有保温措施，但仍不能保证避免管中的水不结冰。因此，在系统设计时需要考虑采取某种设施，在用毕后使管路中的热水排空，如采用虹吸式取热水管，兼作补冷水管，在其顶部设通大气阀，控制其开闭，实现该管路的排空。

在强制循环的单回路系统中，一般采用温差控制循环水泵的运转，贮水箱通常置于室内（底层或地下室）。冬季白天，在有足够的太阳辐照时，温差控制器开启循环水泵，集热器可以正常运行；夜晚或阴天，在太阳辐照不足时，温差控制器关闭循环水泵，这时集热器和管路中的水由于重力作用全部回流到贮水箱中，避免因集热器和管路中的水结冰而损坏；次日白天或太阳辐照再次足够时，温差控制器再次开启循环水泵，将贮水箱内的水重新泵入偏执器中，系统可以继续运行。这种防冻系统简单可靠，不需增设其他设备，但系统中的循环水泵要有较高的扬程。

近几年，国外开始将回流防冻措施应用于双回路系统，其第一回路不使用防冻液而仍使用水作为集热器的传热介质。当夜晚或阴天太阳辐照不足时，循环水泵自动关闭，集热器中的水通过虹吸作用流入专门设置的小贮水箱中，待次日白天或太阳辐照再次足够时，重新泵入集热器，使系统继续运行。

在自然循环或强制循环的单回路系统中，在集热器吸热体的下部或室外环境温度最低处的管路上埋设温度敏感元件，接至控制器。当集热器内或室外管路中的水温接近冻结温度（3~4℃）时，控制器将根据温度敏感元件传送的信号，开启排放阀和通大气阀，集热器和室外管路中的水由于重力作用排放到系统外，不再重新使用，从而达到防冻的目的。

在强制循环的单回路系统中，当集热器内或室外管路中的水温接近冻结温度（3~4℃）时，也可通过控制器打开电源，启动循环水泵，将贮水箱内的热水送往集热器，使集热器和管路中的水温升高。当集热器或管路中的水温升高到某设定值（或当水泵运转到某设定时段）时，控制器关断电源，循环水泵停止工作。这种防冻方法由于要消耗一定的动力以驱动循环水泵，因而适用于偶尔发生冰冻的非严寒地区。

在自然循环或强制循环的单回路系统中，将室外管路中最易结冰的部分敷设自限式电热带。它是将一个热敏电阻设置在电热带附近并接到电热带的电路中。当电热带通电后，在加热管路中水的同时也使热敏电阻的温度升高，随之热敏电阻的电阻增加；当热敏电阻的电阻增加到某个数值时，电路中断，电热带停止通电，温度逐步下降。这样无数次重复，既保证室外管路中的水不结冰，又防止电热带温度过高造成危险。这种防冻方法也要消耗一定的电能，但对于十分寒冷的地区还是行之有效的。

5.9 分体太阳能

分体太阳能又名分离式太阳能热水系统，是在晴天时，阳光辐射的能量通过泵强制循环将集热器的热量通过集热器与水箱之间的管路连接，逐步收集到水箱里的一种太阳能热水系统，见图 5-9-1。

分体太阳能由太阳能集热器、储热水箱、循环介质、控制系统、泵站、管路等组成，运行原理见图 5-9-2。其优点可概括为以下四点：①承压用水，不需添加增压泵，热水压力源自冷水压力，冷热压力匹配，热力澎湃，取水时温度调控自如；②使用换热盘管进行换热取水，不使用水箱内一次水，自来水经过盘管换热迅速顶出，不含亚硝酸盐及致病菌团，水质新鲜，可饮用；③闭式系统可与任何常规热源（电、燃气）匹配，水箱内不结垢，方便日后维护保养；④集热器与屋面可较好的与建筑融合。其缺点可概括为以下三点：①冬季或阴雨天时，由于水箱内水温偏低时，水温会下降较快，洗浴人数减少，可启动常规热源解决，或作为提升基础水温用效果更佳；②系统复杂，造价高；③太阳液寿命为五年，五年后需要更换太阳液。分体太阳能一般用在别墅，适宜人群是对产品外观和用水要求较高的用户以及对建筑外观有较高要求的用户。

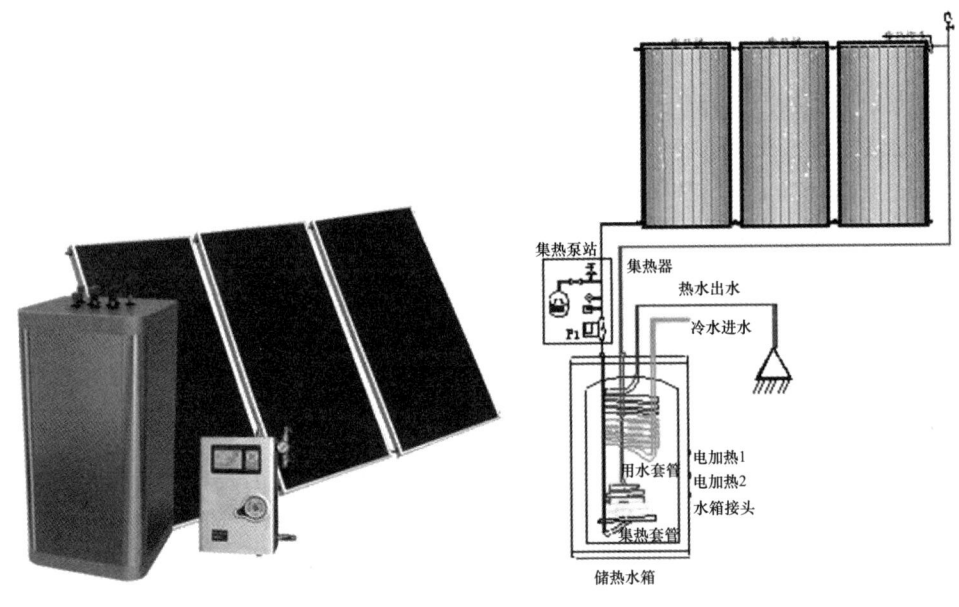

图 5-9-1　分体太阳能　　　　图 5-9-2　分体太阳能原理图

太阳能一体机一般采用真空管集热器，但分体太阳能一般采用 U 型管集热器、热管集热器，国外则一般采用平板集热器。平板集热器地区不适合在结冰地区使用，但是平板集热器却有着其他集热器无法媲美的优点。如系统不会产生过热现象（太阳能系统从安全和效率来讲不是系统越热越好），且寿命长。分体太阳能水箱内胆一般使用不锈钢或搪瓷，使用不锈钢内胆的居多，水箱的保温使用聚氨酯发泡，也有做得更好的保温体系，如德国一家太阳能公司，除了使用聚氨酯保温外，水箱上部还用石蜡封装。

分体太阳能换热盘管有的使用铜管，也有使用不锈钢波纹管的。使用铜管（水箱内胆是不锈钢）会有电化学反应问题，另外铜管与不锈钢内胆在进出水口的焊接上也容易出现问题。不锈钢波纹盘管有六大特点：①无振动：波节管在运行中没有疲劳破坏，特别是解决了汽水换热中的振动问题；②结构紧凑：在单位体积内能排列更多的换热管；③减少流体阻力：阻止了内流通道和流动死区，提高了换热能力；④传热系数高：流体进入波节管，流经凹槽段时，因湍流凹槽收缩作用使流体的流速得到提高，同时流动方向多变、水—水换热；⑤耐高温、高压：虽然波纹管的壁很薄，但是它采用了特殊的成型工艺及独特的波纹外形，使其承压力不仅没有下降，反而更高，通常可达到6MPa；⑥防垢、除垢：换热器的结垢、腐蚀、堵塞一直是较难解决的问题，特别是在水质条件较差或水处理不够理想的情况下，这一问题尤为突出，由于该换热器在很低流速下就可以产生很发达的湍流，管壁上不易形成垢层的晶核和聚积结垢物，因而换热管不易结垢。

太阳能集热器应安装在屋顶朝南屋面，安装集热器前最好预埋件，使集热器与屋面更好的结合。水箱放在室内储藏间（或水箱间），水箱间地面应尽可能地平。

5.10 太阳能与建筑一体化

太阳能与建筑一体化是将太阳能利用设施与建筑有机结合，利用太阳能集热器替代屋顶覆盖层或替代屋顶保温层，既消除了太阳能对建筑物形象的影响，又避免了重复投资，降低了成本。太阳能与建筑一体化是太阳能技术发展的方向之一。

目前，在国际上，建筑能耗已占社会总能耗的40%。建筑能耗的能源动力主要来自煤炭、石油、天然气等化石能源。降低建筑能耗已成为当今能源、环境、建筑领域的热门话题。尽管人们都在不断研发各种保温材料来加强建筑物的保温隔热性能，但这毕竟没有从源头处缓解能源危机，而太阳能作为可再生清洁能源，可替代部分化石能源应用于建筑中。太阳能与建筑一体化形成的太阳能建筑是一种全新的无燃料、无污染的绿色建筑。因此，发展太阳能建筑、降低建筑能耗不仅意味着节约能源，保护环境，而且是建筑领域实施可持续发展战略的重要方式。

太阳能建筑的发展大体可分为三个阶段。第一阶段为被动式太阳能建筑，它是完全借助建筑物一部分实体（墙体、地面）的结构、朝向、布置以及相关材料的应用而实现的，是基于集热器和贮热器，利用传热介质（空气、水）对流分配热能的系统。第二阶段为主动式太阳能建筑，它是使用机械电力装置收集并贮存太阳能，由集热器、蓄热器、循环管路、水泵动力系统和自动控制系统组成的系统。第三阶段为太阳能电池式建筑，它是利用太阳能电池等光电转换设备提供建筑所需的采暖、空调、热水、照明等各种能源的。

5.10.1 太阳能与建筑一体化技术的特点

太阳能与建筑一体化技术把太阳能的利用纳入环境的总体设计，把建筑、技术和美学融为一体，太阳能设施成为建筑的一部分，取代了传统太阳能的结构所造成的对建筑的外观形象的影响。利用太阳能设施完全取代或部分取代屋顶覆盖层，可减少成本，提高效益；可用于平屋顶或斜屋顶，一般对平屋顶而言用覆盖式，对斜屋顶用镶嵌式。

太阳能与建筑一体化技术适用于城建管理较严格，要求安装规范、美观、不损害市容市貌的单位、集体、小区等；适用于在建筑设计之初就将太阳能作为建筑的一部分考虑在内，与建筑一同设计的情况；适用于各种形式的建筑，例如住宅小区、高层楼群、别墅等；可采用单台集体购买统一安装模式，该种模式主要适合新建住宅小区和旧房改造。

太阳能作为一种免费、清洁的能源，在住宅建筑中的利用，将关系到可持续发展的战略，可谓意义深远。目前，太阳能的利用已取得显著成果并转化为生产力。当代世界太阳能科技发展有两大基本趋势，一是光电与光热结合；二是太阳能与建筑的结合。太阳能源建筑系统是绿色能源和新建筑理念的两大"革命"的交汇点，太阳能是未来人类最适合、最安全、最理想的替代能源。太阳能与建筑一体化技术属于一项综合性技术，涉及太阳能利用、建筑、流体分布等多种技术领域。

太阳能与建筑一体化，就是将太阳能的光热利用与建筑有机融合，实现与建筑的同步设计、同步施工、同步验收、同步后期管理，使其成为建筑的有机组成部分，从而降低建筑能耗，达到节能环保的目的。

太阳能热水器与建筑物一体化，就形式上来讲有分户式和集体式两种。分户式是统一设计、统一布局、统一安装，单家独户分开使用，由住户自己进行个体管理。分户式在使用管理上比较方便，减少了用户之间的争执。但由于房屋面积的局限，影响了这一形式的推广，并因该形式水箱裸露、排列不齐等，很难达到与建筑的完美结合。集体式是将太阳能集热器串联起来，利用热虹吸原理或强制循环的办法逐步将水升温，用一个或多个保温大水箱将热水储存起来，分别供应给用户。集体式与分户式相比，占地少、投资小、水温和水压平衡、维修率低，能更好地与建筑融为一体，并且还有利于平衡负荷和提高设备的利用效率，是太阳能热水器与建筑物一体化的发展方向。

5.10.2 太阳能与建筑一体化技术的注意事项

太阳能低能耗小住宅建筑设计见图5-10-1。实现低能耗建筑的设计途径主要包括两个方面，即能源的开源与节流。开源是指开发利用可再生新能源，节流是指提高供暖、空调系统效率和提高建筑外围护结构性能，减少建筑热损失。太阳能建筑同时具备上述两个特点。首先，太阳能属于对环境无污染的可再生能源；其次，太阳能的低密度也要求建筑有着较高品质的围护性能和恰当的体形、朝向和空间布局。小住宅建筑屋顶面积、南向墙面积与室内使用面积比值较大；结合恰当的建筑体形设计和外围护结构性能设计，经测算，在太阳能资源丰富地区的晴好天气下，可以建造出完全依靠太阳能满足采暖和生活用热水的低能耗建筑甚至零能耗建筑。

图 5-10-1 低能耗太阳能采暖小住宅建筑设计

例如，北方两层南北朝向双坡屋顶民宅，采暖建筑面积约140m^2，层高3m，屋面坡度30°，240mm砖墙，6cm聚苯板外墙外保温，外贴防火板，属于典型的农村利用太阳能热水系统供暖的节能型建筑。其利用太阳能与建筑一体化技术，通过太阳能应用技术与建筑的有机结合，利用太阳能热循环系统实现了农村冬季供暖和常年供应生活热水，相同的采暖面积比集中供暖费用低廉，同时常年供应热水提高了居民生活的质量，具有节能、经济、洁净的特点。

5.11 主动式太阳能建筑

主动式太阳能建筑是指运用光热、光电等可控技术利用太阳能资源，实现对太阳能的收集、蓄存和使用，进而构筑起以太阳能为主要能源的节能建筑，主要包括太阳能采热和光伏发电在建筑中的应用，其中人们最熟悉、运用更广泛的是家用太阳能热水器。主动式太阳能建筑的新型技术措施主要包括热管集热器、相变材料蓄热、辅助热源、自动控制系统以及太阳能热泵采暖系统。主动式太阳能建筑可以使室内保持稳定、舒适的温度，其推广应用前景非常乐观。

5.11.1 主动式太阳能建筑的特点

主动式太阳能建筑需要一定的动力进行热循环，主要由集热器、管道、储热装置、循环泵、散热器等组成。其原理是靠常能（泵、鼓风机）运行的系统，由集热器、蓄热器、收集回路、分配回路组成，通过平板集热器，以水为介质收集太阳热。吸热升温的水贮存于地下水柜内，柜外围以石块，通过石块将空气加热后送至室内，用以供暖。如将蓄热器埋于地层深处，把夏季过剩的热能贮存起来，可供其他季节使用。主动式太阳能系统按传热介质又可分为空气循环系统、水循环系统和水、气混合系统。一般说来，主动式太阳能建筑能够较好地满足住户的生活要求，可以保证室内采暖和供热水，甚至制冷空调，但设备复杂，需要辅助能源，而且所有的热水集热系统都需要有防冻设施，这些缺点抑制了主动式太阳能建筑的发展。

当今，太阳能主要利用在光伏和光热两方面，前者利用太阳能发电，如光伏发电，后者则是通过简单实用的方式以水为介质将太阳辐射能存储在热水中，如常见的太阳能集热器或太阳能热水器等太阳能集热设备，主动式太阳能采暖系统也大多是基于这一应用最为普遍的太阳能利用形式构造而成的。

主动式太阳能采暖系统主要有以热风和热水两种方式进行采暖，其中热风式需要较大的空间放置循环动力设备，而热水式虽然对技术和资金要求较高，却是今后太阳能供暖系统的主要集热形式。根据系统不同的运行方式和结构形式，太阳能热水系统有如下三种分类：①按系统运行方式分为自然循环和强制循环系统；②按热水供给方式分为直接系统和间接系统；③按辅助加热设备在储水箱空间的位置分为内置加热系统和外置加热系统。

由于太阳能供给不稳定的先天缺陷，太阳能不能完全满足全部生活热水的需求，所以其系统必须有补热措施以满足用户的全天候要求，目前通用的做法是采用安全简便的电加热。可补热装置控制不合理，不管用量多少，储水罐水温低于设置值就启动加热的方式不经济。

太阳能发电系统通过光电效应产生电能，所发的电能通过逆变器把直流电转换为交流电，再由控制器对电能进行调节和控制。白天，太阳能发电系统一方面把整压整流后的电能送往建筑内的用电负载，另一方面在满足建筑自身用电负荷的同时把多余的电能进行并网向市政电网系统进行供电；晚上或阴天时，所发的电能不能满足建筑自身负载需要，控制器又并网市政供电系统，保证用户的正常用电，这样就能降低建筑的运行成本，减少了传统能源的使用。对比太阳能"光热应用"已经进入寻常百姓家，同属于主动式太阳能技术的"光电应用"普及率却很低，太阳能光伏发电推广的最大瓶颈突出表现在其核心构件——太阳能电池板的高昂成本上。

5.11.2　主动式太阳能建筑的注意事项

主动式太阳能采暖系统通常以太阳能集热器作为热源。太阳能集热采暖系统可以用空气或水作为热媒，因此存在太阳能热风集热式采暖系统和太阳能热水集热式采暖系统两种模式。

太阳能热风集热器可用作采暖系统热源，在屋面上朝南方向布置太阳能空气集热器，被加热的空气通过储热层后由风机送入房间。太阳能集热器也可以配备其他辅助热源，并设置控制调节装置，根据送风温度确定辅助热源的投入比例。

太阳能热水集热器既可以提供卫生热水，还可以用作低温热水地板辐射采暖的热源。太阳能热水集热式地板辐射采暖兼生活热水供应系统。该系统在屋顶设置太阳能热水器，系统包括集热器循环水泵、蓄热水箱、供热水箱、采暖循环水泵、辅助热源、辅助热源热水循环泵、辅助加热换热器和地板辐射采暖盘管等。太阳能热水器中的热水流过地板采暖盘管向房间供热，返回蓄热水箱后由集热循环水泵送到太阳集热器重新加热。夜间或阴天太阳能不足时，则由辅助热源加热系统保证室内采暖和生活热水需求。太阳能热水集热器也可以与建筑围护结构融合一体，例如在工程中的太阳能全玻璃真空集热管幕墙生活热水系统，冬季白天充分吸收并存储太阳辐射热，部分热量通过辐射和对流传至下面房间，夜间则关闭保温板，防止向外的热量损失。夏季保温盖板的启闭情况与冬季相反，在白天关闭保温盖板以减少向室内环境的传入热量，同时用较低温度的水袋吸收下面房间的热量，从而降低室内温度，夜间则打开保温盖板使水袋向外界环境放出热量。

主动式太阳能采暖系统有两个突出的要求。其一是要有足够面积的集热器，在一般情况下，当太阳能的利用率处于60%左右时，集热器面积应该至少为地板面积的50%或者更大；其二是由于受到气候、季节和昼夜等断续性的影响，太阳能易出现不连续且不稳定的现象，所以在采暖系统中必须配置辅助的加热设备和蓄热设备，通常加热装备的容量应按满足维持2～3天能量的标准来设计，辅助热源量的配置至关重要。

光伏建筑是应用太阳能发电的一种新概念，简单地讲，就是将太阳能光伏发电方阵安装在建筑的围护结构外表面来提供电力。根据光伏方阵与建筑结合的方式不同，光伏建筑一体化可分为两大类，一类是光伏方阵与建筑的结合，另一类是光伏方阵与建筑的集成，如光电瓦屋顶、光电幕墙和光电采光顶等。在这两种方式中，光伏方阵与建筑的结合是一种常用的形式，特别是与建筑屋面的结合。由于光伏方阵与建筑的结合不占用额外的地面空间，是光伏发电系统在城市中广泛应用的最佳安装方式，因而备受关注。光伏方阵与建筑的集成是BIPV（光伏建筑一体化）的一种高级形式，它对光伏组件的要求较高。光伏组件不仅要满足光伏发电的功能要求同时还要兼顾建筑的基本功能要求。

热管是1964年前后才付诸实用的具有很高热传输性能的元件，它集沸腾与凝结于一体。热管一般是由管壳、管芯（起毛细管作用的多孔结构物）和工作液组成的一个封闭系统。当在一端加热时，管内的液体蒸发，过量的蒸汽在管的另一端冷凝，冷凝液借助在毛细管截面中的毛细作用返回到加热端。在某些太阳能采暖应用中，冷凝液的返回能够通过重力流动来实现。由于热管内的蒸发、冷凝过程几乎是在等温、等压下进行的，所以热管能在非常小的温差下从内部传递热量，通过重力辅助热管。假如冷凝段在下而加热段在上，则工质液体回流中断。因此，热管具有控制热流方向的"热二极管"的作用。

热管式集热器与传统集热器比较具有以下三方面优点：①用热管传输热量可避免普通集热器存在的集热管冬天结冰问题；②由于重力辅助热管的"热二极管"的作用，热量只能从吸热板向换热器输送，能防止晚上或阴天时的倒流散热；③热容小，启动性能好。另外，热管式真空管平板型集热器兼有热管式平板型集热器与玻璃真空管平板型集热器的优点。热管式真空管平板型集热器由于热管外表面涂有选择性吸收涂层，而且真空绝热，因此热损失小，在高工作温度下仍有较高的集热效率。热管选用合适的工质使集热器温度超过工质的临界温度后，热管的传热就停止，这就避免了集热器在无负荷情况下带来的高温问题，利于整个采暖期使用。

由太阳能集热器得到的热收益为 Q，需要的热负荷为 L。当 $Q>L$ 时，多余的热能可贮存在贮热装置内；当 $Q<L$ 时，不足的能量可由贮热装置供应一部分，其余则由辅助能源补足。相变材料在从固态转变为液态的过程中贮存热量，在相反过程中释放热量，当热蓄进相变蓄热器时，热传入蓄热器使相变材料熔化；当热从蓄热器释放时，相变材料凝固。相变蓄热器比显热蓄热器更紧凑，这使得安装蓄热器时有较大的灵活性，并可以减少对保温的要求。使用液体传热介质的太阳能采暖系统需要附加一个换热器，热由相变材料传到流过的水中被释放出来，然后热水再通过散热器加热空气。

当太阳能收集较少或温度过低时，需要使用辅助热源起补充作用。连续阴天和阳光不充足时，就只能依靠辅助热源保证采暖系统正常运转。辅助热源可以是电也可以是天然气。

自动控制系统是使用仪表来控制系统正常工作的。在收集回路中的自动控制可采用差动控制——使用两个温度传感器和一个差动控制器。其中，一个温度传感器（热敏电阻或热电偶）安装在集热器板接近传热介质出口处，另一个温度传感器安装在贮热器接近收集回路回流出口。当第一个传感器温度大于第二个，并达到预定的限度时，差动控制器就开启。相反，当贮热器出口温度与集热器出口温度相等时就关闭。采暖回路是指采暖房间中热媒的循环回路，自动控制一般也是使用两个温度传感器和一个差动控制器。其中一个是温度传感器置于贮热器采暖回路出口附近，当贮热器温度很高并达到一定的数值时，辅助加热器关闭；另一个温度传感器安装在采暖回路的回水管道中。当第一个传感器读出的温度低于第二个时，差动控制器操作阀门，切断贮热器与系统的联系，使其脱离循环，这时由辅助加热器供暖。

太阳能热泵采暖系统是利用集热器进行太阳能低温集热，然后通过热泵，将热量传递到温度为 35～50℃ 的采暖热媒中去。冬季太阳辐射量较小，环境温度很低，使用热泵则可以直接收集太阳能进行采暖。将太阳能集热器作为热泵系统中的蒸发器，换热器作为冷凝器，这样就可以得到较高温度的采暖热媒。太阳能热泵采暖系统主要特点是花费少量电能就可以得到几倍于电能的热量，同时可以有效地利用低温热源、减少集热面积，这是太阳能采暖的一种有效手段。若与夏季制冷相结合，应用于空调上，它的优点则更为突出。

美国、德国、日本等国家对太阳能热泵采暖系统的研究很重视，不少太阳房已应用了这种技术。如美国丹佛公共学院北院建筑面积为 30000m^2，采用太阳能热泵系统，可提供约 80%的采暖所需热量。

主动式太阳能建筑是通过高效集热装置来收集获取太阳能，然后由热媒将热量送入建筑物内的建筑形式。它对太阳能的利用效率高，不仅可以供暖、供热水，还可以供冷，而且室内温度稳定舒适，日波动小，在发达国家应用非常广泛。

5.12 被动式太阳能建筑

被动式太阳能建筑就是不用任何其他机械动力，只依靠太阳能自然供暖的环保型建筑，白天的一段时间直接依靠太阳能供暖，多余的热量被热容量大的建筑物构件（如墙壁、屋顶、地板）、蓄热槽的卵石、水等吸收，夜间通过自然对流放热，使室内保持一定的温度，达到采暖的目的。

被动式太阳能建筑通过建筑设计，使建筑在冬季充分利用太阳辐射热取暖，尽量减少通过围护结构及通风渗透而造成热损失，夏季尽量减少因太阳辐射及室内人员设备散热造成的热量，以不使用机械设备为前提，完全依靠加强建筑物的遮挡功能，通过建筑上的方法，达到室内环境舒适的目的。被动式太阳能建筑集蓄热构件与建筑构件于一体，一次性投资少，运行费用低，但这种集热方式昼夜温度波动较大。

古代的人类在建造房屋时就已经懂得利用太阳的光和热，但是，这种太阳能利用还仅仅处于经验主导的低级阶段。现代意义上的太阳能建筑于 20 世纪 20 年代在美国开始出现，而被动式太阳能建筑在 20 世纪 70 年代能源危机之后才得到迅速发展，在相当长的时间内成为太阳能建筑发展的主流。1961 年建成的英国沃拉西圣乔治中学是世界上最早的现代直接受益式被动太阳能建筑之一。1972 年建成的法国乔旺赛堡住宅是世界上第一个集热蓄热墙式被动太阳能建筑的样板房，这种经典的采暖方式于 1956 年就由法国国家科学研究中心获得了发明专利。被动式太阳能建筑在法国、德国、澳大利亚、英国、美国等发达国家都得到广泛的应用。到 1982 年，美国已建造了约 8 万栋各种类型的太阳能建筑，到 20 世纪 90 年代增加到 25 万栋。比较著名的被动式太阳能示范建筑有美国新墨西哥州的戴维斯住宅（空气集热器和岩石仓储热组合式）、新泽西州的凯尔布住宅（直接受益窗、附加阳光间和集热蓄热墙组合式）、法国的奥代洛住宅群（集热蓄热墙式）等。1977 年，我国的第一栋被动式太阳能建筑建成于甘肃省民勤县。

5.12.1 被动式太阳能建筑的设计

被动式太阳能建筑（图 5-12-1）是利用太阳能提供的室内热能，不需要任何机械设备提供能源，仅仅依靠传导、对流和辐射的自然热传递。加上通过建筑物的布置、内外构造及材料选择有效地采集、储存和分配太阳能，提高建筑的温度和光线。生活中常见的温室与太阳能热水器，就是有效利用了被动式太阳能建筑设计的原理。被动式太阳能能借助利用外部能源太阳能实现自我调节，能充分利用太阳热能源，满足建筑"冬暖夏凉"的要求。被动式太阳能建筑通过建筑朝向，汲取与吸收太阳能，起到保暖效果；利用建筑的合理布局、内部空间加强空气对流，使室内温度得到下降；利用节能环保材料对太阳热能进行蓄存，有利于能源的转化。

图 5-12-1　被动式太阳能建筑

被动式太阳能建筑的夏季降温和冬季采暖是矛盾对立而又相互适应的关系。冬季采暖需要建筑物最大限度地获取太阳能热量，将热损失降低到最低程度以及适当地蓄热，而夏季降温必须将进入室内的太阳能热量降到最低程度、提高散热量并适当地蓄冷。

被动式太阳能建筑设计应考虑以下五个因素。

第一个因素是选址、朝向和间距。选择合理的地址，设计正确朝向的房子，可以使冬季房子接收很多直射阳光，夏季照入室内的阳光又最少。冬季太阳高度角小，南向垂直表面接受太阳辐射的时间最长，所以朝南的方向为太阳能建筑最佳朝向。被动式太阳能建筑设计正是利用南向窗、墙，以实现冬季暖和的温度。同时，房子南面不应该有山坡或者浓密的树木遮挡，适宜种植落叶植物，这样才有充足的太阳照射进房子内，起到"冬暖夏凉"的效果。研究证明，建筑物的方位在30°以内是最合适的，南向偏东或偏西15°以内最为理想。例如，冬季采暖期间，从上午9时至下午3时，其他建筑物对太阳能建筑物的南面遮挡不能超过15%。此外，根据各地太阳高度角度不同和建筑高度的差异，建筑之间应该有一个合适的距离，最小距离一般不小于相邻南向建筑的高度的1.1倍。

第二个因素是建筑构造。被动式太阳能建筑设计需要注重建筑构造，因为好的构造设计不仅能丰富建筑外观，还能给建筑添加独特性和美感。被动式太阳能建筑主要通过向南和透明屋来实现取暖。向阳面积越大，获取的热量越多，但是也要尽量少开不能吸收到热量的窗户，减少太阳能的损失。对于深度较大的房子，内部很难自然采光，可以通过安装导光板、散射板等将太阳光引入室内，保证整个房子都能透入太阳光。透明屋的设计能增加进入房子的太阳光，但是在夏天过多的太阳光直射房子，房子的温度过高，不适宜人类居住，这时应该改用中空玻璃和遮阳型玻璃，以及通过促进通风来改善房子的温度。此外，设计时还要注意屋面的形式，坡屋面接受太阳辐射的时间和面积多于平面屋，穹顶屋面为最佳屋面形式。

第三个因素是建筑材料。太阳短波辐射容易被吸收，它能穿过窗户到达室内，可能会被内墙、地板和家具等吸收；太阳长波容易被密度大的外墙直接吸收和储存，再把部分向外辐射。因此，通过不同热容量和导热系数的储热材料组合，或者增加储热材料的厚度，可以延长储热体向室内散热的时间，避免夏季太阳辐射房子，导致室内温度过高。例如，普通白玻璃是采暖窗较好的选择，但是也要注意保温隔热；中空玻璃对可见光有高投射率，具有极强的保暖性；热变色玻璃是一种以塑料薄膜夹着聚合物水色溶剂，在低温和高温的环境下分别呈透明状和不透明的乳白色，它能在低温的环境中，吸收与储存日光的热能，环境温度升高时，能阻挡日光的热能，以此起到调节室内温度的作用。此外，对于建筑材料尤为关键的一个因素，就是材料的颜色和质地。建筑材料的颜色和质地与太阳能的收集有关，浅颜色光滑的建筑材料较为容易反射太阳光，相反，深色粗糙的建筑材料较为容易吸收太阳光热量。因此，在对建筑设计时，应该根据建筑的功能选择合适的建筑材料颜色和质地。

第四个因素是建筑体型系数。建筑体型系数是建筑在地面以上的表面积总和与建筑体积的比值，该数值越大，对建筑节能不利影响就越大。因此，设计时应该找到一个平衡点，一般要求建筑体型系数应该控制在合理的范围之内，条式居住建筑的体型系数不应该超过0.35，点式居住建筑不超过0.4。在房子体积不变的情况下，建筑外表面积越大，接受的太阳辐射热能则越多，但是建筑内部的热量也会比较容易散发。只有有效控制建筑体型系数在一个适当的范围内，并且尽可能增加南向面积，减少向东、向西、向北的房间面积，才能使整个建筑采暖节能效果更显著。例如，可以把主要用房布局在建筑的南面，而将辅助用房卫生间和厨房等布置在靠北一面；再在北面房子和南面房子之间采用贮热性能好的重质材料作隔墙，并且保证白天的阳光能照射到隔墙，这样可以利用这面隔墙来贮藏白天吸收的太阳光，晚上再把贮藏的热能散发出来，提高房子夜间温度。

第五个因素是室内气流通道。为了获得一个冬暖夏凉的太阳能建筑，还可以通过室内气流通道的设计，在夏季改善室内的热环境，减弱室外的热作用。室内气流通道不仅能满足室内外气流的流通，而且应该尽量减少室外热量传入室内，还能使室内的热量散发出室外。因此，需要协调好室内外气流通道的方位，即进风口要求置于顺风背阳、低气温的位置，有效控制夏季房间内的温度，减少室内温度波动。

5.12.2 被动式太阳能建筑的特点和分类

太阳能建筑主要分为三种形式。被动式太阳能建筑（passive solar buildings）不依赖于机械功，通过建筑朝向、构造、建筑材料等恰当选择和设计，使其能够收集、蓄存和分配太阳能热量，实现冬季采暖和夏季降温。主动式太阳能建筑（active solar buildings）利用太阳能驱动供热或空调设备。零能建筑（zero energy buildings）则由太阳能光电转换装置提供建筑物所需要的全部能源供应，常规能源消耗为零。

与其他太阳能建筑形式相比，被动式太阳能建筑有三个鲜明的特点。

第一是发展历史较长、应用范围广阔。主动式太阳能建筑在技术上还不够成熟，而且初始投资较高，规模效应不明显，尚未得到大范围的推广；零能建筑的应用则是刚刚起步，初始投资十分昂贵。被动式太阳能建筑在一个较长的时期段内仍将是太阳能建筑的主体。

第二是充分利用自然环境潜能，是综合现代计算技术和材料技术的高技术建筑。被动式太阳能建筑并非只是将暖通空调系统使用的常规能源替换为太阳能的技术，也不是单纯地将采暖制冷负荷降到最低的节能技术。被动式太阳能建筑的深层含义是在适应自然环境的同时最大限度地利用自然环境的潜能，其形成的室内环境与自然形成一体，能够实际感受到自然脉搏。这种体现"天人合一"的设计思想与将能源不断供给机械设备而创造人工建筑环境的技术手段有着根本区别,从而也形成了被动式太阳能建筑独特的建筑风格。根据当地的气候特点,最大程度地利用环境中的积极因素以获得满意的室内环境,是被动式太阳能建筑形式与空间处理的指导思想,这在实质上突破了以工艺和功能为基础的常规建筑设计的制约,丰富了现代建筑学的内涵。

作为一个新的技术领域,被动式太阳能建筑的设计已衍生出了专门的设计理论,由于非线性耦合传热过程复杂,结构形式多样,因此其计算分析过程更多地借助于电子计算机技术。同时,被动式太阳能热利用的发展与现代建筑材料科学的发展密不可分,各种选择透过性玻璃等新材料、新构造技术使被动式太阳能建筑更加高效。由于科技含量高、资源消耗低、环境负荷小,因此很多被动式太阳能建筑不仅成为现代建筑科技发展的示范,而且成为当地具有标志性的人文景观。

第三是构造简单、经济性优越。与其他相对复杂、昂贵的生态建筑技术相比较,被动式太阳能建筑是一项构造简单、造价低廉的技术。被动式太阳能建筑不需要专门的热交换器、蓄热设备、水泵或风机等设备,而是将集热、蓄热部件与建筑结构融为一体,例如,南窗既是采光部件,又是太阳辐射热的直接接收器;南向重质墙体既是围护结构,又是太阳能系统的集热蓄热部件。这些构造不仅运行管理方便,而且能够减少或完全替代机械设备的使用,减少运行费用,在整个建筑生命周期内显示出较强的优越性。

综上所述,被动式太阳能建筑具有简单、经济、有效等优势,在偏远地区或电力供应不上的地区、由于采暖造成严重空气污染的地区、由于空调制冷造成电力供应紧张的地区、旅游度假区和风景名胜区,都可以说是一种比较理想的建筑形式。

按采集太阳能的方式区分,被动太阳建筑可以分为以下四类。

第一类是直接受益式。冬天阳光通过较大面积的南向玻璃窗,直接照射至室内的地面、墙壁和家具上,使其吸收大部分热量,因而温度升高;所吸收的太阳能,一部分以辐射、对流方式在室内空间传递,一部分导入蓄热体内,然后逐渐释放出热量,使房间在晚上和阴天也能保持一定温度。采用这种方式的太阳能建筑,由于南窗面积较大,应配置保温窗帘,并要求窗扇的密封性能良好,以减少通过窗的热损失;窗应设置遮阳板,以遮挡夏季阳光进入室内。

第二类是蓄热墙式。这种太阳能建筑主要是利用南向垂直集热蓄热墙吸收穿过玻璃采光面的阳光,通过传导、辐射及对流,把热量送至室内。蓄热墙的外表面涂成黑色或某种深色,以便有效地吸收阳光。集热蓄热墙的形式有:实体式集热蓄热墙、花格式集热蓄热墙、水墙式集热蓄热墙、相变材料集热蓄热墙,快速集热墙等(图5-12-2)。

第三类是阳光间式。阳光间附建在房屋南侧,其围护结构全部或部分由玻璃等透光材料构成,房间之间的公共墙上开有门、窗等孔洞。阳光间得到阳光照射被加热,其内部温度始终高于外环境温度,所以既可以在白天通过对流风口供给房间以太阳热能,又可在夜间作为缓冲区,减少房间热损失。

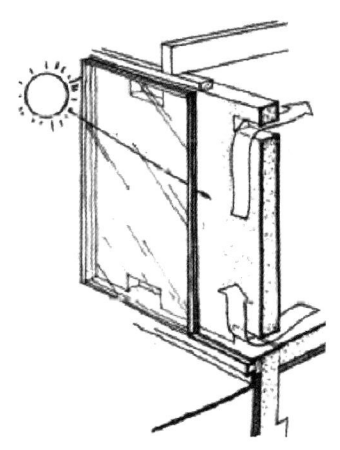

图 5-12-2 集热墙

第四类是屋顶池式。屋顶池式太阳能建筑兼有冬季采暖和夏季降温两种功能，适合冬季不寒冷而夏季较热的地区。装满水的密封塑料袋作为储热体，置于屋顶顶棚之上，其上设置可水平推拉开闭的保温盖板。冬季白天晴天时，将保温板敞开，让水袋充分吸收太阳辐射热，水袋所储热量，通过辐射和对流传至下面房间；夜间则关闭保温板，阻止向外的热损失。夏季保温盖板启闭情况则与冬季相反，白天关闭保温盖板，隔绝阳光及室外热空气，同时用较凉的水袋吸收下面房间的热量，使室温下降；夜晚则打开保温盖板，让水袋冷却。保温盖板还可根据房间温度、水袋内水温和太阳辐照度自动调节启闭。

5.13 通风屋顶

通风屋顶是在屋顶设置通风间层来隔热，利用通风间层的外层遮挡阳光、利用风压和热压起到隔热降温作用的屋顶设置。

通风屋顶是在屋顶设置通风间层，一方面利用通风间层的外层遮挡阳光，使屋顶变成两次传热，避免太阳辐射热直接作用在围护结构上；另一方面利用风压和热压的作用，尤其是自然通风，带走进入夹层中的热量，从而减少室外热作用对内表面的影响。这种隔热措施起源于南方沿海地区的民居，应用于平屋顶时采用大阶砖架空层，在这些地区应用，隔热效果相当显著；后来推广到长江中下游地区，并用细石混凝土板取代大阶砖，通风层一般设在防水层之上，对防水层也有一定的保护作用。据实测，设置合理的屋面架空隔热板构造可使屋顶内表面的平均温度降低 4.5~5.5℃。采用通风层屋顶隔热时，通风层长度不宜大于 10m，空气层高度宜为 20cm 左右。

通风间层屋顶的优点很多，如省料（通常用架空大阶砖或预制水泥板）、质轻、材料层少，构造简单，防雨防漏效果好，易维修，最主要是它比实体材料隔热屋顶降温效果好。

影响隔热效果的因素主要有以下三个方面。

第一个是没有定向通风道。大多数地区都是采用在屋面防水层上砌砖墩，在砖墩上搁置架空板的做法，如用 120mm×120mm×180mm 的砖垛架空盖板。当开口不能朝向夏季主导风向或主导风向不稳定时，层内通风就不定向，容易形成紊流，影响风速，散热效果就差。

第二个是檐口（或女儿墙）遮挡通风层。风向转折会使风压减小，如果架空层进风口处的檐口（或女儿墙）把进风口遮挡住，气流从该处进入就发生转折，影响风速，致使风压减小，散热性能就比较差。

第三个是隔热板本身隔热效果差。太阳辐射给屋面的热量，一部分由隔热板表面反射，其余部分通过隔热板传导。新建住宅所采用的架空隔热板通常为预制混凝土板（3~4cm 厚）。混凝土对太阳辐射热反射程度较低，只有 35% 左右，其余热量将被隔热板吸收传导，混凝土架空板本身热阻性能也较差，会使隔热板隔热效果大打折扣。

屋顶是暴露在阳光下面积最大的部分，是房屋热量最大的来源。有人认为屋顶做得越厚则隔热性能应该越好，实际上并非如此简单。一般而言，屋顶越厚，热起来所需时间也越长，但是一旦这种屋顶热起来了，就会不断地向室内辐射热量，且需要很长时间才会慢慢冷却。这种构造方法使高温区段延续的时间加长，如果是以白天使用为主的建筑，例如办公楼、教学楼、门诊部等较为合适，而对于居住建筑却不一定适合。

延伸阅读

光伏建筑一体化标准制定需考虑与建筑融合

在建筑碳中和目标驱动下，光伏建筑一体化发展前景广阔，但标准体系尚处于起步阶段。为实现光伏建筑一体化行业健康、高质量发展，还需重点从以下两方面完善现有标准体系。

产品标准方面，应针对建筑用光伏组件、逆变器、蓄电池、配电箱、线缆、快速关断、电气安全保护装置等，结合建筑需求与使用条件提出产品性能要求与测试方法。

尤其是建筑光伏组件，受建筑安装条件限制，在实际运行中容易产生光伏组件温度过高现象，影响建筑自身的安全耐久性。因此用于建筑的光伏产品应具有良好的温度特性，但目前尚未有标准对建筑光伏组件产品的温度特性及测试方法提出要求，产品性能与建筑的适用性考虑不足。

工程标准方面，建筑光伏工程标准应包含预评估、设计、施工安装、验收、性能检测及运行维护全过程，以保障工程质量。此外，建筑光伏相关工程标准中通常将光伏系统视为建筑中一个独立的系统进行设计、施工、验收，与建筑集成度较低，缺乏从整体出发，以安全可靠、建筑光伏系统发电消纳为目标的建筑光伏整体设计、验收、评价相关工程标准。因此，亟待建立健全建筑光伏工程标准体系，以引导建筑与光伏的深度融合，推动建筑光伏工程高质量发展。

（节选自《中国建材报》2023年5月29日2版《光伏建筑一体化标准制定需考虑与建筑融合》）

思考题

1. 智能控制技术有何特点？
2. 生态技术有何特点？
3. 屋顶节能有何特点？
4. 屋顶绿化有何特点？
5. 开闭屋顶有何特点？
6. 太阳能集热器有何特点？
7. 太阳能屋顶有何特点？
8. 太阳能热水系统有何特点？
9. 分体太阳能有何特点？
10. 什么是太阳能与建筑一体化？
11. 主动式太阳能建筑有何特点？
12. 被动式太阳能建筑有何特点？
13. 通风屋顶有何特点？
14. 试述近年来我国屋顶节能技术领域的创新和突破。

第6章 环境调节技术

6.1 建筑智能化

智能建筑节能是世界性的大潮流和大趋势，节能和环保是实现可持续发展的关键。可持续建筑应遵循节约化、生态化、人性化、无害化、集约化等基本原则，这些原则服务于可持续发展的最终目标。

从可持续发展理论出发，建筑节能的关键在于提高能量效率，因此无论制定建筑节能标准还是从事具体工程项目的设计，都应把提高能量效率作为建筑节能的着眼点。智能建筑也不例外，业主建设智能化大楼直接动因就是在高度现代化、高度舒适的同时，能实现能源消耗大幅度降低，以达到节省大楼营运成本的目的。能耗低且运行费用最低的可持续建筑设计包含了以下六方面技术措施：①节能；②减少有限资源的利用，开发、利用可再生资源；③室内环境的人道主义；④场地影响最小化；⑤艺术与空间的新联系；⑥智能化。

创造健康、舒适、方便的生活环境是人类的共同愿望，也是建筑节能的基础和目标。为此，智能型节能建筑应该冬暖夏凉、通风良好、光照充足，尽量采用自然光、天然采光与人工照明相结合；应实现智能控制，采暖、通风、空调、照明、家电等均可由计算机自动控制，既可按预定程序集中管理，又可局部手工控制，既满足不同场合下人们不同的需要，又可少用资源。

6.2 污水资源化

污水资源化又称废水回收（waste water recovery），是把工业、农业和生活废水引到预定的净化系统中，采用物理、化学或生物方法进行处理，使其达到可以重新利用标准的整个过程。这是提高水资源利用率的一项重要措施。废水回收系统应积极践行"节水即治污"的理念，走绿色发展之路。

各种污水（工业废水、农业污水和生活污水等）的性质和物质组成有很大差异，需用不同的方法处理后回收利用。污水经处理后又转化为可利用的水资源，对于城市发展而言，具有双重意义，一是减少污染、保护环境，二是增加水资源、缓解缺水危机。根据国内外经验，废水回收主要回用于工业循环水、区域非饮用供水，再生水可用于农业、回补地下含水层，或作为城市绿化、环境卫生用水等。

聚合氯化铝是一种无机高分子混凝剂，由于氢氧根离子的架桥作用和多价阴离子的聚合作用而生产的分子量较大、电荷较高的无机高分子水处理药剂的特点主要是由压力式雾化器的工作原理所决定的，使这一干燥系统有它自己的特点。由于压力式喷雾干燥所得产品是多孔微粒状或空心微粒状，采用压力式喷雾干燥，阴离子聚丙烯酰胺多以获得颗粒状产品为目的，所得颗粒状产品具有优良的防尘性能和流动性能。

聚合氯化铝（Polyaluminium Chloride，PAC）。通常也称作碱式氯化铝或混凝剂等，它是介于 $AlCl_3$ 和 $Al(OH)_3$ 之间的一种水溶性无机高分子聚合物，化学通式为 $[Al_2(OH)_nCl_{6-n}]_m$，其中，m 代表聚合程度，n 表示 PAC 产品的中性程度。颜色呈黄色或淡黄色、深褐色、深灰色树脂状固体。该产品有较强的架桥吸附性能，在水解过程中，伴随发生凝聚，吸附和沉淀等物理化学过程。

聚合氯化铝与传统无机混凝剂的根本区别在于传统无机混凝剂为低分子结晶盐，而聚合氯化铝的结构由形态多变的多元羧基络合物组成，絮凝沉淀速度快，适用 pH 范围宽，对管道设备无腐蚀性，净水效果明显，能有效去除水中色质 SS、COD、BOD 及砷、汞等重金属离子，该产品广泛用于饮用水、工业用水和污水处理领域。

聚合氯化铝的特点是絮凝体成型快，活性好，过滤性好；不需加碱性助剂，如遇潮解，其效果不变；适应 pH 范围宽，适应性强，用途广泛；处理过的水中盐分少；能除去重金属及放射性物质对水的污染；有效成分占比高，便于储存，运输。

聚合氯化铝的絮凝作用表现为水中胶体物质的强烈电中和作用；水解产物对水中悬浮物的优良架桥吸附作用；对溶解性物质的选择性吸附作用。

聚合氯化铝的性能可概括为以下八点：①净化后的水质优于硫酸铝絮凝剂，净水成本与之相比低 15%~30%；②絮凝体形成快、沉降速度快，比硫酸铝等传统产品处理能力大；③消耗水中碱度低于各种无机絮凝剂，因而可不投或少投碱剂；④适应的源水 pH5.0~9.0 范围均可凝聚；⑤腐蚀性小，操作条件好；⑥溶解性优于硫酸铝；⑦处理水中盐分增加少，有利于离子交换处理和高纯制水；⑧对源水温度的适应性优于硫酸铝等无机絮凝剂。

6.3 工业废热利用

废热又称余热，是指人类在活动中因某种需要而生产制造的热能在利用结束后所排放的不再利用的热能。废热利用最有意义的、最有价值的还是发电，但低温废热发电的技术相对落后，制约着它的进一步发展。

现代人类活动产生着大量的废热，特别是工业生产活动，是制造大量废热的主要原因。工业废热排放大的行业很多，常见的是水泥、钢铁、热电、陶瓷、有色金属等，这些行业不但是废热排放大户，而且也是温室气体排放的主要行业。

6.3.1 废热发电

目前废热利用最多的国家是美国，它的利用率达 60%，欧洲的利用率是 50%。废热分为高温废热（高于800℃）、中温废热（350~800℃）、低温废热（350℃以下）。

图6-3-1为有机工质循环发电系统。有机工质循环发电系统区别于传统的以水（蒸汽）为循环工质的发电系统，采用有机工质（如R123、R245fa、R152a、氯乙烷、丙烷、正丁烷、异丁烷等）作为循环工质的发电系统。由于有机工质在较低的温度下就能气化产生较高的压力，推动涡轮机（透平机）做功，故有机工质循环发电系统可以在烟气温度200℃左右、水温80℃左右实现有利用价值的发电。这项技术在发达国家是比较先进的应用技术，近年来我国有些企业通过引进吸收，也掌握了这项技术，也有较优秀的产品在国内外应用。有机工质循环发电系统具有以下四方面优点：①效率高，构成简单，没有除氧、除盐、排污及疏放水设施；②凝结器里一般处于略高于环境大气压力的正压，不需设置真空维持系统；③透平进排气压力高，所需通流面积较小，透平尺寸小，易于小型化设计制造；④管理维护费用低。

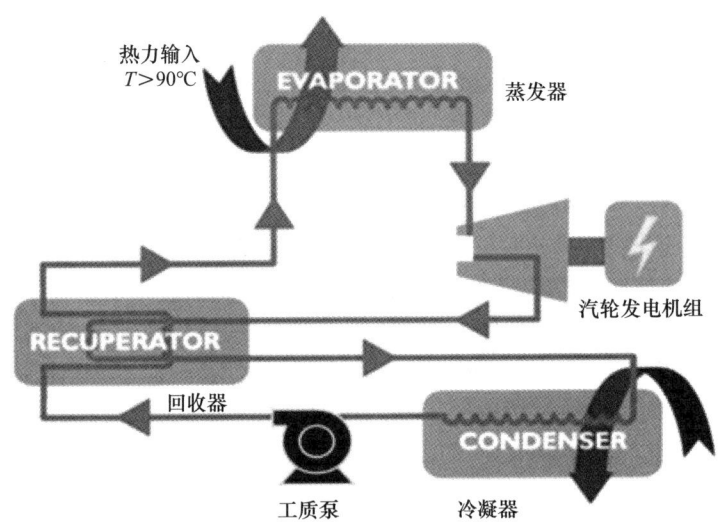

图6-3-1　有机工质循环发电系统

斯特林发动机是英国物理学家罗伯特·斯特林于1861年发明的，斯特林发动机也称外燃机，和蒸汽机的历史差不多，它的特点首先是燃烧连续，由于工质不参与燃烧，因此没有内燃机的爆震现象，噪声低；其次可以使用任何燃料，其燃烧室在外，燃烧的过程与工质无关，适用于各种热源，对燃烧方式无特殊要求，体积小、质量轻、寿命长、维护方便、燃烧效率高。斯特林热气机循环发电系统是利用低温废热发电的废热回收装置，可回收100~300℃的废热，能达到20%的发电效率。从数据来看，其发电效率优于目前市场的低温蒸汽循环发电系统和有机工质发电系统的发电效率，该装置在100℃的废热条件下发电效率达7.3%，150℃的条件下发电效率达13.7%，200℃的条件下发电效率达18.4%，250℃的条件下发电效率达22.1%，300℃的条件下发电效率达25.0%。在这样的废热温度条件下能达到这样的发电效率是目前可以看到的最高水平，达到了从低温热能转化为电能的先进的技术水平。

超临界二氧化碳发电系统是超临界二氧化碳液体为郎肯循环系统的工质，以二氧化碳透平专用涡轮机为核心技术的最新废热发电技术。该发电系统在废热发电方面有较宽泛的应用优势，各项技术指标都优于水蒸气郎肯循环系统和有机郎肯循环系统，特别是在发电效率和设备体积方面有着明显的优势。超临界二氧化碳热机是一种平台技术，目前可提供的功率范围为 250kWe～50MWe，效率可达 30%。其应用范围包括燃气轮机、固定式动力发电机组、工业废热回收、太阳能热量、地热、混合内燃机等的循环热能。

目前国内工业企业 350℃ 以下的低温废热占废热总量的 60% 以上，因其利用价值较低、回收技术相对落后、回收率和回收价值低、投资回收期长（6～7年）而被大多数企业放弃。宜科根公司的超临界二氧化碳发电技术，以其先进的技术使其有较高的废热发电效率和较低的投资成本，成为普遍采用的低温废热发电技术。该技术以其多方面的优势和更低的碳足迹可能会很快替代其他各种废热发电技术。

6.3.2 废热锅炉

废热锅炉是利用工业生产过程中的废热来生产蒸汽的锅炉。它属于一种高温、高压的换热器。废热锅炉较早用来产生一些低压蒸汽，回收的热量有限，只是作为生产的一般辅助性设备。随着生产技术的发展，废热锅炉的参数逐渐提高，废热锅炉由生产低压蒸汽的工艺锅炉转变为生产高压蒸汽的动力锅炉。废热研究的新成果在废热锅炉设计、制造、使用、安全管理等领域不断涌现。

废热锅炉与普通动力锅炉一样，都是生产动力蒸汽的一种高温高压设备，所不同的是热源不同。它不是采用煤油、天然气、煤等燃料，而是利用化工生产工艺气中的废热。因此，它既是一种能量回收装置，也是一种化工介质工艺设备。废热锅炉的共同特点是操作条件比较恶劣（如高温、高压、热流强度大、锅炉受压元件的热应力大等），并要求连续、稳定、安全地运行，对高温工艺空气温度和冷却速度的控制要求十分严格。废热锅炉的运行比常规锅炉更复杂，废热锅炉利用的是废热，不仅是高温气体的显热，而且还利用某些废气中所含少量的可燃物质（如一氧化碳、氢气、甲烷）等化学热能。例如，催化裂解装置中再生器排出的再生气体，其温度可达 550～750℃。另外，催化裂解装置再生器排出的高温烟气中含有很多粉状催化剂。烟气中灰分含量高，不但对流受热面的磨损加剧，而且因为受热面积灰严重，需要经常除灰和定期停炉清扫，给生产带来一定困难。有些高温烟气中含有较多的二氧化硫和三氧化硫，使得烟气露点升高，受热面的低温腐蚀严重，检修工作量增加。

在废热锅炉中进行的是热量传递的过程，因此废热锅炉的基本结构也是具有一定传热表面的换热设备。但是由于化工生产中，各种工艺条件和要求差别很大，因此化工用的废热锅炉结构类型也是多种多样的。

按照炉管是水平还是垂直放置，废热锅炉可以分为卧式（大都采用火管式，即管内走高温工艺气体，而管外走饱和水或水蒸气）和立式（比卧式锅炉水循环速度快，传热速率较高，蒸汽空间也较大，因此这种锅炉蒸发量大）两大类。按照锅炉操作压力的大小，废热锅炉可以分为低压（蒸汽压力在 1.3MPa 以下）、中压（蒸汽压力在 1.4～3.9MPa 范围内）、高压（蒸汽力在 4.0～10.0MPa 范围内）三大类。废热锅炉还可按结构和工艺用途来分类，按照炉管的结构形式不同，可以分为列管式、U形管式、刺刀管式、螺旋盘管式以及双套管式等；按照其生产工艺或使用的场合不同，可以分为重油气化废热锅炉、乙烯生产裂解气急冷废热锅炉、合成氨前置式、中置式或后置式废热锅炉等。

6.4 热回收

6.4.1 热回收技术

热回收即回收建筑物内外的余热（冷）或废热（冷），并把回收的热（冷）量作为供热（冷）或其他加热设备的热源而加以利用。

建筑业能耗中包括建材生产、建筑施工、建筑日常运转等能耗。建筑日常运转能耗又称民生能耗，也称建筑能耗，它包含供暖、通风、空调、热水供应、照明、电梯、烹饪等方面的能耗。我国城镇建筑能耗占全国商品能耗的 22%～24%，发达国家占 1/3 左右。能源消耗会导致环境污染，影响城市大气环境的悬浮粒子、SO_2、NO_x、CO 主要是能源消费的后果，影响全球环境的 CO_2 等温室气体的排放也主要来自能源消费。城市中能源的消费还会导致"城市热岛效应"。为实现我国"双碳"目标，建筑节能势在必行，建筑的方向应是"绿色建筑"。

建筑中有可能回收的热量有排风热量、内区热量、冷凝器排出热量、排水热量等。

热回收技术就是通过一定的方式将冷水机组运行过程中排向外界的大量废热回收再利用，作为用户的最终热源或初级热源。压缩机排出的高温高压气态制冷剂先进入热回收器，放出热量加热生活用水（或其他气液态物质），再经过冷凝器和膨胀阀，在蒸发器吸收被冷却介质的热量，成为低温低压的气态制冷剂，返回压缩机。

针对热回收器回收热量的多少，热回收又可以分为部分热回收和全热回收。其中，部分热回收只能回收冷水机组排放的部分热量，全热回收基本回收了系统排入环境中的全部热量。根据使用场所的不同和用户终端的具体需求，热回收器可以采用多种不同的形式。

新风耗能在空调通风系统中占了较大的比例。例如，办公楼建筑约占空调总能耗的 17%～23%。为保证房间室内空气品质，不能以削减新风量来节省能量，而且还可能需要增加新风量的供应。建筑中有新风进入，必有等量的室内空气排出。这些排风相对于新风来说，含有热量（冬季）或冷量（夏季）。在许多建筑中，排风是有组织的，不是无组织地从门窗等缝隙挤出。这样，有可能从排风中回收热量或冷量，以减少新风的能耗。排风热回收装置利用空气—空气热交换器来回收排风中的冷（热）能对新风进行预处理。

6.4.2 热回收装置

空气—空气热回收装置的性能评价一般采用热回收效率 η 表示，η＝实际传递量（热或湿）/最大可能传递量（热或湿）；热回收效率 η 有显热回收效率、潜热回收效率、全热回收效率三种形式，工程上一般采用设计工况下的全热回收效率。对热回收装置的整体效益评价，还应考虑到送风机、排风机所需要的能耗。各种热回收装置的特点比较见表 6-4-1。

表 6-4-1　各种热回收装置的特点比较

热回收装置	效率	设备费	维护保养	辅助设备	占用空间	交叉污染	自身耗能	接管灵活性	抗冻能力	使用寿命
转轮式换热器	高	高	中	无	大	有	有	差	差	中
热管式换热器	较高	中	易	无	中	无	无	中	好	优
板式显热换热器	低	低	中	无	大	有	无	差	中	良
板翅式换热器	较高	中	中	无	大	有	无	差	中	中
中间热媒式换热器	低	低	中	有	中	无	多	好	中	良

6.4.2.1　热回收装置的分类

热回收方式比较多，但归纳起来共两大类，即全热回收装置和显热回收装置。全热回收装置既能回收显热又能回收潜热，此类装置有转轮式换热器、板翅式换热器、热泵式换热器等。显热回收装置有中间热媒式换热器、板式显热换热器、热管式换热器等。

1) 转轮式换热器。转轮式换热器主要由转芯、传动装置、自控调速装置及机体构成，图 6-4-1 为轮转式换热器结构简图。转芯是转轮式换热器的主体，它可以采用各种不同材料和工艺制成。目前成熟的做法是采用铝箔或合金钢作为基本材料，添加硫酸钠、氯化钠和氯化锂等吸热剂和吸湿剂以及增加强度的胶料加工而成，也有采用硅酸盐类物质烧结而成的复合材料制作的。转轮呈蜂窝状，外形呈轮形并转动。在换热器旋转体内，设有两侧分隔板，上半部通过新风，下半部通过室内排风，使新风与排风反向逆流。转轮以一定的速度缓慢旋转，把排风中冷热量收集在覆盖吸湿性涂层的抗腐蚀铝合金箔蓄热体里，然后传递给新风。空气以一定的流速通过蓄热体，靠新风与排风的温差和水蒸气分压差来进行热湿交换。

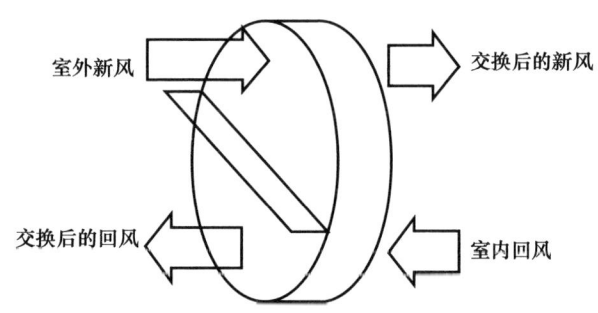

图 6-4-1　轮转式换热器结构简图

2) 板翅式换热器。板翅式换热器的材料及热回收形式为多孔纤维性材料全热回收或铝箔显热回收，较常见的板翅形状有三角形、矩形、平滑波纹形，图 6-4-2 为板翅式换热器结构示意图。板翅式换热器芯体隔板两侧流体的流动形式有顺流式、逆流式和叉流式，最常用的是叉流式。采用叉流式流动可以简化芯体结构。板翅式换热器芯体是采用多孔纤维性材料如特殊加工的纸作为传热隔板，对其表面进行化学处理后制成单元体，单元体的波纹板交叉叠积，并用胶使其峰谷与传热隔板黏结而组成的。芯体具备较强的传热透湿能力。当隔板两侧气流之间存在温度差和水蒸气分压力差时，两者间就将产生传热与传质进程，进行全热交换。芯体翅片密度通常为 120～700 片/m。理论上，翅片密度越大越好，因为可以增加有效换热面积,但翅片密度的增大会使空气通过芯体时的压降加大,从而加大系统克服压降的动力消耗,如果回收的能量少于系统克服压降消耗的能量就得不偿失了。芯体翅片高度范围为2~25mm,为了增加换热面积、减小换热器外形尺寸,目前用于空调系统换热器的翅片的高度一般3mm以内。板翅式换热器属于间接接触式中的直接传热式换热器,即两侧不同温度和湿度的流体是分开的,当隔层板两侧气流之间存在温度差和水蒸气分压力差时,两者间就会发生传热与传质,从而进行全热交换,能量通过间壁连续地从热流体流向冷流体。通常用ε(换热器实际换热量与热力学理论最大换热量的比值)来表示换热器的效率,它受传热单元数(NTU)、热容率流体质量流量和比定压热容的乘积比流动布置方式的影响。空调系统中采用的板翅式换热器两侧的流体均为单相流体,且换热过程中由于温度和压力变化很小流体不发生相变,故每侧流体的比定压热容都等于常数,因此可以认为换热器的效率ε与新风量和排风量的比值有关,和影响NTU的总传热系数K、换热面积A关系密切。

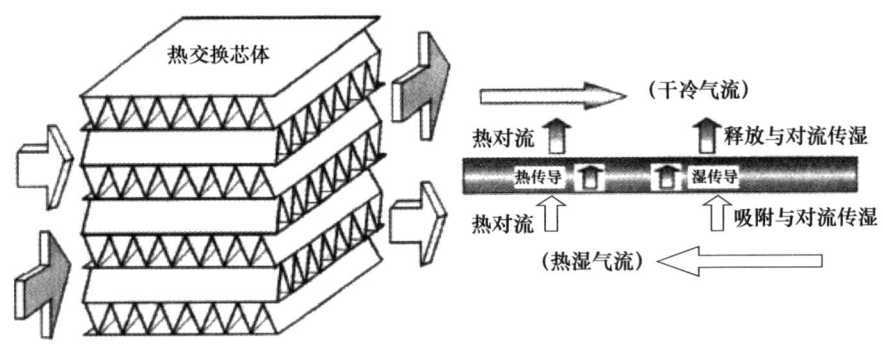

图6-4-2 板翅式换热器结构示意图

3) 热泵式换热器。热泵式换热器能回收大量潜能,热效率高,但是需配备压缩机、冷凝器、蒸发器等一系列配套设备,其本身能耗、设备造价比较高。

4) 中间热媒式换热器。中间媒体式换热器一般在新风和排风侧,分别使用一个空气—液体换热器,排风侧的空气流过时,对系统中的冷媒进行冷却。而在新风侧被冷却的冷媒再将冷量转移到进入的新风上,冷媒在泵的作用下不断地在系统中循环。中间热媒式换热器再配备上压缩机、冷凝器、蒸发器等一系列配套设备,就成为热泵式换热器。该种换热器能回收大量潜能,热效率高。但是其本身能耗,设备投资造价也比较高。中间热媒式换热器中新风与排风不会产生交叉污染,供热侧与得热侧之间通过管道连接,管道可以延长,布置灵活方便,但需配备循环水泵,存在动力消耗,通过中间热媒输送,温差损失大,换热效率较低,在60%以下。图6-4-3为中间热媒式换热器结构示意图,图中箭头指热量循环方向。

5) 板式显热换热器。板式和板翅式换热器的结构相同,都是通过排风与送风交替逆向流过换热隔板,靠新风与回风的温差和湿差实现交换热量的装置。两者的区别主要是换热隔板的材料不同。板式显热换热器由光滑的铝箔、不锈钢、塑料等板

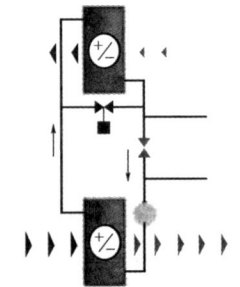

图6-4-3 中间热媒式换热器结构示意图

装配而成，只能实现显热回收。板翅式换热器中隔板和板翅采用了一种特殊加工的纸或膜，并对其表面进行特殊处理后制成单元体黏结在隔板上，材料具有良好的传热性和透湿性，当进排气的两侧存在温差和水蒸气压力差时就会产生热湿交换，从而可实现全热回收，一般换热效率为50%～70%。板式显热换热器和板翅式换热器两侧气流的流向有逆流型和叉流型两种，逆流和叉流的换热效率比值约为1：0.75。逆流型应用较多，热回收效率较高，但结构复杂，气流密封性差；叉流型结构简单，气体密封性较好，但换热效率较低。板式显热换热器和板翅式换热器的换热材料有铝箔、不锈钢、塑料等显热类，也有多孔纤维材料、纸、膜等全热类。

6) 热管式换热器。见图6-4-4，热管是一种借助工质（如氨、氟利昂-11、氟利昂-113、丙酮、甲醇等）的相变进行热传递的换热元件。典型的热管由管壳、吸液芯和端盖组成，在抽成真空的管内填充适当的工作液，靠近管内壁贴装吸液芯，再将其两端封死即成热管。热管既是蒸发器又是冷凝器。热管换热器就是由这些单根热管集装在一起，中间用隔板将蒸发段与冷凝段分开的热回收装置。热管式换热器无须动力消耗，借助另一介质的相变来传递热量，传递效率较低。空调中常用热管按结构形式可分为三种不同的情形，即整体式吸液芯热管、整体式热虹吸管（重力热管）和分离式热管。图6-4-4为热管式换热器结构示意图。

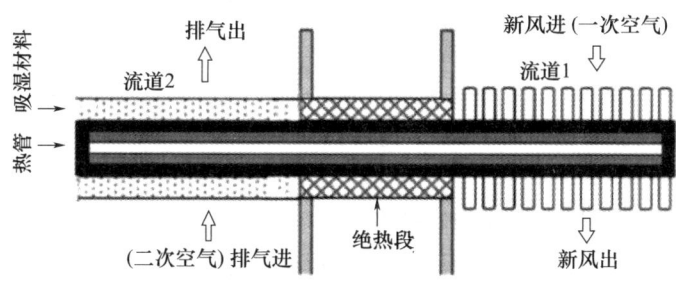

图6-4-4 热管式换热器结构示意图

6.4.2.2 热回收装置的特点

转轮式换热器的优点可概括为四点。一是换热效率高，能同时回收显热和潜热；二是回收效率比较高，能应用于较高温度的排风系统；三是通过转速控制，适用于不同的室内外空气参数；四是能通过降低转速来防止霜冻，无须采取其他辅助防霜冻措施。缺点也可概括为四点。一是装置较大，通风截面利用率低，占用建筑面积和空间多；二是压力损耗较大，自身需要消耗动力；三是有少量渗漏，无法完全避免交叉污染；四是设备造价较高。转轮式换热器要根据处理空气的特性选择合适的转轮材料。为避免长期不用时转轮不平衡，宜设有定时短期运行的启停装置。为减少交叉污染，保证扇形净化区的正常工作，应保证新风侧风压比排风侧风压高200Pa以上。转轮热回收不适合在医院、生物洁净室等场合使用，以避免产生交叉感染。一般转轮式换热器迎面风速为2～4m/s。

板式显热换热器和板翅式换热器的优点是结构简单，运行安全、可靠，无传动设备，不消耗动力，设备费用较低。其缺点是设备体积大，需占用较大建筑空间；风速大时，产生强大的阻力和噪声，甚至足以吹破膜片；难清洗，会积存冷凝水，导致霉菌滋生；空气质量较差时，换热材料易堵塞。板翅式热回收对空气温度、清洁度有一定的使用限制要求；进、排风均应装设过滤器，以防止换热材料堵塞，减少维护工作量；存在一定的交叉感染风险，不适合在医院、生物洁净室等场合使用；热回收效率将随使用时间的延长和换热芯体含尘量的增加而降低。

热管式换热器的优点是无传动部件、不需要动力源、运行安全可靠；可应用于不同相态间流体的能量回收；新排风部分不会交叉感染，可应用于排风有污染的场所；风阻低，冷凝水易于排出。缺点是传热效率较低，显热回收效率为50%～70%，不能回收潜热；热管在使用一段时间后，由于热管积灰结垢、露点腐蚀等原因，传热效率会明显下降。热管式换热器要注意热管材料和换热介质的选择；热管的蒸发段和冷凝段需随季节的变化而交替切换，需配有季节转换装置；应配置冷凝水排放装置。

中间热媒式换热器的优点是送排风完全隔离，无交叉污染情况；供热侧与得热侧之间通过管道连接，管道可以延长，布置灵活方便，受空间限制小。缺点是需配备循环水泵，存在动力消耗；通过中间热媒输送，温差损失大，换热效率较低，在30%～40%之间。

6.5 地源热泵系统

地源热泵系统以岩土体、地下水或地表水为低温热源，由水源热泵机组、地热能交换系统、建筑物内系统组成的供热空调系统。根据地热能交换系统形式的不同，地源热泵系统分为地埋管地源热泵系统、地下水地源热泵系统和地表水地源热泵系统。它使用大地作为热源（在冬季）或散热器（在夏天）。地源热泵系统的优点是高效节能，无环境污染等。

地源热泵已成功利用地下水、江河湖水、水库水、海水、城市中水、工业尾水、坑道水等各类水资源以及土壤源作为地源热泵的冷、热源。地源热泵供暖空调系统主要分三部分，即室外地源换热系统、地源热泵主机系统和室内末端系统。

地源热泵技术属可再生能源利用技术。地源热泵是利用地球表面浅层地热资源（通常小于400m深）作为冷热源，进行能量转换的供暖空调系统。地表浅层地热资源可以称之为地能，是指地表土壤、地下水或河流、湖泊中吸收太阳能、地热能而蕴藏的低温位热能。地表浅层是一个巨大的太阳能集热器，收集了47%的太阳能量，比人类每年利用能量的500倍还多。它不受地域、资源等限制，量大面广、无处不在。这种储存于地表浅层近乎无限的可再生能源，使得地能也成为清洁的可再生能源的一种形式。

地源热泵属经济有效的节能技术，其地源热泵的COP值（能效比）达到了4以上，也就是说消耗1kW的能量，用户可得到4kW以上的热量或冷量。地源热泵环境效益显著，其装置运行没有任何污染，可以建造在居民区内，没有燃烧或排烟，也没有废弃物产生，不需要堆放燃料废物的场地，且不用远距离输送热量。地源热泵一机多用、应用范围广，可供暖、制冷，还可供生活热水，一套系统可以替换原来的锅炉加空调的两套装置或系统；可应用于宾馆、商场、办公楼、学校等建筑，更适合于别墅住宅的采暖。地源热泵空调系统维护费用低，地源热泵的机械运动部件非常少，所有的部件不是埋在地下便是安装在室内，从而避免了室外的恶劣环境，机组紧凑、节省空间；自动控制程度高，可无人值守。

要实现制冷与制热，就需要有动力提供给地源热泵来输送制冷、制热管道中的循环水。传统机房可提供动力，但施工起来比较复杂，难度高、周期长，采购的材料种类多，需库存,漏水隐患大。针对这些问题,市场上开发了一款新型的动力输配系统设备——节能空调机房。该机房系统是将传统机房中的所有部件进行模块化集成,采用一体化安装的模式,这样施工难度大大降低且无须库存,漏水隐患大大降低,还能与主机进行联动。由此可以看出,节能空调机房可视为暖通行业的一整套解决方案。节能空调机房、水力平衡分配器、多功能水箱与地源热泵的结合为整个暖通系统增加亮点,同时在安装上也便捷了很多。施工时间、采购周期可大大缩短,人工成本也可降低。由此可见,节能空调机房与地源热泵的配合是暖通行业的发展方向之一。

6.6 水源热泵

水源热泵是利用地球表面浅层的水源,如地下水、河流和湖泊中吸收的太阳能和地热能而形成的低品位热能资源,采用热泵原理,通过少量的高位电能输入,实现低位热能向高位热能转移的一种技术。

水源热泵机组工作原理就是在夏季将建筑物中的热量转移到水源中;在冬季,则从相对恒定温度的水源中提取能量,利用热泵原理通过空气或水作为载冷剂提升温度后送到建筑物中。通常水源热泵消耗1kW的能量,用户可以得到4kW以上的热量或者冷量。水源热泵克服了空气源热泵冬季室外换热器结霜的不足,而且运行可靠性和制热效率高。

6.6.1 水源热泵的特点

水源热泵属可再生能源利用技术,水源热泵是利用了地球水体所储藏的太阳能资源作为冷热源,进行能量转换的供暖空调系统,其中可以利用的水体包括地下水或河流、地表的部分河流和湖泊以及海洋。所以说,水源热泵利用的是清洁的可再生能源的一种技术(图6-6-1~图6-6-3)。

图6-6-1 水源热泵(1)

图6-6-2 水源热泵(2)

水源热泵运行效率高、费用低、节能降耗,水源热泵机组可利用的水体温度冬季为12~22℃,比冬季室外空气温度高,所以热泵循环的蒸发温度提高,能效比也提高。与电采暖相比,设计良好的水源热泵机组可减少70%以上的电耗。水源热泵运行稳定可靠。水体的温度一年四季相对稳定,特别是地下水,其波动的范围远远小于空气的变动,是热

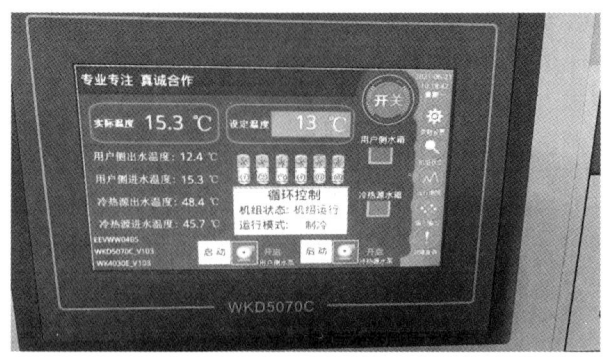

图 6-6-3 水源热泵（3）

泵很好的冷热源，因此，热泵机组运行可靠稳定，也不存在空气源热泵的冬季除霜等难点问题。

水源热泵环境效益显著，与地源热泵相似，具有无污染、不用远距离输送热量、一机多用、应用范围广等特点。特别是对于同时有供暖和供冷要求的建筑物，水源热泵有明显的优点，不仅节省了大量能源，而且减少了设备的初始投资。

水源热泵应关注可利用水源的质量。水源热泵理论上可以利用一切的水资源，但是在实际工程中，水源要求必须满足一定的温度、水量和清洁度。不同水资源的利用成本差异是相当大的，所以在不同地区寻找合适的水源成为水源热泵应用的关键之一。水源热泵应关注水层的地理结构，对于从地下取水回灌的使用，必须考虑到所用的地质结构，确保可以在经济合理的条件下打井，找到合适的水源，同时还应保持用水回灌得以实现。

投资者应关注水源热泵投资的经济性。水源热泵的运行效率较高、费用较低，但与传统的供热供冷方式相比，在不同需求条件下，其投资经济性会有所不同。据有关资料介绍，通过对水源热泵冷热水机组、空气源热泵、溴化锂直燃机、水冷冷水机组加燃油锅炉四种方案进行经济比较，水源热泵冷热水机组初始投资最小。

与锅炉和空气源热泵的供热系统相比，水源热泵具有明显的优势。水源热泵要比电锅炉加热节省 2/3 以上的电能，比燃料锅炉节省 1/2 以上的能量。由于水源热泵的热交换温度全年较为稳定，一般为 10~25℃，其制冷、制热系数可达 3.5~4.4，比空气源热泵高 40% 左右，其运行费用为普通中央空调的 50%~60%。因此，近些年来，水源热泵空调系统在国外取得了较快的发展，我国的水源热泵市场也日趋活跃，水源热泵已成为 21 世纪最有效的供热和供冷空调技术之一。

水源热泵作为一种新型的供热供冷方式，从热泵机组本身看应当是成熟的，但作为一个整体系统来推广应用时，还是存在一些问题的。

第一个问题是水源的使用政策。我国为了保护有限的水资源，制定有《中华人民共和国水法》，各个城市也纷纷制定了自己的《城市用水管理条例》，明确了用水审批、用水收费等相关政策，所以水源热泵的推广还需要考虑综合能源环保和资源，以及政府部门的支持。

第二个问题是水源的探测开采和地下水回灌技术。水源热泵的应用，首先必须了解当地的水源情况，对水源的状况进行充分的调查，确定用水方案。若利用地下水，必须考虑水源的回灌问题，且应结合当地的地质情况来考虑回灌方式。

第三个问题是水源热泵系统的设计。水源热泵系统的节能必须从政策、主机设计制造、系统的设计和运行管理统筹各个方面考虑，如果水源热泵机组可以做到利用较小的水流量提供更多的能量，但系统设计对水泵等耗能设备选型不当，也会降低系统的节能效果，或造成系统的初始投资的增加。随着我国新建住宅小区的迅速发展和居民对居住环境需求的提高，特别是环保方面的要求，水源热泵会逐步得到广泛的应用。如果水源热泵与地热开发结合起来，将使建筑采暖取得更加显著的节能效果。

6.7 新风系统

新风系统是由送风系统和排风系统组成的一套独立空气处理系统。1935年，科学家奥斯顿·淳以在经过多番尝试后发明并制造出了世界上第一台可以过滤空气污染的热交换设备，也称之为新风系统。新风系统按安装方式可分为管道式新风系统和无管道式新风系统。管道式新风系统由新风机和管道配件组成，通过新风机净化室外空气导入室内，通过管道将室内空气排出；无管道式新风系统由新风机组成，同样由新风机净化室外空气导入室内。二者对比而言，管道式新风系统由于工程量大，更适合工业或者大面积办公区使用，而无管道式新风系统因为安装方便，更适合家庭使用。

新风系统采用高风压、大流量风机、依靠机械强力由一侧向室内送风，另一侧用专门设计的排风风机向室外排出的方式强迫空气在系统内形成新风流动场（图6-7-1）。在送风的同时，新风系统可以对进入室内的空气进行过滤、消毒、杀菌、增氧和预热（冬天）。

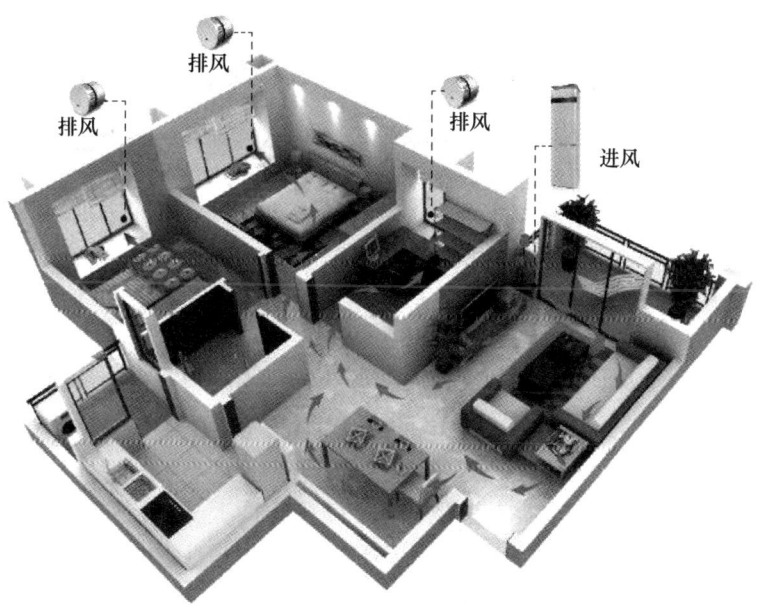

图6-7-1 新风系统原理示意（箭头为空气循环方向）

6.7.1 新风系统的原理及分类

单向流新风系统是将中央机械式排风与自然进风结合形成的多元化通风系统,由风机、进风口、排风口及各种管道和接头组成(图6-7-2)。安装在吊顶内的风机通过管道与一系列排风口相连。风机启动时,室内混浊的空气经安装在室内的吸风口排出室外,在室内形成几个有效的负压区,室内空气持续不断地向负压区流动并排出室外,室外的新鲜空气由安装在窗框上方(窗框与墙体之间)的进风口不断地向室内补充。该新风系统的送风系统无须送风管道的连接,且排风管道一般安装于过道、卫生间等有吊顶的地方,基本不额外占用空间。

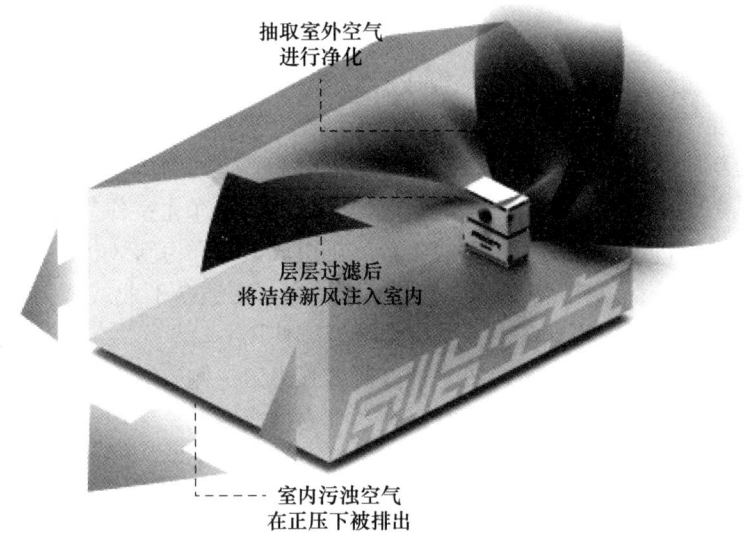

图6-7-2 单向流新风系统示意图

双向流新风系统是中央机械式送排风系统,是对单向流新风系统的有效补充。在双向流新风系统的设计中,排风主机与室内排风口的位置与单向流分布基本一致,不同的是,双向流新风系统中的新风是由新风主机送入。新风主机通过管道与室内的空气分布器相连接,新风主机不断地把室外新风通过管道送入室内,以满足人们的日常生活。排风口与新风口都带有风量调节阀,通过主机的动力完成排风与送风,实现室内通风换气。

地送风系统也是新风系统的一种类型。由于二氧化碳比空气密度大,因此越接近地面含氧量越低。从节能方面来考虑,将新风系统安装在地面会得到更好的通风效果。从地板或墙底部送风口送出的冷风在地板表面上扩散开来,形成有组织的气流组织,并且在热源周围形成浮力尾流带走热量。由于风速较低,气流组织紊动平缓,没有大的涡流,因而室内工作区空气温度在水平方向上比较一致,而在垂直方向上分层,层高越大,这种现象越明显。由热源产生的向上尾流不仅可以带走热负荷,也将污浊的空气从工作区带到室内上方,由设在顶部的排风口排出。底部风口送出的新风、余热及污染物在浮力及气流组织的驱动力作用下向上运动,所以地送风新风系统能在室内工作区提供良好的空气品质。地送风虽然有一定的优点,但也有其一定的适用条件,一般适用于污染源与发热源相关的场所,且层高不低于2.5m,此时污浊空气才易于被浮力尾流带走。该系统对房间的设计冷负荷也有一个上限,研究表明,如果有足够的空间来安装大型送风散流装置,房间冷负荷可达120W/m²,房间冷负荷过大,置换通风的动力能耗将显著加大,经济性下降。此外,地送风装置占地、占空间的问题也较为突出。

由此可见,根据新风系统安装环境的不同,选用的新风系统也会有些差异。正压送风的主要特点是直接通过动力把风送进居室内。这种系统从理论上没有太大问题,但是对流性较差。而负压通风则是通过排风机吸风,把室内的空气抽出部分,使室内空气压力小于室外气压,外界空气在大气压压力下,自动进入空间,从而在空间内形成定向、稳定的气流带。其特点主要是气流定向、稳定、与外界贯通,而不是在空间内的内循环。

新风系统按通风动力可分为自然通风、机械通风;按照通风服务范围可分为全面通风、局部通风;按气流方向可分为送(进)、排风(烟);按通风目的可分为一般换气通风、热风供暖、排毒与除尘、事故通风、防护式通风、建筑防排烟等;按动力所处的位置可分为动力集中式和动力分布式;按样式可分为立柜(落地式)、柜式、壁挂式、吊顶式。

6.7.2 新风系统的特点

新风系统功能体现在以下三个方面。第一是用室外的新鲜空气更新室内由于居住及生活过程而被污染的空气,以保持室内空气的洁净度。第二是增加体内散热及防止由皮肤潮湿引起的不舒适,此类通风可称为热舒适通风。第三是当室内气温高于室外的气温时使建筑构件降温,此类通风称为建筑的降温通风。

新风系统优势体现在以下九个方面:①不用开窗也能享受大自然的新鲜空气;②避免"空调病";③避免室内家具、衣物发霉;④清除室内装修后长期缓释的有害气体;⑤调节室内温湿度,节省取暖费用;⑥有效排除室内各种细菌、病毒;⑦静音效果好;⑧降低室内二氧化碳浓度;⑨防尘。

6.8 辐射采暖

辐射采暖是指主要依靠供热部件向围护结构内表面和室内设施辐射热量来提高房间空气温度的供暖方式。

散热器采暖是多年来建筑物内常见的一种采暖形式。随着社会经济不断向前发展,人们生活水平的不断提高,新材料、新技术日益推广应用,这种传统采暖形式的弊端日益凸显,如舒适性差、能耗大、耗钢材多、不便于热计量、不便于分户、分室控温等。而辐射采暖便是克服这些弊端的更好方式。散热器主要是靠对流方式向室内散热,对流散热量占总散热量的50%以上。而辐射采暖是利用建筑物内部顶棚、墙面、地面或其他表面进行供暖的系统。辐射采暖系统主要靠辐射散热方式向房间供应热量,其辐射散热量占总散热量的50%以上。通常将辐射采暖的散热设备称为采暖辐射板。

各种辐射采暖方式的辐射散热量在其散热量中所占的比例大约如下,顶棚式70%~75%,地板式30%~40%,墙壁式30%~60%(随辐射板在墙壁上的位置高度和墙壁温度的增加而增加)。可以看出,只有在顶棚式辐射采暖时辐射放热占较大优势。

辐射采暖有局部辐射采暖和集中全面辐射采暖两种方式。局部辐射采暖是指在室内局部区域保持一定温度而设置的辐射采暖；集中全面辐射采暖是指使整个采暖房间保持一定温度的要求而设置的辐射采暖。

6.8.1 辐射采暖的特点

辐射采暖是一种卫生条件和舒适标准都比较高的供暖形式，和对流采暖相比，它具有以下六方面特点：①对流采暖系统中，人体的冷热感觉主要取决于室内空气温度的高低，而辐射采暖时，人或物体受到辐射照度和环境温度的综合作用，人体感受的实感温度可比室内实际环境温度高2~3℃左右，即在具有相同舒适感的前提下，辐射采暖的室内空气温度可比对流采暖时低2~3℃。②从人体的舒适感方面看，在保持人体散热总量不变的情况下，适当地减少人体的辐射散热量，增加一些对流散热量，人会感到更舒适。辐射采暖时，人体和物体直接接受辐射热，减少了人体向外界的辐射散热量，且辐射采暖的室内空气温度又比对流采暖时低，正好可以增加人体的对流散热量，因此辐射采暖使人体有更加舒适的感受。③辐射采暖时，温度房间高度方向分布均匀，温度梯度小，房间的无效热量损失减小，可以减少能源消耗。④辐射采暖不需要在室内布置散热器，少占室内的有效空间，也便于布置家具。⑤辐射采暖减少了对流散热量，室内空气的流动速度降低，避免室内尘土的飞扬，有利于改善卫生条件。⑥辐射采暖比对流采暖的初始投资高。

辐射采暖除用于住宅和公用建筑之外，还广泛用于空间高大的厂房和对洁净度有特殊要求的场合，如精密装配车间等。

6.8.2 辐射采暖的热媒

辐射采暖的热媒可使用热水、空气、蒸汽和电。用蒸汽作热媒的特点是升温快，混凝土板易出现裂缝；不能采用集中质调节。混凝土板热惰性大，与蒸汽迅速加热房间的特点不相适应。用热空气作热媒的特点是将墙板或楼板内的空腔作风道，使建筑结构厚度增加。用电作热媒的特点是用电加热的辐射板，板面温度容易控制，调节方便，但要消耗电能。用热水作热媒的特点是升温慢，混凝土板不易出现裂缝，可以采用集中质调节。大多数的民用建筑和公共建筑的地热采暖，均以低温热水作为热媒进行采暖。

6.8.3 辐射采暖的分类

辐射采暖根据其辐射板面温度、辐射板构造、辐射板位置、热媒种类、与建筑物的结合关系等情况，可分成多种形式。

按照板面温度，辐射采暖可分为低温辐射、中温辐射、高温辐射。低温辐射的板面温度低于80℃，中温辐射的板面温度为80~200℃，高温辐射的板面温度高于200℃。

按照辐射板构造，辐射采暖可分为埋管式、风道式、组合式。埋管式是将直径15~32mm的管道埋置于建筑结构内构成辐射表面；风道式是利用建筑构件的空腔，使热空气在其间循环流动构成辐射表面；组合式是利用金属板焊以金属管组成辐射板。

按照辐射板位置，辐射采暖可分为顶棚式、墙壁式、地板式。顶棚式是以顶棚作为辐射采暖面，加热元件镶嵌在顶棚内的低温辐射采暖；墙壁式是以墙壁作为辐射采暖面，加热元件镶嵌在墙壁内的低温辐射采暖；地板式是以地板作为辐射采暖面，加热元件镶嵌在地板内的低温辐射采暖。

按照热媒种类,辐射采暖可分为低温热水式、高温热水式、蒸汽式。低温热水式的热媒水温低于100℃;高温热水式的热媒水温等于或高于100℃;蒸汽式是以蒸汽(高压或低压)为热媒。

按照与建筑物的结合关系,辐射采暖可分为整体式、贴附式、悬挂式。整体式的特点是辐射板与建筑物结合在一起;贴附式的特点是辐射板贴附于建筑物结构表面;悬挂式的特点是辐射板悬挂于建筑物结构上。

思考题

1. 建筑智能化有何特点?
2. 污水资源化有何特点?
3. 何为废热?
4. 热回收有何特点?
5. 热回收装置有何特点?
6. 地源热泵系统有何特点?
7. 水源热泵有何特点?
8. 新风系统有何特点?
9. 辐射采暖有何特点?
10. 试述近年来我国环境调节技术领域的创新和突破。

第7章 绿色建筑设计要求

7.1 宏观原则

所谓绿色建筑，是指在建筑的全寿命周期内，最大限度地节约资源（节能、节地、节水、节材）、保护环境和减少污染，为人们提供健康、舒适和高效的使用空间，与自然和谐共生的建筑。绿色建筑增量成本是指与满足现行国家和地方标准的基准建筑相比，因实施绿色建筑理念和策略而产生的投资成本的变化。增量成本的数值既可以是正的，也可以是负的，表示投资成本的增加值或减少值。环境承载力是指在某一时空条件下，区域生态系统所能承受的人类活动的阈值，包括土地资源、水资源、矿产资源、大气环境、水环境、土壤环境以及人口、交通、能源、经济等各个系统的生态阈值。建筑全寿命周期是指从建筑物的选址、设计、建造、使用与维护到拆除建筑、处置废弃建筑材料的整个过程。

绿色建筑设计应贯彻执行节约资源和保护环境的国家技术经济政策，应有助于建筑业的可持续发展。新建、改建和扩建工程都应该遵循绿色建筑的设计理念。绿色建筑设计应统筹考虑建筑全寿命周期内节能、节地、节水、节材、保护环境、满足建筑功能之间的辩证关系，体现经济效益、社会效益和环境效益的统一。绿色建筑的设计应符合国家现行有关标准的规定。

绿色建筑设计应综合考虑建筑全寿命周期的技术与经济特性，采用有利于促进建筑与环境可持续发展的场地、建筑形式、技术、设备和材料。绿色建筑设计应体现共享、平衡、集成的理念，规划、建筑、结构、给水排水、暖通空调、电气与智能化、经济等各专业应紧密配合。绿色建筑设计应遵循因地制宜的原则，结合建筑所在地域的气候、资源、生态环境、经济、人文等特点进行。方案设计阶段应进行绿色建筑设计策划。方案和初步设计阶段的设计文件应有绿色建筑设计专篇，施工图设计文件中应注明对绿色建筑施工与建筑运营管理的技术要求。绿色建筑设计专篇中一般应包括以下三方面内容：①工程的绿色目标与主要策略、符合的绿色施工的工艺要求以及确保运行达到设计的绿色目标的建筑使用说明书。②绿色建筑设计应在设计理念、方法、技术应用等方面进行创新，有条件时优先采用被动式技术手段实现设计目标；各专业宜利用现代信息技术协同设计；应通过精细化设计提升常规技术与产品的功能；新技术应用应进行适宜性分析。③设计阶段宜定量分析并预测建筑建成后的运行状况，并设置监测系统；另外，在设计创新的同时，应保证建筑整体功能的合理落实，同时确保结构、消防等基本安全要求。

7.2 绿色建筑的设计策划

7.2.1 策划目标

设计策划应明确绿色建筑的项目定位、建设目标及对应的技术策略、增量成本与效益分析。绿色建筑设计应采用本土、适宜的技术，以有效地控制成本；应采用性能化、精细化与集成化的设计方法，对设计方案进行定量验证、优化调整与造价分析，保证在全寿命周期费用经济合理的前提下，有效控制建设工程造价。绿色建筑提倡在资源节约和高效利用方面增加资金投入以改善建筑性能，减少排放，保护环境，同时可以通过减少不必要的纯装饰费用，合理配置资源与空间，来降低造价。绿色建筑在总投资上未必一定需要增加费用，主要依据项目特征和目标而定。效益分析包括经济、环境和社会效益三个方面。

策划目标应包括以下几方面内容：拟达到的绿色建筑评价标准或其他绿色建筑相关标准的相应等级；节地与室外环境的目标；节能与能源利用的目标；节水与水资源利用的目标；节材与材料资源利用的目标；室内环境质量的目标；运营管理的目标。

7.2.2 策划内容

绿色建筑策划应包括以下五方面内容，即前期调研、项目定位与目标分析、绿色建筑技术方案与实施策略分析、绿色措施经济技术可行性分析、编制项目策划书。绿色建筑项目前期策划流程如图7-2-1所示。设计策划是知识管理和创新增值的过程。通过策划，可以对项目开发中的各个方面进行充分调查和研究，制定方案，为项目实施中的控制提供目标和途径。

绿色建筑策划的前期调研应包括场地分析、市场分析和社会环境分析。场地分析应包括地理位置、场地生态环境、场地气候环境、地形地貌、场地周边环境、道路交通和市政基础设施规划条件等。市场分析应包括建设项目的功能要求、市场需求、使用模式、技术条件等。社会环境分析应包括区域资源、人文环境和生活质量、区域经济水平与发展空间、周边公众的意见与建议、当地绿色建筑的激励政策情况等。

绿色建筑的项目定位与目标分析应包括三个分析项目的自身特点和要求、分析绿色建筑评价标准相关等级的要求以及确定适宜的实施目标。根据项目前期调研成果和明确的绿色建筑目标，制定项目绿色建筑技术方案与实施策略，并宜满足以下四条要求：①选用适宜的、被动的技术；②选用集成技术；③选用高性能的建筑产品和设备；④对现有条件不满足绿色建筑目标的，采取补偿措施。绿色建筑技术方案的可行性分析应包括技术可行性分析、经济性分析、效益分析和风险分析。项目策划阶段应编制绿色建筑项目策划书。

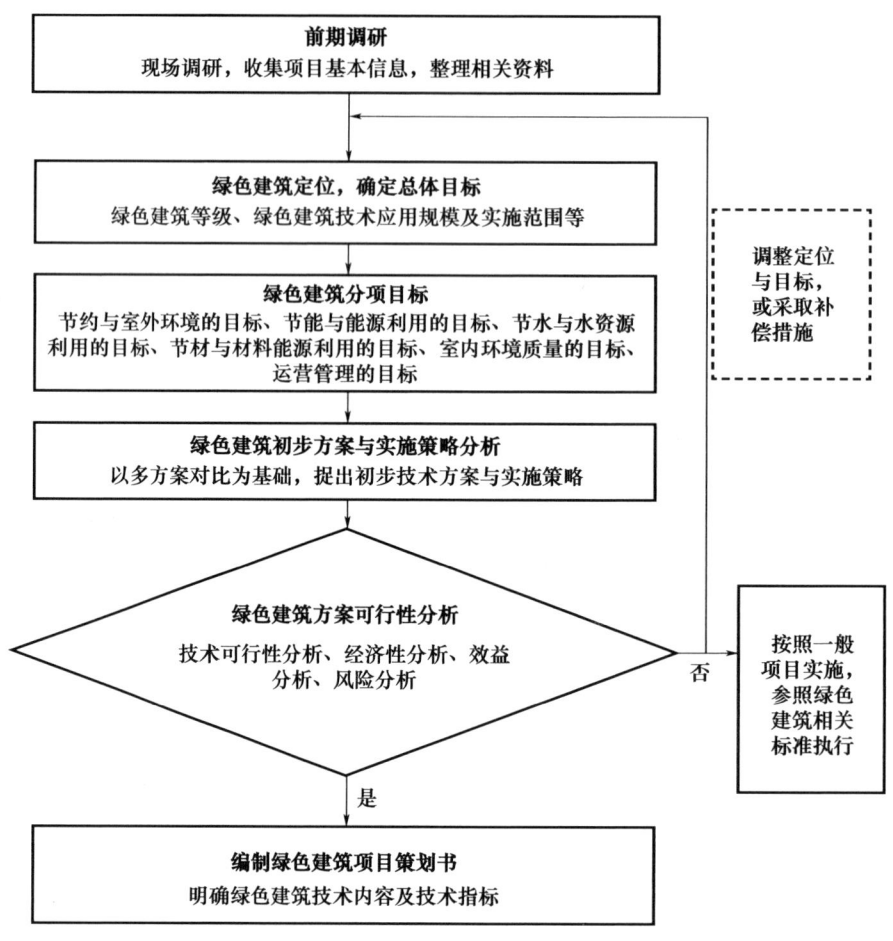

图 7-2-1 绿色建筑项目前期策划流程图

7.3 绿色建筑的场地与室外环境要求

7.3.1 基本要求

场地规划应符合城乡规划的要求。场地资源利用不应超出环境承载力,应通过控制场地开发强度,并采用适宜的场地资源利用技术,满足场地和建筑可持续运营的要求;应提高场地空间的利用效率和场地周边公用设施的资源共享;应协调场地规划和室外环境的关系,优化建筑规划或进行场地环境生态补偿。生态补偿是指对场地整体生态环境进行改造、恢复和建设,以弥补开发活动引起的不可避免的环境变化影响。室外环境的生态补偿重点是改造、恢复场地自然环境,通过采取植物补偿等措施,改善环境质量,减少自然生态系统对人工干预的依赖,逐步恢复系统自身的调节功能并保持系统的健康稳定,保证人工—自然复合生态系统的良性发展。

7.3.2 场地要求

绿色建筑的场地应优先选择已开发用地或再生用地。宜选择具备良好市政基础设施的场地，并应根据市政条件进行场地建设容量的复核。

进行场地再生利用时，应满足以下四条要求：①对原有的工业用地、垃圾填埋场等可能存在健康安全隐患的场地，进行土壤化学污染检测与再利用评估；②对原有的盐碱场地盐碱度进行检测与改良评估；③根据场地及周边地区环境影响评估和全寿命周期成本评价，选择场地改造或土壤改良的措施；④改造或改良后的场地应满足现行国家相关标准的要求。

场址应安全可靠并应满足以下四个方面要求：①避开可能产生洪水、泥石流、滑坡等自然灾害的场址；②避开地质断裂带、易液化土、人工填土等不利于建筑抗震的地段；③避开容易产生风切变①的场地；④当场地选择不能避开上述安全隐患时，应采取措施保证场地对可能产生的自然灾害或次生灾害有充分的抵御能力。

场址环境质量应有利于人的安全健康，并应满足以下三条要求：①场地大气质量应符合现行国家相关标准的要求，且场地周边500m范围内无排放超标的污染源；②场地周边电磁辐射水平应符合现行国家电磁辐射防护相关标准的要求；③场地土壤中氡浓度的测定及防护应符合现行国家相关标准的要求。

7.3.3 场地资源利用与生态环境保护

绿色建筑规划前期，在场地资源利用和生态环境保护方面，应从以下五方面进行调研与评估。

1) 应对场地内外可资利用的自然资源、市政基础设施和公共服务设施进行调查与利用评估，并应满足以下五方面要求：①宜保持和利用原有地形、地貌，当需要进行地形改造时，应采取合理的改良措施，保护和提高土地的生态价值；②应保护和利用地表水体，禁止破坏场地与周边原有水系的关系，应采取措施保持地表水的水量和水质；③应调查场地内表层土壤质量，当表层土被开挖或可能遭破坏时，应采取妥善回收、保存和利用无污染的表层土的措施；④应充分利用场地及周边已有的市政基础设施和公共服务设施；⑤应合理规划和适度开发场地地下空间，并应采取保护地下水体补充路径的措施。

2) 应对可资利用的可再生能源进行勘查与利用评估，并应满足以下四方面要求：①利用地下水资源时，应取得政府相关部门的许可，并应对地下水系和形态进行评估，采取措施防止场地污水渗漏对地下水的污染；②利用地热能时，应对地下土壤分层、温度分布和渗透能力进行调查，评估地源能开采对地下动物、植物或生物生存环境的影响；③利用太阳能时，应对场地内太阳能利用条件等进行调查和评估；④利用风能时，应对场地及

---

① 风切变（wind shear）简单的定义是空间任意两点之间风向和风速的突然变化，属于气象学范畴的一种大气现象。除了大气运动本身的变化所造成的风切变外，地理、环境因素也容易造成风切变，或两者综合而成。这里的地理、环境因素主要是指山地地形、水陆界面、高大建筑物、成片树林以及其他自然的和人为的因素，这些因素也能引起风切变现象，其风切变状况与当时的盛行风状况（方向和大小）有关，也与山地地形的大小、复杂程度、迎风背风位置，水面的大小和建筑场地离水面的距离，建筑物的大小、外形等有关。一般山地高差大，水域面积大、建筑物高大，不仅容易产生风切变，而且其强度也较大。

其周边风力资源和风能利用对场地声环境的影响进行调查和评估，风力发电设施的选型及安装应避免噪声干扰。

3) 应对场地的生物资源情况进行调查，保护场地及周边的生态平衡和生物多样性，并应满足以下四条要求：①应调查场地内的植物资源，宜保留和利用场地原有植被，对古树名木采取保护措施；②应调查场地及周边地区的动物资源分布和动物活动规律，规划有利于动物跨越迁徙的生态走廊；③应保护原有湿地，可根据场地特征和生态要求规划新的湿地；应采取措施恢复或补偿场地及周边地区原有的生物生存条件。

4) 应进行场地雨水利用的评估和规划，减少场地雨水径流量，并应满足以下四条要求：①应采取措施加强雨水渗透对地下水的补给，保持地下水自然涵养能力；②应因地制宜地采取雨水收集与利用措施；③应进行雨洪保护规划，保持和利用河道、景观水系的容纳能力；④应进行水土保持规划，采取避免水土流失的措施。

5) 应对场地内既有建筑的利用进行规划，合理规划场地内垃圾收集及回收利用的场所或设施，采取垃圾分类的收集方式。

7.3.4 场地规划与室外环境

场地光环境应满足以下三方面要求：①居住区场地和建筑规划应保证公共活动区域和公共绿地大寒日不小于1/3的区域获得符合日照标准的阳光；②应合理地进行场地和道路照明设计，室外照明不应对住宅外窗产生直射光线，场地和道路照明不得有直射光射入空中，宜控制地面反射光的眩光限值符合现行国家相关标准的规定；③玻璃幕墙的设计与选材应能有效避免光污染。

场地风环境应满足以下三条要求：①建筑规划布局应营造良好的风环境，保证舒适的室外活动空间和良好的室内自然通风条件，减少气流对区域微环境和建筑本身的不利影响，营造良好的夏季和过渡季自然通风条件；②在寒冷和严寒地区，建筑规划时应避开冬季不利风向，并宜通过设置防风墙、板、植物防风带、微地形等挡风措施来阻隔冬季冷风；③应进行场地风环境典型气象条件下的模拟预测，优化建筑规划布局。建筑布局会产生二次风和再生风，同时局部会有风速急剧增加的情况，风速 V 和人的直接感觉的关系见表7-3-1，计算机模拟辅助设计是解决复杂布局条件下风环境评估和预测的有效手段。

表7-3-1 风速和人的直接感觉的关系

风速	$V<5m/s$	$5m/s \leqslant V<10m/s$	$10m/s \leqslant V<15m/s$	$15m/s \leqslant V<20m/s$	$V>20m/s$
人的直接感觉	舒适	不舒适，行动受到影响	很不舒适，行动受到严重影响	不能忍受	危险

场地声环境设计应符合现行国家标准《声环境质量标准》（GB 3096）的要求；应对场地周边的噪声现状进行检测，对项目实施后的环境噪声进行预测。当存在超过标准的噪声源时，采取以下三条措施：①噪声敏感建筑物应远离噪声源；②对固定噪声源应采用适当的隔声和降噪措施；③对交通干道的噪声采取声屏障或降噪路面等措施。不同区域环境噪声标准见表7-3-2，其中，0类是指疗养院、高级别墅区、高级宾馆，1类是指居住、文化机关为主的区域，2类是指居住、商业、工业混杂区，3类是指工业区，4类是指城市

中的道路干线两侧区域。

表 7-3-2　不同区域环境噪声标准（单位：dB）

类别	0	1	2	3	4
昼间	50	55	60	65	70
夜间	40	45	50	55	55

场地设计宜采取以下四方面措施降低热岛效应：①应种植高大落叶乔木为停车场、人行道和广场等提供遮阳；②宜采用浅色、反射率 0.3～0.5 的地面材料，反射率 0.3～0.6 的屋面材料，建筑物表面宜采用浅色；③宜采用立体绿化、复层绿化，合理进行植物配置，设置渗水地面，优化水景设计；④宜采用模拟技术预测分析夏季典型日的热岛强度和室外热舒适性，优化规划设计方案。

场地交通设计应满足以下三方面要求：①规划建设场地出入口与外界交通联系方便，人员出行便利；②场地内可规划出租车站、自行车修理服务站等公共交通设施用地，或规划与周边交通设施便捷连通的通道；③停车设施及相关公共设施宜对外开放。

场地绿化景观设计应满足以下六方面要求：①场地内可绿化用地宜全部采用绿色植物覆盖，宜采用垂直绿化和屋顶绿化等立体绿化方式；②当场地栽植土壤条件影响植物正常生长时，应进行土壤改良；③种植设计应符合场地使用功能、绿化安全间距、绿化效果及绿化维护的要求；④应选择适应当地气候和场地种植条件、易维护、耐旱的乡土植物，不应选择易产生飞絮、有异味、有毒、有刺等对人体健康不利的植物；⑤宜根据场地环境进行复层种植设计，上下层植物应符合植物的生态习性要求，应优化草、灌木的位置和数量，宜增加乔木的数量；⑥室外活动场地、道路铺装材料的选择除应满足场地功能要求外，宜选择透水性铺装材料及透水铺装构造。

7.4　绿色建筑的建筑设计与室内环境要求

7.4.1　基本要求

建筑设计应按照被动优先的原则，充分利用自然采光、自然通风，采用围护结构保温、隔热、遮阳等措施；应根据建筑所在地区气候条件的不同，采用最佳朝向或接近最佳朝向；当建筑处于不利朝向时，应做补偿设计。全国部分地区建筑朝向见表 7-4-1。

表 7-4-1　全国部分地区建筑朝向表

地区	最佳朝向	适宜朝向	不宜朝向
北京	南至南偏东 30°	南偏东 45°范围内 南偏西 35°范围内	北偏西 30°～60°
上海	南至南偏东 15°	南偏东 30°，南偏西 15°	北、西北
石家庄	南偏东 15°	南至南偏东 30°	西

续表

地区	最佳朝向	适宜朝向	不宜朝向
太原	南偏东15°	南偏东10°~60°	西北
呼和浩特	南至南偏东15° 南至南偏西15°	东南、西南0°~35°	北、西北
哈尔滨	南偏东15°~20°	南至南偏东15° 南至南偏西15°	西北、北
长春	南偏东30° 南偏西10°	南偏东45° 南偏西45°	北、东北、西北
沈阳	南、南偏东20°	南偏东10°~60° 南偏西10°~60°	东北、西北
济南	南、南偏东10°~15°	南偏东30°	西偏北5°~10°
南京	南、南偏东15°	南偏东25° 南偏西10°	西、北
合肥	南偏东5°~15°	南偏东15° 南偏西5°	西
杭州	南偏东10°~15°	南、南偏东30°	北、西
郑州	南偏东15°	南偏东25°	西北
武汉	南、南偏西15°	南偏东15°	西、西北
长沙	南偏东6°~12°	南	西、西北
重庆	南偏东30°至南偏西30°范围内	南偏东45°至南偏西45°范围内	西、西北
福州	南、南偏东5°~10°	南偏东20°~30°	西
深圳	南偏东15°至南偏西15°范围内	南偏东45°至南偏西30°范围	西、西北

建筑朝向受各方面条件的制约，所以建筑有时不能均处于最佳或适宜朝向。当建筑采取东西向和南北向拼接时，必须考虑两者接受日照的程度和相互遮挡的关系，对朝向不佳的建筑可增加以下三种补偿措施：①将次要房间放在西面，适当加大西向房间的进深；②在西边设置进深较大的阳台，不让太阳一晒到底，同时减小西窗面积，设遮阳设施，在西窗外种植枝大叶茂的落叶乔木；③严格避免纯朝西户的出现，并组织好穿堂风，利用晚间通风带走室内余热。

建筑设计宜综合考虑场地内外建筑日照、自然通风与噪声要求等因素，根据场地条件、建筑布局和周围环境，确定适宜的建筑形体；宜利用计算机日照模拟分析，以建筑周边场地以及既有建筑为边界前提条件，确定满足建筑物最低日照标准的最大形体与高度，并结合建筑节能和经济成本权衡分析。夏热冬冷和夏热冬暖地区宜通过改变建筑形体，如合理设计底层架空或空中花园，改善后排住宅的通风。建筑单体设计时，在场地风环境分析的基础上，宜通过调整建筑长宽高比例，使建筑迎风面压力合理分布，避免背风面形成涡旋区，并可适度采用凹凸面设计增加湿周，降低下沉风速。建筑造型宜与隔声降噪有机结合，可利用建筑裙房或底层凸出设计等遮挡沿路交通噪声，且面向交通主干道的建筑面宽不宜过宽。

建筑造型应简约并符合建筑功能和技术的要求，结构及构造应合理，不宜采用纯装饰性构件。

7.4.2 空间合理利用

建筑设计应提高空间利用效率，提倡建筑空间与设施的共享，在满足使用功能的前提下，尽量减少交通等辅助空间的面积；应选择适宜的开间和层高，考虑功能变化的预期需求；应根据使用功能要求，充分利用外部自然条件，将人员长期停留的房间布置在有良好日照、采光、自然通风和视野的位置，空间布置应避免视线干扰。室内环境需求相同或相近的空间宜集中布置，有噪声、振动、电磁辐射、空气污染的房间应远离有安静要求、人员长期居住或工作的房间或场所，如相邻设置时，必须采取可靠的措施。设备机房、管道井宜靠近负荷中心布置；机房、管道井的设置应便于设备和管道的维修、改造和更换。

设电梯的公共建筑，应设计便于日常使用的楼梯，该楼梯底层应靠近建筑主出入口及门厅，各层均应靠近电梯等候梯厅，楼梯（间）入口应设清晰易见的指示标志，楼梯间在地面以上各层宜有自然通风和采光。

建筑设计应为绿色出行提供便利，应有便捷的自行车库，有条件的应设置配套淋浴、更衣设施；建筑出入口的设置位置应方便利用公共交通及步行者进出；宜设置公共步行通道、公共活动空间、架空层等开放空间，公共开放空间应设置完善的无障碍设施，且考虑全天候的使用需求。

7.4.3 日照和自然采光

规划与建筑单体设计时，应满足现行国家标准《城市居住区规划设计标准》（GB 50180）对日照的要求，使用日照软件模拟进行日照分析，充分利用自然采光。房间的有效采光面积和采光系数除应符合国家现行标准《民用建筑设计统一标准》（GB 50352）和《建筑采光设计标准》（GB 50033）的要求外，尚应符合以下五条要求，即居住建筑的公共空间宜自然采光，其采光系数不宜低于0.5%；办公、宾馆类建筑75%以上的主要功能空间室内采光系数不宜低于现行国家标准《建筑采光设计标准》（GB 50033）的要求；地下空间宜自然采光，其采光系数不宜低于0.5%；利用自然采光时应避免产生眩光；设置遮阳措施时应满足日照和采光标准的要求。

可采用以下两条措施改善室内的自然采光效果：①采用采光井、采光天窗、下沉广场、半地下室等措施；②采用反光板、散光板、集光导光设备等措施。

7.4.4 自然通风

建筑物的平面布局、空间组织、剖面设计和门窗设置，应有利于组织室内自然通风；宜对建筑室内风环境进行计算机模拟，优化自然通风系统方案。主要房间宜迎向夏季主导风向，宜采用穿堂通风，避免单侧通风。

当采用穿堂通风时，宜满足以下五条要求：①使进风窗迎向主导风向，排风窗背向主导风向；②通过建筑造型或窗口设计等措施加强自然通风，增大进、排风窗空气动力系数的差值；③当由两个和两个以上房间共同组成穿堂通风时，房间的气流流通面积宜大于进排风窗面积；④由一套住房共同组成穿堂通风时，卧室、起居室应为进风房间，厨房、卫生间应为排风房间，进行建筑造型、窗口设计时应使厨房、卫生间窗口的空气动力系数小于其他房间窗口的空气动力系数；⑤利用穿堂风进行自然通风的建筑，其迎风面与夏季最多风向宜呈60°～90°，且不应小于45°。

当无法采用穿堂通风而采用单侧通风时，宜满足以下五条要求：①通风窗所在外窗与主导风向间夹角宜为40°～65°；②应通过窗口及窗户设计，在同一窗口上形成面积相近的下部进风区和上部排风区，并宜通过增加窗口高度以增大进、排风区的空气动力系数差值；③窗户设计应使进风气流深入房间；④窗口设计应防止其他房间的排气进入本房间窗口；⑤宜利用室外风驱散房间排气气流。

严寒、寒冷地区与夏热冬冷地区的自然通风设计应考虑冬季防寒措施，应避免冬季因为自然通风导致室内热量的流失，如设置门斗、自然通风器、双层玻璃幕墙等对新风进行预热；应合理设计外窗的位置、方向和开启方式，外窗的开启面积应满足现行国家和地方相关标准和规范的要求。

加强建筑内部的自然通风可采用以下三方面措施：①建筑中可采用导风墙、捕风窗、拔风井、太阳能拔风道等诱导气流的措施；②设有中庭的建筑宜在适宜季节利用烟囱效应引导热压通风；③住宅建筑可设置通风器，有组织地引导自然通风。加强地下空间的自然通风可采用以下三条措施：①设计可直接通风的半地下室；②地下室局部设置下沉式庭院；③地下室设置通风井、窗井。此外，在室外环境不利时应考虑自然通风措施；当采用通风器时，应有方便灵活的开关调节装置，应易于操作和维修，宜有过滤和隔声措施。

7.4.5 围护结构

建筑体形系数、窗墙面积比、围护结构热工性能、外窗气密性、屋顶透明部分面积比等应符合国家和地方建筑节能设计相关标准的要求。除严寒地区外，主要功能空间的外窗夏季的热负荷较大时，该外窗应采取外遮阳措施，并应对夏季遮阳和冬季阳光利用进行综合分析，其中，西向外窗宜设置活动外遮阳。

墙体设计应满足以下六条要求：①严寒、寒冷地区与夏热冬冷地区外墙出挑构件及附墙部件等部位应保证保温层闭合，以避免出现热桥；②外墙外保温的窗户周边及墙体转角等应力集中部位应采取增设加强网等措施防止裂缝；③夹芯复合保温外墙上的钢筋混凝土梁、板处应采用保温隔热措施；④夹芯复合保温外墙的内侧宜采用热惰性较好的重质密实材料；⑤非采暖房间与采暖房间的隔墙和楼板应设置保温层；⑥温度要求差异较大或空调、采暖时段不同房间之间宜有保温隔热措施。

外墙设计可采用以下四类保温隔热措施：①采用自身保温性能好的外墙材料；②夏热冬冷地区和夏热冬暖地区外墙采用浅色饰面材料；③外墙设置通风间层；④夏热冬冷地区及夏热冬暖地区东、西向外墙采取遮阳措施。外窗设计应满足以下三条要求：①外窗或幕墙与外墙之间缝隙应采用保温、密封材料填实；②采用外墙保温时，窗洞口相应周边墙面应做保温处理；③金属窗和幕墙型材应采取断热措施。

屋顶设计可采用以下五类保温隔热措施：①屋面选用浅色屋面或热反射型涂料；②平屋顶设置架空通风层，坡屋顶设置可通风的阁楼层；③设置屋顶绿化；④屋面设置遮阳措施；⑤设置蓄水屋面。

7.4.6 室内声环境

建筑室内的允许噪声级别、围护结构的空气声隔声标准及楼板撞击声隔声标准应满足现行国家标准《民用建筑隔声设计规范》（GB 50118）的要求。毗邻城市交通干道的建筑应加强外墙、外窗的隔声性能。下列三类场所的顶棚、楼面、墙面和门窗宜采取吸声和隔声措施，即学校、医院、旅馆、办公楼建筑的走廊及门厅等人员密集场所，车站、体育场馆、商业中心等大型建筑的人员密集场所，以及空调机房、通风机房、发电机房、水泵房等有噪声污染的设备用房。

采用浮筑楼板、弹性面层、隔声吊顶、阻尼板等措施可加强楼板撞击声隔声性能。屋面板采用轻型屋盖时，宜采用防止雨噪声的措施。建筑应选用低噪声设备，设备、管道应采用有效的减振、隔振、消声措施；对产生振动的设备基础应采取隔振措施。基础隔振主要是消除设备沿建筑构件的固体传声，是通过切断设备与设备基础的刚性连接来实现的。目前国内的减振装置主要包括弹簧和隔振垫两类产品。基础隔振装置宜选用定型的专用产品，并按其技术资料计算各项参数，对非定型产品，应通过相应的试验和测试来确定其各项参数。管道减振主要是通过管道与相关构件之间的软连接来实现的。与基础减振不同，管道内的介质振动的再生贯穿整个传递过程，所以管道减振措施也一直延伸到管道的末端。管道与楼板或墙体之间采用弹性构件连接，可以减少噪声的传递。

暖通空调系统噪声一般是建筑室内背景噪声的主要组成部分，该类噪声过高则影响人们正常的谈话和交流，甚至影响身体健康；该类噪声过低，过分安静的室内环境会使人们听到不必要的噪声和其他房间的谈话。降低该类噪声可选用低噪声的暖通空调设备系统。采用管道回风系统时，回风口直接临近室外或隔壁房间，则必须做好相应的隔声和消声措施。同一隔断或轻质墙体两侧的空调系统控制装置应错位安装，不可贯通。根据相邻房间的安静要求，应对机房采取合理的吸声和隔声、隔振措施。管道系统的隔声、消声和隔振措施应根据实际要求进行合理设计。空调系统、通风系统的管道必须设置消声器，靠近机房的固定管道应做减振处理，管道的悬吊构件与楼板之间应采用弹性连接；管道穿过墙体或楼板时应设减振套管或套框，套管或套框内径大于管道外径至少50mm。

给排水系统可通过以下四种方式降低噪声：①合理选择排水管材，当采用塑料管材时选择内壁带螺旋塑料管、芯层发泡管等隔声塑料的排水管材，可在一定程度上降低噪声；②合理选择坐便器冲水方式，坐便器的冲水方式分为虹吸式、冲落式和半虹吸式三种，虹吸式冲水产生的噪声在各种冲水方式中最小，应优先采用；③合理确定给水管管径，《建筑给水排水设计标准》（GB 50015）中明确规定，当住户有降低噪声要求时，生活给水管径为15～20mm时，管道内的水流速度宜小于1.0m/s，管径介于25～40mm时，管道内的水流速度宜小于1.2m/s，管径为50～70mm时，管道内的水流速度宜小于1.5m/s；④降低水泵房噪声，选择低转速（1450转/分）水泵、屏蔽泵或其他有消音作用的低噪声水泵，水泵基础设减振器、橡胶隔振垫等，与水泵连接的管道，管道吊架采用弹性吊架，水泵出水管上设缓闭式止回阀，在水泵进出管上装设柔性接头。

电梯机房及井道应避免与有安静要求的房间相邻，当受条件限制而紧邻布置时，应采取以下三种隔声降噪措施，即电梯机房墙面及顶棚应做吸声处理，门窗应选用隔声门窗，地面应做隔声处理；电梯井道与安静房间之间的墙体做隔声构造处理；电梯设备应采取减振措施。

7.4.7 室内空气质量

室内装修设计宜进行室内空气质量预评价。室内装饰装修材料必须满足相应现行国家标准的要求，材料中醛、苯、氨、氡等有害物质必须符合国家现行标准《建筑材料放射性核素限量》（GB 6566）和《民用建筑工程室内环境污染控制标准》（GB 50325）等的要求。吸烟室、复印室、打印室、垃圾间、清洁间等产生异味或污染物的房间应独立设置。公共建筑的主要出入口应设置具有截尘功能的固定设施。此外，可采用改善室内空气质量的功能材料。

7.4.8 建筑工业化

绿色建筑宜采用工业化装配式体系或工业化部品，可选择以下两类构件或部品：一是预制混凝土构件、钢结构构件等工业化生产程度较高的构件；二是整体厨卫、单元式幕墙、装配式隔墙、多功能复合墙体、成品栏杆、雨篷等建筑部品。工业化装配式体系主要包括预制混凝土体系（由预制混凝土板、柱等构件组成）、钢结构体系（在工厂生产加工、现场连接组装的方式）、复合木结构等及其配套产品体系。工业化部品包括装配式隔墙、复合外墙、整体厨卫等以及成品门、窗、栏杆、百叶、雨棚、烟道以及水、暖、电、卫生设备等。

为实现建筑工业化，宜遵循模数协调统一的设计原则，住宅、宾馆等建筑宜进行标准化设计，包括平面空间、建筑构件、建筑部品的标准化设计；宜采用现场干式作业的技术及产品，采用工业化的装修方式；现浇混凝土应选用预拌混凝土，砌筑、抹面砂浆宜选用预拌砂浆；宜采用结构构件与设备、装修分离的方式。

7.4.9 延长建筑寿命

绿色建筑设计宜考虑建筑使用功能变化及空间变化的适应性。频繁使用的活动配件应选用长寿命的产品，考虑部品组合的同寿命性；不同使用寿命的部品组合在一起时，其构造应便于分别拆换更新和升级。建筑外立面应选择耐久性好的外装修材料和建筑构造，并宜设置便于建筑外立面维护的设施。结构设计使用年限不应小于现行国家标准《建筑结构可靠性设计统一标准》（GB 50068）的规定，结构构件的抗力及耐久性应满足相应设计使用年限的要求。

新建建筑宜适当提高结构的可靠性及耐久性水平，包括荷载设计标准、抗风压及抗震设防水准等。达到或即将达到结构设计使用年限的建筑，应根据国家现行有关标准的要求，进行结构安全性、适用性、耐久性等结构可靠性评定；根据结构可靠性评定要求，采取必要的加固、维护处理措施后，可按评估使用年限继续使用。改扩建工程宜保留原建筑的结构构件，并应对原建筑的结构构件进行必要的维护加固。因建筑功能改变、结构加层、改建、扩建，导致建筑整体刚度及结构构件的承载力不能满足现行结构设计规范要求，或需提高抗震设防标准等级时，应优化结构整体及结构构件的加固方案，并应优先采用结构体系加固方案。

7.5 绿色建筑的建筑材料要求

7.5.1 基本要求

绿色建筑设计应节省材料的用量，提高材料的使用效率。严禁采用高耗能及污染超标的材料，应选用对人的生理和心理健康有益的材料。选用建筑材料应综合考虑其各项指标对绿色目标的贡献，设计文件中应注明与实现绿色目标有关的材料及其性能指标，并与相关计算一致。

7.5.2 节材

在满足功能的前提下，绿色建筑设计应控制建筑规模与空间体量，一方面，建筑体量宜紧凑集中；另一方面，在满足功能的前提下，宜采用较低的建筑层高。建筑、结构、设备与室内装饰应进行一体化设计。一体化设计是节省材料用量的重要手段之一。土建和装修一体化设计可以事先统一进行建筑构件上的孔洞预留和装修面层固定件的预埋，避免在装修施工阶段对已有建筑构件打凿、穿孔，既保证了结构的安全性，又减少了噪声和建筑垃圾。一体化设计可减少材料消耗，并降低装修成本。同时，一体化设计也应考虑用户个性化的需求。

在保证安全性与耐久性的情况下，绿色建筑设计应通过优化结构设计控制材料的用量，并应符合下列五条要求：①根据受力特点选择材料用量较少的结构体系；②在高层和大跨度结构中，合理采用钢结构、钢与混凝土混合结构，以及钢与混凝土组合构件；③对于由变形控制的钢结构应首先调整并优化钢结构布置和构件截面、增加钢结构刚度，对于由强度控制的钢结构应优先选用高强钢材；④在较大跨度混凝土楼盖结构中，合理采用预应力混凝土技术，现浇混凝土空心楼板等技术；⑤宜采用节材节能一体化的新型结构体系。

绿色建筑设计应合理采用高性能结构材料，并应符合下列三条规定：①高层混凝土结构的墙柱及大跨度结构的水平构件宜采用高强高性能混凝土；②高层钢结构和大跨空间结构宜选用轻质高强钢材；③受力钢筋宜选用高强钢筋。

7.5.3 材料利用

材料选择时应评估资源的消耗量，选择资源消耗少、可集约化生产的建筑材料和产品。设计阶段必须考虑的主要建筑材料包括钢材、铝材、水泥、建筑玻璃、陶瓷、混凝土砌块、木材制品等。在计算建筑材料资源消耗时必须考虑建筑材料的可再生性。具备可再生性的建筑材料包括钢筋、型钢、建筑玻璃、铝合金型材、木材等。其中建筑玻璃和木材虽然可全部或部分回收，但回收后的玻璃一般不再用于建筑，木材也很难不经处理而直接应用于建筑中。因此，计算时可不考虑玻璃和木材的回收再利用因素。采用砌体结构时，结构的材料宜选用本地工业、矿业、农业废料制成的墙材产品，如混凝土小型空心砌块、粉煤灰砖、粉煤灰空心砌块、灰砂砖、煤矸石砖、页岩砖、海泥砖、植物纤维石膏渣增强砌块等。通过这些材料的选用有利于资源的综合利用。

选择材料时应评估其对能源的消耗量，宜采用生产能耗低的建筑材料，或施工、拆除和处理过程中能耗低的建筑材料；应评估其对环境的影响，采用生产、施工、使用和拆除过程中对环境污染程度低的建筑材料，不应选用可能导致臭氧层破坏或产生挥发性、放射性污染的材料，同时，宜采用无须外加装饰层的材料。

在保证性能情况下，材料的选择宜符合下列五条要求：①宜选用可再循环材料、可再利用材料；②宜使用以各种废弃物为原料生产的建筑材料；③应充分使用建筑施工、旧建筑拆除和场地清理时产生的尚可继续利用的材料；④宜采用速生的材料及其制品，采用木结构时宜利用速生木材制作的高强复合材料；⑤宜选用本地的建筑材料。采用功能性建材时宜符合下列四条要求：①宜采用具有保健功能和改善室内空气环境的建筑材料；②宜采用能防潮、阻止细菌等生物污染的建筑材料；③宜采用减少建筑能耗和改善室内热环境的建筑材料；④宜采用具有自洁功能的建筑材料。

此外，建筑宜采用耐久性优良的建筑材料，宜采用轻集料混凝土等轻质建材或轻钢以及金属幕墙等轻量化建材。

7.6 绿色建筑的给水排水要求

7.6.1 基本要求

在方案设计阶段应制定水系统规划方案，统筹、综合利用各种水资源，水系统规划方案应包括中水、雨水等非传统水源综合利用的内容。水系统规划方案包括但不限于以下六个方面内容：①当地政府规定的节水要求、地区水资源状况、气象资料、地质条件及市政设施情况等的说明；②用水定额的确定、用水量估算（含用水量计算表）及水量平衡表的编制；③给排水系统设计说明；④采用节水器具、设备和系统的方案；⑤污水处理设计说明；⑥雨水及再生水等非传统水源利用方案的论证、确定和设计计算与说明。制定水系统规划方案是绿色建筑给排水设计的必要环节，是设计者确定设计思路和设计方案的可行性论证过程。

7.6.2 非传统水源利用

冲厕用水、景观用水、绿化用水、车辆冲洗用水、道路浇洒用水等不与人体接触的生活用水应优先采用雨水、建筑中水、市政再生水等非传统水源；有条件时应优先使用市政再生水。

使用非传统水源的供水系统必须采取两方面安全措施，一是管道应设置标识带，明装时应按现行国家标准《建筑中水设计标准》（GB 50336）的要求对管道进行标识；二是水池（箱）、阀门、水表及给水栓、取水口等均应采取防止误接、误用、误饮的措施。

景观水体应根据非传统水源的情况合理规划水景规模，并结合水景设计采取水质安全保障措施，即场地条件允许时，采取湿地工艺进行景观用水的预处理和景观水的循环净化；景观水体内采用机械设施，加强水体的水力循环，增强水面扰动，破坏藻类的生长环境；采用生物措施，并消除富营养化及水体腐败的潜在因素。

综合利用雨水时，应通过技术经济比较，合理确定雨水集蓄、处理及利用方案，并应满足下列两条要求：①雨水收集利用系统应设置雨水初期弃流装置和雨水调节池，收集、处理及利用系统可与景观水体设计相结合；②处理后的雨水宜用于空调冷却水补水、绿化、景观、消防等用水，水质应达到相应用途的水质标准。

使用非传统水源必须采取下列四个方面用水安全保障措施，且不得对人体健康与周围环境产生不良影响：①雨水、中水等非传统水源在储存、输配等过程中要有足够的消毒杀菌能力，且水质不被污染；②供水系统应设有备用水源、溢流装置及相关切换设施等；③雨水、中水等在处理、储存、输配等环节中应采取安全防护和监测、检测控制措施；④采用海水冲厕时，应对管材和设备进行防腐处理，污水应处理达标后排放。

7.6.3 供水系统

供水系统应节水、节能，并宜采取以下三个方面措施：①应充分利用市政供水压力，高层建筑生活给水系统合理分区，每区供水压力不大于 0.45MPa；②优先采用变频供水、管网叠压供水等节能的供水技术；③采取减压限流的节水措施，居住建筑生活给水系统入户管表前供水压力不大于 0.2MPa，其他建筑用水点处供水压力不大于 0.2MPa。

热水用水量较小且用水点分散时宜采用局部热水供应系统；热水用水量较大、用水点比较集中时，应采用集中热水供应系统，并应设置完善的热水循环系统。住宅设集中热水供应时，应设立管循环；其配水点出水温度达到 45℃的放水时间不大于 15s。医院、旅馆等公共建筑配水点出水温度达到 45℃的放水时间不大于 10s。公共浴室淋浴宜采用节水型热水供应系统。

7.6.4 节水措施

节水首先要防止管网系统出现漏损，应采取下列四类措施：①给水系统中使用的管材、管件必须符合现行国家标准的要求，新型管材和管件应符合通过鉴定的企业标准的要求，并应符合相关管理部门的规定和要求；②选用高性能、零泄漏阀门；③合理设计供水系统，避免供水压力过高或压力骤变；④选择适宜的管道基础处理方式，并控制管道埋深。

卫生器具、水嘴、淋浴器等应采用符合现行国家标准要求的产品。公共卫生间洗手盆应采用感应式水嘴或延时自闭式水嘴。蹲式大便器、小便器宜配套采用延时自闭冲洗阀、感应式冲洗阀。住宅建筑中坐式大便器宜采用设有大、小便分档的冲洗水箱；不得使用一次冲洗水量大于 6L 的坐式大便器。水嘴、淋浴喷头宜设置限流配件。

绿化灌溉应采用喷灌、微灌、渗灌等高效节水灌溉方式，宜使用湿度传感器或根据气候变化调节的控制器；采用微灌方式时，应在供水管路的入口处设过滤装置。

建筑应按照使用用途和用户要求设置水表，住宅建筑每个居住单元和景观、灌溉等不同用途的供水均应设置水表；公共建筑应对不同用途和不同付费单位的供水设置水表，如餐饮、洗浴、中水补水、空调补水等。

7.7 绿色建筑的暖通空调要求

7.7.1 基本要求

绿色建筑的暖通空调方案设计时，应根据工程所在地的地理气候条件和建筑功能要求，遵循被动设计优先、主动优化的原则，选择适宜的室内环境参数，合理确定空调采暖系统形式，条件许可时，宜进行全年动态负荷变化的模拟，分析能耗与经济性，选择合理的系统形式。同时，设计应结合工程所在地的能源结构和能源政策，通过技术经济比较分析，选择综合能源利用率高的冷热源，宜优先选用可再生能源。在技术经济合理的情况下，建筑物内各系统的用能宜进行综合利用，选择整体综合能源利用率高的冷热源和空调系统形式。

确定合理的室内环境参数应遵循以下三条原则：①除工艺要求严格规定外，舒适性空调室内环境指标不宜超过各类节能标准的限值；②室内热环境的舒适性应考虑空气干球温度、水蒸气分压力、空气速度、辐射温度和室内人员的作业特点与衣着；③应采用符合室内空气卫生标准的新风量，选择合理的送风方式、空气流向、正确的压力梯度，排除室内污染与气味。

空调设备数量和容量应根据建筑使用功能选择，暖通空调冷热源、空气处理设备、风水输送设备的总容量应以负荷和水力计算结果为依据确定。设备选择还应考虑容量和台数的合理搭配，使系统在经常性部分负荷运转时处于相对高效率状态。

下列四种情况下宜采用变频节能技术：①新风机组、通风机宜选用变频风机，满足低负荷运行的要求；②变流量空调水系统的冷源侧在满足冷水机组设备运行最低水量要求前提下，经过技术经济比较合理时，宜采用变频调速水泵；③在采用二次泵系统时，二次泵宜采用变频调速水泵；④空调冷却塔风机宜采用变频调速型。

7.7.2 暖通空调冷热源

建筑采暖、空调系统应优先选用电厂或其他工业余热作为热源，宜通过定量计算或计算机模拟的手段优化冷热源的容量和设备数量配置，并确定冷热源的运行模式。当空气源热泵机组冬季制热性能系数低于1.8时，不宜采用空气源热泵系统为建筑物供热。集中供暖空调系统的热源不应采用直接电热方式。在严寒和寒冷地区，冬季不宜使用制冷机为建筑物提供冷量。全年运行中存在供冷和供热需求的变制冷剂流量多联分体空调系统宜采用热泵式机组。在建筑中同时有供冷和供热要求的，当其冷、热需求基本匹配时，宜合并为同一系统并采用热回收型机组。当公共建筑内区较大，冬季内区有稳定和足够的余热量，通过技术经济比较合理时，宜采用水环热泵空调系统。

燃气锅炉宜充分利用烟气的冷凝热，采用冷凝热回收装置或冷凝式炉型，并宜选用配置比例调节燃烧的炉型。根据工程所在地的分时电价政策和建筑物暖通空调负荷的时间分布，经过技术经济比较合理时，宜采用蓄能形式的冷热源。

7.7.3 暖通空调水系统

暖通空调系统供回水温度的设计应满足下列四条要求：①除温度独立调节系统外，电制冷空调冷水系统的供水温度不宜高于7℃，供回水温差不应小于5℃；②当采用四管制空调水系统时，除利用废热或热泵系统外，空调热水系统的供水温度不宜低于60℃，供回水温差不应小于10℃；③当采用冰蓄冷空调冷源或有低于4℃的冷冻水可利用，空调末端为全空气系统形式时，宜采用大温差空调冷冻水系统以节省冷冻水泵电耗；④当暖通空调的水系统供应距离大于300m，经过技术经济比较合理时，宜采用大温差小流量的输送水温。

空调水系统的设计应符合下列两条规定：①除采用蓄冷蓄热水池供冷供热和空气处理需喷水处理方式等情况外，空调冷热水均应采用闭式循环水系统；②为保证空气调节系统设备制冷及冷热交换的效率，应根据当地的水质情况对水系统采取必要的过滤除污、防腐蚀、阻垢、灭藻等水处理措施。

以蒸汽作为暖通空调系统及生活热水热源的汽水换热系统，蒸汽凝结水应回收利用。酒店、餐饮、医院、洗浴等生活热水耗量较大且稳定的场所，宜采用冷凝器热回收型冷水机组，或采用空调冷却水对生活水进行预热。风机盘管加新风空调系统利用室外新风在过渡季节和冬季不能全部消除室内余热，经过技术经济比较合理时，可利用冷却水自然冷却制备空调用冷水。居住建筑宜优先采用地板辐射采暖，当采用散热器时应采用外形美观、易于清洁的明装散热器。

7.7.4 空调通风系统

经过技术经济比较合理时，新风宜经排风热回收装置进行预冷或预热处理，热回收装置宜设置旁通风管并采用变频调速风机。当吊顶空间的净空高度大于房间净高的1/3时，房间空调系统不宜采用吊顶回风的形式。舒适性空调的全空气系统应具备最大限度利用室外新风作冷源的条件；新风入口、过滤器等应按最大新风量设计，新风比应可调节，以满足增大新风量运行的要求；排风系统的设计和运行应与新风量的变化相适应。通风系统设计应考虑不同需求的通风系统之间的综合利用。消防排烟系统和人防通风系统宜利用平时的通风设备和管道。合理设计空调及通风系统管道，矩形风管的宽高比不宜大于4，且不应大于8；高层建筑同一空调通风系统所负担的楼层数量不宜超过10层。吸烟室、复印室、打印室、垃圾间、清洁间等产生异味或污染物的房间，应设置机械排风系统，并应维持该类房间的负压状态。排风应直接排到室外。室内游泳池空调应采用全空气空调系统，过渡季具备全新风工况；游泳池的排风应考虑热回收；冬季游泳池冷却除湿设备的冷凝热应回收用于加热空气或池水。

7.7.5 暖通空调自动控制系统

建筑采暖通风空调系统能源消耗总量应进行分项、分级计量，在同一建筑中，宜根据建筑的功能、归属等情况，分区、分系统、分层、分户对冷、热能耗进行计量。冷热源中心应能根据负荷变化要求、系统特性或优化程序进行运行调节。多功能厅、展览厅、报告厅、大型会议室等人员密度变化相对较大的房间，应设置二氧化碳检测装置，该装置宜联动控制室内新风量和空调系统的运行。暖通空调系统设备应具备手动开关、定时或自动控制装置，并应与建筑管理制度相结合，合理选择手动与自动控制模式。设置机械通风的车库，宜设一氧化碳检测和控制装置控制通风系统运行。

7.8 绿色建筑的建筑电气要求

7.8.1 基本要求

在方案设计阶段，应制定合理的供配电系统、智能化系统方案，合理采用节能技术和设备。太阳能资源或风能资源丰富的地区，当技术经济合理时，宜采用太阳能发电或风力发电作为电力能源。当在建筑屋顶或墙面采用太阳能光伏组件时，应进行建筑一体化设计。风力发电机的选型和安装应避免对建筑物和周边环境产生噪声污染。

7.8.2 供配电系统

对于三相不平衡或采用单相配电的供配电系统，应采用分相无功自动补偿装置。当供配电系统谐波或设备谐波超出国家或地方标准的谐波限值规定时，宜对建筑内的主要电气和电子设备或其所在线路采取高次谐波抑制和治理措施，并宜满足以下两条要求：①当系统谐波或设备谐波超出谐波限值规定时，宜对谐波源的性质、谐波实测参数等进行分析，有针对性地采取谐波抑制及谐波治理措施；②供配电系统中具有较大谐波干扰又需无功补偿的地点宜设置滤波装置。10kV及以下的电力电缆截面应结合技术条件和经济电流进行选择。

7.8.3 照明

建筑照明设计时，应合理利用自然采光，在具有自然采光或自然采光设施的区域，应采取合理的人工照明布置及控制措施；宜设置智能照明控制系统，并设置随室外自然光的变化自动控制或调节人工照明照度的装置。应根据项目规模、功能特点、建设标准、视觉作业要求等因素确定合理的照度指标，照度指标为300lx及以上且功能明确的房间或场所宜采用一般照明和局部照明相结合的方式。

除有特殊要求的场所外，一般场所应选用高效照明光源、高效灯具及其节能附件。紧凑型荧光灯具有光效较高、显色性好、体积小巧、结构紧凑、使用方便等优点，是取代白炽灯的理想电光源，适合为开阔的地方提供分散、亮度较低的照明，可被广泛应用于家庭住宅、旅馆、餐厅、门厅、走廊等场所。在室内照明设计时，应优先采用显色指数高、光效高的稀土三基色荧光灯，可广泛应用于大面积区域分散均匀的照明，如办公室、学校、居所、工厂等。金属卤化物灯具有定向性好、显色能力非常强、发光效率高、使用寿命长、可使用小型照明设备等优点，但其价格昂贵，故一般用于分散或者光束较宽的照明，如层高较高的办公室，对色温要求较高的商品照明，要求较高的学校和工厂、户外场所等。高压钠灯具有定向性好、发光效率高、使用寿命长等优点，但其显色能力很差，故可用于分散或者光束较宽且对光线颜色不做要求的照明，如户外场所、工厂、仓库，以及内部和外部的泛光照明。发光二极管（LED）发光效率较低但寿命较长，适合在低功率的设备上使用，常被应用于户外的交通信号灯、室内指明紧急出口通道的信号灯或者信号条、建筑轮廓灯等。

人员长期工作或停留的房间或场所，照明光源的显色指数不应小于80。各类房间或场所的照明功率密度值，宜满足现行国家标准《建筑照明设计标准》（GB 50034）规定的目标值要求。

7.8.4 电气设备节能

变压器应选择低损耗、低噪声的节能产品，并应达到现行国家标准《电力变压器能效限定值及能效等级》（GB 20052）中规定的目标能效限定值及节能评价值的要求。配电变压器应选用Dyn11结线组别的变压器。建筑应采用配备高效电机及先进控制技术的电梯，自动扶梯与自动人行道应具有节能拖动及节能控制装置，并设置感应传感器。当3台及以上的客梯集中布置时，客梯控制系统应具备按程序集中调控和群控的功能。

7.8.5 计量与智能化

建筑设计时，宜根据建筑的功能、归属等情况，对照明、电梯、空调、给排水等系统的用电能耗进行分项、分区或分层、分户的计量。计量装置宜集中设置，当条件限制时，宜采用集中远程抄表系统或卡式表具。大型公共建筑宜具有对照明、空调、给排水、电梯等设备进行运行监控和管理的功能。有条件时，公共建筑宜设置建筑设备能源管理系统，并包含两个监测室内外温湿度以及对主要设备进行能耗监测、统计、分析和管理的功能。

延伸阅读

建筑领域节能降碳潜力巨大

和许多"会呼吸"的生命体一样，建筑也会排放大量二氧化碳。中国建筑节能协会副会长倪红波介绍，建筑领域是能源消耗和二氧化碳排放大户。据梳理测算，全国存量建筑中仍有近40%为非节能建筑，既有公共建筑中使用寿命超20年建筑占比超30%，大量老旧居住建筑围护结构差、设备老旧效率低、运行维护管理缺失，导致国内建筑全生命期能耗在全国能源消费总量中的占比居高不下。

"按照国际经验，人均国内生产总值发展到1万—2万美元时，将产生大量改善型、提升型消费需求。因此，随着城镇化率和居民生活水平不断提升，我国建筑领域能源消耗和二氧化碳排放还将保持刚性增长，节能降碳潜力巨大。"倪红波说。

根据《加快推动建筑领域节能降碳工作方案》规划，到2025年，建筑领域节能降碳制度体系更加健全，城镇新建建筑全面执行绿色建筑标准，新建超低能耗、近零能耗建筑面积比2023年增长0.2亿平方米以上，完成既有建筑节能改造面积比2023年增长2亿平方米以上，建筑用能中电力消费占比超过55%，城镇建筑可再生能源替代率达到8%，建筑领域节能降碳取得积极进展。这意味着，未来将有更多环境友好、绿色智能的低碳建筑出现在我们身边。

(节选自《人民日报海外版》2024年4月3日第11版《建设更多"会呼吸"的绿色建筑》,有删改)

思考题

1. 绿色建筑设计的宏观原则是什么?
2. 如何进行绿色建筑的设计策划?
3. 绿色建筑的场地与室外环境要求有哪些?
4. 绿色建筑的建筑设计与室内环境要求有哪些?
5. 绿色建筑对建筑材料有哪些要求?
6. 绿色建筑对给水排水有哪些要求?
7. 绿色建筑对暖通空调有哪些要求?
8. 绿色建筑对建筑电气有哪些要求?
9. 试述近年来我国绿色建筑设计领域的创新和突破。

第8章 近零能耗建筑设计的相关要求

8.1 宏观要求

面对能源紧张的现实情况，人们应该不断提升改善建筑室内环境，提高能源利用效率，推动可再生能源建筑应用，提高建筑质量和寿命，引导建筑物不断提升节能水平，逐步迈向超低能耗、近零能耗、零能耗的新阶段。新建、扩建、改建和改造的居住建筑和公共建筑均应设定能耗控制目标，并以建筑能耗控制目标为约束指标进行设计、施工、运行和评价。近零能耗建筑的设计、施工质量控制与验收、运行和评价应符合国家现行有关标准的规定。

所谓超低能耗建筑，是指适应气候特征和自然条件，通过被动式技术手段，大幅降低建筑供暖供冷需求，提高能源设备与系统效率，以更少的能源消耗提供舒适室内环境的建筑，其供暖、空调与照明能耗应较现行建筑节能设计标准降低50%以上。

近零能耗建筑是指适应气候特征和自然条件，通过被动式技术手段，最大幅度降低建筑供暖供冷需求，最大幅度提高能源设备与系统效率，利用可再生能源，优化能源系统运行，以最少的能源消耗提供舒适室内环境，且室内环境参数和能耗指标满足相关规范要求的建筑物。

零能耗建筑是指适应气候特征和自然条件，通过被动式技术手段，最大幅度降低建筑供暖供冷需求，最大幅度提高能源设备与系统效率，充分利用建筑物本体及周边或外购的可再生能源，使可再生能源全年供能大于等于建筑物全年全部用能的建筑。

性能化设计方法是指以建筑室内环境参数和能耗指标为性能目标，利用能耗模拟计算软件，对设计方案进行逐步优化，最终达到预定性能目标要求的设计过程。建筑气密性是指建筑物在封闭状态下阻止空气渗漏的能力，可表征建筑物或房间在正常封闭情况下的无组织空气渗透量，通常采用压差试验检测建筑气密性，以换气次数N50（即室内外50Pa压差下换气次数）来表征建筑气密性。气密层是指由防水隔气材料、抹灰层、气密性部件等形成的防止空气渗漏的连续构造层。

供暖年耗热量是指为满足室内环境参数要求，按照设定计算条件，计算出的单位套内使用面积全年累计消耗的需由室内供暖设备供给的热量，单位为 $kW \cdot h/(m^2 \cdot a)$。供冷年耗冷量是指为满足室内环境参数要求，按照设定计算条件，计算出的单位套内使用面积全年累计消耗的需由室内供冷设备供给的冷量，单位为 $kW \cdot h/(m^2 \cdot a)$。一次能源消耗量是指单位面积全年供暖、空调、照明终端能耗和可再生能源系统的产能量,利用一次能源换算系数,统一换算到标准煤当量的能耗值,单位为 kW·h/(m^2·a) 或 kgce/(m^2·a)。一次能源是指自然界中以原有形式存在的、未经加工转换的能量资源,主要包括原煤、原油、天然气、太阳能、生物质能等。一次能源消耗量直接体现了建筑对化石能源的消耗和对环境的影响程度。节能率是指在设计阶段,通过理论计算的标准工况下的设计建筑的供暖、空调、照明、可再生能源系统年能耗相对于标准工况下参照建筑的供暖、空调、照明、可再生能源系统年标准能耗量的降低率,表征建筑在设计阶段计算的标准能耗的节能水平。可再生能源贡献率是指通过计算的可再生能源系统全年一次能源产能量占建筑供暖、空调、照明系统的全年一次能源消耗量的比例。可再生能源系统包括建筑场地内的光伏、地源热泵、空气源热泵、太阳能光热、生物质能、余热利用以及获得权威机构认可通过外部输入的可再生能源。参照建筑是指进行围护结构热工性能权衡判断时,作为计算满足标准要求的全年供暖、空调和照明能耗用的基准建筑。温度交换效率是指显热回收装置在对应风量下,新风进、出口温差与新风进口、排风进口温差之比,以百分数表示。焓交换效率是指全热热回收装置在对应风量下,新风进、出口焓差与新风进口、排风进口焓差之比,以百分数表示。

防水隔气材料是指对建筑物外围护结构室内侧的缝隙进行密封、防止空气渗漏的材料,防水隔气材料技术要求见表 8-1-1。防水透气材料是指对建筑物外围护结构室外侧的缝隙进行密封的防水及透出水蒸气的材料,防水透气材料技术要求见表 8-1-2。

表 8-1-1 防水隔气材料技术要求

项目	性能指标	试验方法
拉伸力(N/50mm)	纵向:≥120;横向:≥120	依据相关规范
断裂伸长率(%)	纵向:≥70;横向:≥60	
撕裂强度(钉杆法)(N)	纵向:≥60;横向:≥60	
不透水性	1000mm,20h 不透水	
透水蒸气性 [g/(m^2·24h)]	≤10	
低温弯折性	-40℃无裂纹	
耐热度	100℃,2h 无卷曲,无明显收缩	

表 8-1-2 防水透气材料技术要求

项目	性能指标	试验方法
拉伸力(N/50mm)	纵向:≥150;横向:≥150	依据相关规范
断裂伸长率(%)	纵向:≥60;横向:≥60	
撕裂强度(钉杆法)(N)	纵向:≥80;横向:≥80	
不透水性	1000mm,20h 不透水	
透水蒸气性 [g/(m^2·24h)]	≥20	

相关规范规定的室内环境参数及建筑能耗指标应为约束性指标,围护结构、能源设备和系统等技术性能指标应为推荐性指标。近零能耗建筑应根据气候条件,通过被动式技术手段降低建筑用能需求,通过主动式能源系统和设备的能效提升降低建筑(暖通空调、给

水排水、照明及电气系统）能源消耗，通过可再生能源系统使用对建筑能源消耗进行平衡和替代。近零能耗建筑的设计、施工及运行应以能耗指标为约束目标，采用性能化设计方法、精细化施工方法和智能化运行模式。近零能耗建筑的能耗指标计算应符合本书 8.4.3 的规定，并宜采用相关规范附带的近零能耗建筑设计与评价软件。近零能耗建筑的设计和评价应采用相同的计算软件。近零能耗建筑应进行全装修，室内装修应尽量简洁并由建设方统一进行，并应防止装修对建筑围护结构及其气密性的损坏和对气流组织的影响。室内装修宜采用获得绿色建材标识（认证）的材料部品。超高超大、功能复杂、类型特殊的近零能耗建筑，除应符合相关规范各项规定外，应组织专家对设计及施工方案进行专项论证。

8.2 近零能耗建筑的室内环境参数要求

近零能耗建筑主要房间室内热湿环境参数应符合表 8-2-1 规定，但冬季室内湿度不参与设备选型和能耗指标的计算。

表 8-2-1 近零能耗建筑主要房间室内热湿环境参数

室内热湿环境参数	冬季	夏季
温度（℃）	≥20	≤26
相对湿度（%）	≥30	≤60

注：1 冬季室内相对温度不参与设备选型和能效指标的计算。
　　2 当严寒地区不设置空调设施时，夏季室内热湿环境参数可不参与设备选型和能效指标的计算；当夏热冬暖和温和地区不设置供暖设施时，冬季室内热湿环境参数可不参与设备选型和能效指标的计算。

近零能耗居住建筑主要房间的室内新风量不应小于 $30m^3/(h·人)$。近零能耗公共建筑的新风量应符合现行国家标准《民用建筑供暖通风与空气调节设计规范》（GB 50736）的规定。欧洲标准中二氧化碳超出室外浓度值控制目标（EN 15215—2007）见表 8-2-2，室外二氧化碳浓度值一般为 350～450ppm。我国人员密集场所室内二氧化碳体积浓度要求见表 8-2-3。

表 8-2-2 欧洲标准中二氧化碳超出室外浓度值控制目标（EN 15215—2007）

分类	Ⅰ-优异 Excellent	Ⅱ-优等 Good	Ⅲ-可接受 Satisfactory	Ⅳ-差 Poor
对应二氧化碳超出室外浓度值（ppm）	300～350	350～500	500～800	>800

表 8-2-3 我国人员密集场所室内二氧化碳体积浓度要求

适用场所	人员长期停留区域	人员短期停留区域
室内二氧化碳体积浓度（ppm）	800～900	900～1200

近零能耗居住建筑室内噪声昼间不应大于 40dB（A），夜间不应大于 30dB（A）。酒店类建筑的室内噪声级应符合现行国家标准《民用建筑隔声设计规范》（GB 50118）中室内允许噪声级一级的要求；其他建筑类型的室内允许噪声级应符合现行国家标准《民用建

筑隔声设计规范》(GB 50118) 中室内允许噪声级高要求标准的规定。世界卫生组织 (WHO) 对住宅室内噪声的推荐值见表 8-2-4。

表 8-2-4　世界卫生组织 (WHO) 对住宅室内噪声的推荐值

具体环境	考虑因素	测量时间段	等效声级 dB (A)	快挡瞬时最大值 dB (A)
住宅室内	语言干扰和烦恼程度	6:00—22:00	35	—
卧室	睡眠干扰	22:00—次日 6:00	30	45

8.3　近零能耗建筑的建筑能耗指标

近零能耗居住建筑的能耗指标及气密性指标应满足表 8-3-1 的规定。表中建筑面积为套内使用面积（m²），套内使用面积应包括卧室、起居室（厅）、餐厅、厨房、卫生间、过厅、过道、储藏室、壁柜等使用面积的总和；WDH_{20}（Wet-bulb Degree Hours 20）为一年中室外湿球温度高于 20℃ 时刻的湿球温度与 20℃ 差值的累计值（单位：kK·h，千度小时）；DDH_{28}（Dry-bulb Degree Hours 28）为一年中室外干球温度高于 28℃ 时刻的干球温度与 28℃ 差值的累计值（单位：kK·h，千度小时）；供暖、空调及照明能耗值可参考表 8-3-2。表 8-3-2 中数据为扣除可再生能源产能量后的供暖、空调、照明系统的等效耗电量。表 8-3-2 中数据基于典型建筑计算确定，作为设计的参考，不作为能耗约束条件；其中住宅类建筑为高层板楼，办公建筑和酒店建筑为面积小于 10000m² 的板式建筑。

表 8-3-1　近零能耗居住建筑能耗指标及气密性指标

气候分区		严寒地区	寒冷地区	夏热冬冷地区	夏热冬暖地区	温和地区
能耗指标	供暖年耗热量 [kW·h/(m²·a)]	≤18	≤15	≤5		
	供冷年耗冷量 [kW·h/(m²·a)]	≤3.5+2.0×WDH_{20}+2.2×DDH_{28}				
	供暖、空调及照明年一次能源消耗量 [kW·h/(m²·a)]	≤50				
	可再生能源利用率（%）	≥10				
气密性指标	换气次数 N50	≤0.6		≤1.0		

表 8-3-2　近零能耗建筑能耗值　　　　单位：kW·h/(m²·a)

城市	哈尔滨	沈阳	北京	驻马店	上海	武汉	成都	韶关	广州	昆明
居住建筑	15	14	15	16	17	16	16	18	21	11
办公建筑	23	22	24	26	27	26	26	30	34	17
酒店建筑	24	23	26	30	32	31	31	37	42	20

近零能耗公共建筑能耗指标及气密性指标应符合表 8-3-3 要求，其中，节能率和可再生能源贡献率的计算方法见本书 8.4.3；不同气候区典型建筑能耗值参考表 8-3-2。

表 8-3-3　近零能耗公共建筑能耗指标及气密性指标

气候分区		严寒地区	寒冷地区	夏热冬冷地区	夏热冬暖地区	温和地区
能耗指标	节能率（%）	≥60				
	可再生能源利用率（%）	≥10				
气密性指标	换气次数 N50	≤1.0		—		

8.4　近零能耗建筑的技术性能指标

8.4.1　围护结构

居住建筑非透光围护结构平均传热系数可按表 8-4-1 选取。

表 8-4-1　居住建筑非透光围护结构平均传热系数表

围护结构部位	传热系数 K [W/(m²·K)]				
	严寒地区	寒冷地区	夏热冬冷地区	夏热冬暖地区	温和地区
屋面	0.10～0.20	0.15～0.25	0.20～0.35	0.25～0.40	0.30～0.40
外墙	0.10～0.15	0.15～0.20	0.15～0.40	0.30～0.80	0.20～0.80
地面及外挑楼板	0.15～0.30	0.20～0.40	—	—	—

公共建筑非透光围护结构平均传热系数可按表 8-4-2 选取。

表 8-4-2　公共建筑非透光围护结构平均传热系数表

围护结构部位	传热系数 K [W/(m²·K)]				
	严寒地区	寒冷地区	夏热冬冷地区	夏热冬暖地区	温和地区
屋面	0.10～0.25	0.15～0.30	0.20～0.45	0.40～0.60	0.40～0.60
外墙	0.10～0.30	0.10～0.30	0.15～0.40	0.30～0.80	0.20～0.80
地面及外挑楼板	0.20～0.30	0.25～0.40	—	—	—

分隔采暖空间和非采暖空间的非透光围护结构平均传热系数可按表 8-4-3 选取。

表 8-4-3　分隔采暖空间和非采暖空间的非透光围护结构平均传热系数表

围护结构部位	传热系数 K [W/(m²·K)]	
	严寒地区	寒冷地区
楼板	0.20～0.30	0.30～0.50
隔墙	1.0～1.20	1.20～1.50

近零能耗建筑用外窗、外门气密性能不宜低于现行国家标准《建筑外门窗气密、水密、抗风压性能检测方法》(GB/T 7106) 规定的 7 级，抗风压性能和水密性能宜按现行标准设计确定。近零能耗居住建筑用外窗（透光幕墙）热工性能可按表 8-4-4 选取；近零

能耗公共建筑用外窗（透光幕墙）热工性能可按表 8-4-5 选取。

表 8-4-4 近零能耗居住建筑用外窗（透光幕墙）热工性能

性能参数		严寒地区	寒冷地区	夏热冬冷地区	夏热冬暖地区	温和地区
传热系数 K [W/(m²·K)]		≤1.0	≤1.2	≤2.0	≤2.5	≤2.0
太阳得热系数 SHGC	冬季	≥0.50	≥0.45	≥0.40	—	≥0.40
	夏季	≤0.30	≤0.30	≤0.30	≤0.15	≤0.30

表 8-4-5 近零能耗公共建筑用外窗（透光幕墙）热工性能

性能参数		严寒地区	寒冷地区	夏热冬冷地区	夏热冬暖地区	温和地区
传热系数 K [W/(m²·K)]		≤1.2	≤1.5	≤2.0	≤2.2	≤2.2
太阳得热系数 SHGC	冬季	≥0.50	≥0.45	≥0.40	—	—
	夏季	≤0.30	≤0.30	≤0.15	≤0.15	≤0.30

严寒地区和寒冷地区外门透光部分宜符合外窗（透光幕墙）的相应要求；严寒地区外门非透光部分传热系数 K 值不宜大于 1.2W/(m²·K)，寒冷地区外门非透光部分传热系数 K 值不宜大于 1.5W/(m²·K)。严寒地区分隔采暖与非采暖空间的户门的传热系数 K 值不宜大于 1.3W/(m²·K)，寒冷地区分隔采暖与非采暖空间的户门的传热系数 K 值不宜大于 1.8W/(m²·K)。近零能耗建筑用门窗洞口尺寸应符合现行国家标准《建筑门窗洞口尺寸系列》（GB/T 5824）规定的建筑门洞口尺寸和窗洞口尺寸，并应优先选用现行国家标准《建筑门窗洞口尺寸协调要求》（GB/T 30591）规定的常用标准规格的门、窗洞口尺寸。外窗性能和遮阳装置的选择应综合考虑夏季遮阳、冬季得热以及自然采光的需求。

8.4.2 能源设备和系统

当采用户式燃气供暖热水炉作为供暖热源时，其热效率宜符合表 8-4-6 的规定，其中，η_1 为供暖炉额定热负荷和部分热负荷（热水状态为 50% 的额定热负荷，供暖状态为 30% 的额定热负荷）下两个热效率值中的较大值，η_2 为较小值。

表 8-4-6 户式燃气供暖热水炉的热效率

类型	热效率值（%）
η_1	≥99
η_2	≥96

当采用空气源热泵作为供暖热源时，机组在冬季设计工况下的性能系数 COP 宜符合表 8-4-7 的规定。

表 8-4-7 空气源热泵冷热水机组性能系数（COP）

类型	冬季设计工况下的性能系数（COP）
空气源热泵	2.30

采用多联式空调（热泵）机组时，其在名义制冷工况和规定条件下的制冷综合性能系数 IPLV（C）可按表 8-4-8 选用。

表 8-4-8　多联式空调（热泵）机组制冷综合性能系数 IPLV (C)

类型	制冷综合性能系数 IPLV (C)
多联式空调（热泵）	6.0

锅炉的选型应与当地长期供应的燃料种类相适应。在名义工况和规定条件下，锅炉的设计热效率应符合表 8-4-9 的规定。

表 8-4-9　名义工况下锅炉的热效率（%）

锅炉额定蒸发量 D (t/h) / 额定热功率 Q (MW)	$D \leqslant 2.0 / Q \leqslant 1.4$	$D > 2.0 / Q > 1.4$
热效率（%）	92	94

采用电机驱动的蒸汽压缩循环冷水（热泵）机组时，其在名义制冷工况和规定条件下的性能系数（COP）和综合部分负荷性能系数（IPLV）可按表 8-4-10 和表 8-4-11 选用。

表 8-4-10　名义工况下冷水（热泵）机组的制冷性能系数（COP）

类型	水冷式	风冷或蒸发冷却
性能系数 COP（W/W）	6.00	3.40

表 8-4-11　名义工况下冷水（热泵）机组的综合部分负荷性能系数（IPLV）

类型	水冷式	风冷或蒸发冷却
综合部分负荷性能系数（IPLV）	7.50	4.00

热回收装置换热性能应符合以下两条要求：①显热回收装置的温度交换效率不应低于 75%；②全热回收装置的焓交换效率不应低于 70%。居住建筑新风单位风量耗功率应小于 0.45W/(m³·h)，公共建筑单位风量耗功率应符合现行国家标准《公共建筑节能设计标准》（GB 50189）的相关规定。新风热回收系统空气净化装置对大于等于 0.5μm 细颗粒物的一次通过计数效率宜高于 80%，且不应低于 60%。

8.4.3　能耗指标计算方法

近零能耗建筑设计与评价软件应满足下列六条规定：①采用 *Energy Performance of Buildings: Calculation of Energy Use for Space Heating And cooling*（ISO 13790）中的月平均动态计算方法；②应计算围护结构（包括热桥部位）传热、太阳辐射得热、建筑内部得热、通风热损失四部分形成的负荷，可计算热回收装置和气密性对建筑供暖能耗的影响，计算中应考虑建筑热惰性对负荷的影响；③应考虑热桥部位对负荷的影响；④计算 10 个以上的建筑分区；⑤自动判断能耗指标是否满足相关规范规定；⑥自动生成满足相关规范要求的技术指标审核表。

能耗指标计算的方法和基本参数应满足下列六条规定：①气象参数按现行行业标准《建筑节能气象参数标准》（JGJ/T 346）的规定计算；②应计算围护结构（包括热桥部位）传热、太阳辐射得热、建筑内部得热、通风热损失四部分形成的负荷，计算中应考虑建筑热惰性对负荷的影响；③供暖年耗热量和供冷年耗冷量应包括围护结构的热损失和处理新风的热（或冷）需求，处理新风的热（冷）需求应扣除从排风中回收的热量（或冷量);④当室外温度≤28℃且相对湿度≤70%时,利用自然通风,不计算供冷需求;⑤供暖空调系统及输配系统的能耗应考虑部分负荷的影响;⑥应考虑间歇使用对能耗性能的影响。

计算设计建筑能耗指标应符合下列六条规定:①建筑的形状、大小、朝向、内部的空间划分和使用功能、建筑构造尺寸、建筑围护结构传热系数、做法、外窗(包括透光幕墙)太阳得热系数、窗墙面积比、屋面开窗面积应与建筑设计文件一致;②建筑功能区除设计文件明确为非空调区外,均应按设置供暖和空气调节计算,空气调节和供暖系统运行时间可参考表8-4-12设置;③房间人员密度及在室率、电器设备功率密度及使用率、照明开启时间按表8-4-13设置,人均新风量应按表8-4-14设置(新风开启率按人员在室率进行计算);④照明能耗计算的照明功率密度值应与建筑设计文件一致,照明能耗的计算应考虑自然采光和自动控制的影响;⑤供暖空调系统的系统形式和能效应与设计文件一致;⑥应计入可再生能源的节能量,可再生能源的类型包括太阳能光热、光电利用、热泵、风力发电及生物质能等,可再生能源系统形式及效率应与设计文件一致。

表 8-4-12 空气调节和供暖系统的日运行时间

类别		系统工作时间
住宅建筑	全年	0:00~24:00
办公建筑	工作日	8:00~18:00
	节假日	—
酒店建筑	全年	0:00~24:00
学校建筑	工作日	8:00~18:00
	节假日	—
商场建筑	全年	9:00~21:00
影剧院	全年	9:00~21:00
医院建筑	全年	8:00~18:00

表 8-4-13 不同类型房间人员、设备、照明内热设置

建筑类型	房间类型	人均占地面积 (m^2)	人员在室率 (%)	设备功率密度 (W/m^2)	设备使用率 (%)	照明功率密度 (W/m^2)	照明开启时长 (h/月)
住宅建筑	起居室	32	19.5	5	39.4	6	180
	卧室	32	35.4	6	19.6	6	180
	餐厅	0	19.5	5	39.4	6	180
	厨房	0	4.2	24	16.7	6	180
	洗手间	0	16.7	0	0	6	180
	楼梯间	0	0	0	0	0	0
	大堂门厅	0	0	0	0	0	0
	储物间	0	0	0	0	0	0
	车库	0	0	0	0	2	120

续表

建筑类型	房间类型	人均占地面积（m²）	人员在室率（%）	设备功率密度（W/m²）	设备使用率（%）	照明功率密度（W/m²）	照明开启时长（h/月）
办公建筑	办公室	10	32.7	13	32.7	9	240
	密集办公室	4	32.7	20	32.7	15	240
	会议室	3.33	16.7	5	61.8	9	180
	大堂门厅	20	33.3	0	0	5	270
	休息室	3.33	16.7	0	0	5	150
	设备用房	0	0	0	0	5	0
	库房、管道井	0	0	0	0	0	0
	车库	100	25.0	15	32.7	2	270
酒店建筑	酒店客房（三星以下）	14.29	41.7	13	28.8	7	180
	酒店客房（三星）	20	41.7	13	28.8	7	180
	酒店客房（四星）	25	41.7	13	28.8	7	180
	酒店客房（五星）	33.33	41.7	13	28.8	7	180
	多功能厅	10	16.7	5	61.8	13.5	150
	一般商店、超市	10	16.7	13	54.2	9	330
	高档商店	20	16.7	13	54.2	14.5	330
	中餐厅	4	16.7	0	0	9	300
	西餐厅	4	16.7	0	0	6.5	300
	火锅店	4	16.7	0	0	8	300
	快餐店	4	16.7	0	0	5	300
	酒吧、茶座	4	36.6	0	0	8	300
	厨房	10	27.9	0	0	6	330
	游泳池	10	26.3	0	0	14.5	210
	车库	100	32.7	15	32.7	2	270
	办公室	10	32.7	13	32.7	8	330
	密集办公室	4	32.7	20	32.7	13.5	330
	会议室	3.33	36.5	5	61.8	9	270
	大堂门厅	20	54.6	0	0	9	300
	休息室	3.33	36.5	0	0	5	120
	设备用房	0	0	0	0	5	0
	库房、管道井	0	0	0	0	0	0
	健身房	8	26.3	0	0	11	210
	保龄球房	8	40.4	0	0	14.5	240
	台球房	4	40.4	0	0	14.5	240

续表

建筑类型	房间类型	人均占地面积（m²）	人员在室率（%）	设备功率密度（W/m²）	设备使用率（%）	照明功率密度（W/m²）	照明开启时长（h/月）
学校建筑	教室	1.12	26.8	5	14.9	9	180
	阅览室	2.5	26.8	10	14.9	9	180
	电脑机房	4	50.4	40	100.0	15	300
	办公室	10	32.7	13	32.7	8	270
	密集办公室	4	32.7	20	32.7	13.5	270
	会议室	3.33	36.5	5	61.8	8	120
	大堂门厅	20	54.6	0	0	10	270
	休息室	3.33	36.5	0	0	5	240
	设备用房	0	0	0	0	5	0
	库房、管道井	0	0	0	0	0	0
	车库	100	32.7	15	32.7	2	240
商场建筑	一般商店、超市	2.5	32.6	13	54.2	10	330
	高档商店	4	32.6	13	54.2	16	330
	中餐厅	2	27.9	0	0	9	300
	西餐厅	2	36.6	0	0	6.5	300
	火锅店	2	17.7	0	0	5	300
	快餐店	2	27.9	0	0	5	300
	酒吧、茶座	2	36.6	0	0	8	300
	厨房	10	27.9	0	0	6	300
	办公室	10	32.7	13	32.7	8	240
	密集办公室	4	32.7	20	32.7	13.5	240
	会议室	3.33	36.5	5	61.8	8	180
	大堂门厅	20	54.6	0	0	10	270
	休息室	3.33	36.5	0	0	5	120
	设备用房	0	0	0	0	5	0
	库房、管道井	0	0	0	0	0	0
影剧院	影剧院	1	34.6	0	0	11	390
	舞台	5	34.6	40	66.7	11	390
	舞厅	2.5	35.8	30	35.8	11	240
	棋牌室	2.5	20.8	0	0	11	240
	展览厅	5	23.8	20	41.7	9	300
医院建筑	病房	10	100.0	0	0	5	210
	手术室	10	52.9	0	0	20	390
	候诊室	2	47.9	0	0	6.5	270

续表

建筑类型	房间类型	人均占地面积（m²）	人员在室率（%）	设备功率密度（W/m²）	设备使用率（%）	照明功率密度（W/m²）	照明开启时长（h/月）
医院建筑	门诊办公室	6.67	47.9	0	0	6.5	270
	婴儿室	3.33	100.0	0	0	6.5	270
	药品储存库	0	0	0	0	5	270
	档案库房	0	0	0	0	5	270
	美容院	4	51.7	5	51.7	8	270

表 8-4-14　不同类型房间的人均新风量　　　单位：m³/（h·人）

建筑类别	住宅建筑	办公建筑	酒店建筑	学校建筑	商场建筑	影剧院	医院建筑
新风量	30	30	30	30	30	30	30

供暖、空调、照明一次能源消耗量按下式计算：

$$E_T = (E_h \times f_i + E_c \times f_i + E_l \times f_i - \sum_i E_{r,i} \times f_i + \sum_i E_{rd,i} \times f_i)/A$$

其中，E_T 为建筑供暖、空调、照明一次能源消耗量（kW·h/m²）；A 为住宅类建筑为套内建筑使用面积，非住宅类为建筑面积；$E_{r,i}$ 为场地内或附近产生的 i 类型可再生能源的产能量（kW·h）；$E_{rd,i}$ 为外界输入的 i 类型可再生能源的产能量（kW·h）；f_i 为 i 类型能源的一次能源系数，一次能源系数应符合前述相关规定；E_h 为供暖系统的能源消耗（kW·h）；E_c 为供冷系统的能源消耗（kW·h）；E_l 为照明系统的能源消耗（kW·h）。

可再生能源利用率应按下式计算：

$$REP_p = (\sum_i E_r + \sum_i E_{rd,i}) f_i / (E_h \times f_i + E_c \times f_i + E_l \times f_i)$$

其中，REP_p 为基于一次能源总量的可再生能源利用率（%）。

各种能源的一次能源换算系数应按照表 8-4-15 确定。

表 8-4-15　一次能源换算系数

能源类型	换算单位	一次能源换算系数
标准煤	kW·h一次/kgce终端	8.14
天然气	kW·h一次/m³终端	9.85
热力	kW·h一次/kW·h终端	1.22
电力	kW·h一次/kW·h终端	2.6
生物质能	kW·h一次/kW·h终端	0.20
场地内电力（光伏、风力等可再生能源发电自用）	kW·h一次/kW·h终端	2.6
场地外输入电力（光伏、风力等可再生能源发电自用）	kW·h一次/kW·h终端	2.0

能耗指标计算过程中涉及的关键输入参数、结果等信息应以文件的形式提交，文件应包括下列四方面信息，即项目基本情况的简要描述，包括建筑层数、朝向、面积，窗墙面积比，围护结构的性能参数，暖通空调系统形式及性能参数；建筑内部物理分隔图及其是否供暖空调，能耗模拟工具中采用的热区分隔图等；对计算结果产生影响的模型进行简化说明文件；能耗模拟工具的输入和输出文件及能耗指标计算报告。

住宅类建筑能耗指标应以建筑套内使用面积为基准，并应符合下列五方面规定。一是建筑套内使用面积等于建筑套内设置供暖或空调设施的各功能空间的使用面积之和，包括卧室、起居室（厅）、餐厅、厨房、卫生间、过厅、过道、贮藏室、壁柜、设供暖或空调设施的阳台等使用面积的总和。二是各功能空间的使用面积应等于各功能空间墙体内表面所围合的空间水平投影面积。三是跃层住宅中的套内楼梯应按其自然层数的使用面积总和计入套内使用面积。四是坡屋顶内设置供暖或空调设施的空间应列入套内使用面积中；坡屋顶内屋面板下表面与楼板地面的净高低于1.2m的空间不计算套内使用面积；净高在1.2~2.1m的空间应按1/2计算套内使用面积；净高超过2.1m的空间应全部计入套内使用面积。五是套内烟囱、通风道、管井等均不应计入套内使用面积。

计算非住宅类参照建筑供暖、空调和照明全年一次能源总消耗量时，应符合下列六方面规定。一是建筑的形状、大小、内部的空间划分和使用功能、建筑构造、围护结构做法应与设计建筑一致。二是建筑空气调节和供暖系统的运行时间、室内温度、照明开关时间、房间人均占有的使用面积及在室率、人员新风量及新风机组运行时间表、电器设备功率密度及使用率应与设计建筑一致；照明功率密度值应按照表8-4-13确定。三是围护结构热工性能和冷热源性能应满足现行国家标准《公共建筑节能设计标准》（GB 50189）的规定，未规定的参数应与设计建筑一致。四是按照设计建筑实际朝向建立参照建筑模型，并将建筑依次旋转90°、180°、270°，取四个不同方向的模型负荷计算结果相加取平均值，作为参照建筑负荷。五是参照建筑窗墙面积比按表8-4-16，对于表中未包含的建筑类型，参照建筑窗墙比与设计建筑一致。六是参照建筑的供暖、供冷系统形式应按表8-4-17确定。

表8-4-16 参照建筑窗墙面积比信息表

建筑类型	窗墙面积比（%）	建筑类型	窗墙面积比（%）
零售小超市	7	酒店建筑（房间数≤75间）	24
医院建筑	27	酒店建筑（房间数>75间）	34
餐饮建筑	34	办公建筑（面积≤10000m²）	31
商场建筑	20	办公建筑（面积>10000m²）	40
学校建筑	25	—	—

表8-4-17 参照建筑供暖、空调系统形式

建筑类型		严寒地区	寒冷地区	夏热冬冷地区	夏热冬暖地区	温和地区
住宅类建筑	末端形式	散热器供暖 分体空调	散热器供暖 分体空调	分体式空调	分体式空调	分体式空调
	冷源	分体式空调	分体式空调	分体式空调	分体式空调	分体式空调
	热源	燃煤锅炉	燃煤锅炉	空气源热泵	空气源热泵	空气源热泵
办公建筑	末端形式	散热器供暖 风机盘管系统	散热器供暖 风机盘管系统	风机盘管系统	风机盘管系统	风机盘管系统
	冷源	电制冷机组	电制冷机组	电制冷机组	电制冷机组	电制冷机组
	热源	燃煤锅炉	燃煤锅炉	燃气锅炉	燃气锅炉	燃气锅炉

续表

建筑类型		严寒地区	寒冷地区	夏热冬冷地区	夏热冬暖地区	温和地区
酒店建筑	末端形式	散热器供暖风机盘管系统	风机盘管系统	风机盘管系统	风机盘管系统	风机盘管系统
	冷源	电制冷机组	电制冷机组	电制冷机组	电制冷机组	电制冷机组
	热源	燃煤锅炉	燃煤锅炉	燃气锅炉	燃气锅炉	燃气锅炉
学校	末端形式	散热器供暖分体空调	散热器供暖分体空调	分体式空调	分体式空调	分体式空调
	冷源	分体式空调	分体式空调	分体式空调	分体式空调	分体式空调
	热源	燃煤锅炉	燃煤锅炉	空气源热泵	空气源热泵	空气源热泵
商场	末端形式	散热器供暖全空气定风量系统	全空气定风量系统	全空气定风量系统	全空气定风量系统	全空气定风量系统
	冷源	电制冷机组	电制冷机组	电制冷机组	电制冷机组	电制冷机组
	热源	燃煤锅炉	燃煤锅炉	燃气锅炉	燃气锅炉	燃气锅炉
医院	末端形式	散热器供暖全空气系统	全空气系统	全空气系统	全空气系统	全空气系统
	冷源	电制冷机组	电制冷机组	电制冷机组	电制冷机组	电制冷机组
	热源	燃煤锅炉	燃煤锅炉	燃气锅炉	燃气锅炉	燃气锅炉
其他类型	末端形式	散热器供暖风机盘管系统	风机盘管系统	风机盘管系统	风机盘管系统	风机盘管系统
	冷源	电制冷机组	电制冷机组	电制冷机组	电制冷机组	电制冷机组
	热源	燃煤锅炉	燃煤锅炉	燃气锅炉	燃气锅炉	燃气锅炉

非住宅类节能率计算应当以设计建筑和参照建筑全年的供暖、空调和照明的一次能源总消耗量作为依据,参照建筑与设计建筑供暖、空调和照明的耗电量、耗煤量和耗气量都应换算为一次能源消耗量,节能率应按式 $\eta=[(E-E_r)/E_r] \times 100\%$ 计算,其中,η 为设计建筑节能率(%);E 为设计建筑供暖、空调和照明、可再生能源系统全年一次能源总消耗量($kW \cdot h/m^2$);E_r 为参照建筑供暖、空调和照明、可再生能源系统全年一次能源总消耗量($kW \cdot h/m^2$)。

8.5 近零能耗建筑的技术措施

8.5.1 设计

1) 规划与建筑方案设计

建筑群的总体规划应有利于营造适宜的微气候;应通过优化建筑空间布局,合理选择和利用景观、生态绿化等措施,夏季增强自然通风、减少热岛效应,冬季增加日照,避免冷风对建筑的影响。建筑的主朝向宜为南北朝向,主入口宜避开冬季主导风向。

近零能耗建筑设计应根据建筑功能和环境资源条件，以气候环境适应性为原则，以降低建筑供暖年耗热量和供冷年耗冷量为目标，充分利用天然采光、自然通风，结合围护结构保温隔热和遮阳措施等被动式建筑设计手段，降低建筑的用能需求。

近零能耗建筑应保持较小的体型系数、适宜的窗墙比和较小的屋顶透光面积比例，相关指标应符合相关标准规定；应采用高性能的建筑保温隔热系统及门窗系统，选择时可参考本章 8.5.4 节和 8.5.5 节。遮阳设计应根据房间的使用要求、窗口朝向及建筑安全性综合考虑；可采用可调或固定等遮阳措施，也可采用各种热反射玻璃、镀膜玻璃、阳光控制膜、低发射率膜等进行遮阳；南向宜采用可调节外遮阳、可调节中置遮阳或水平固定外遮阳的方式；东向和西向外窗应采用可调节外遮阳或可调中置遮阳设施。设计应充分利用天然采光，地下空间宜采用设置采光天窗、采光侧窗、下沉式广场（庭院）、光导管等措施提供天然采光，降低照明能耗。近零能耗建筑应对热桥处理、气密性处理、新风热回收及通风、供冷供热系统进行专项设计。近零能耗建筑宜采用建筑光伏一体化系统，设计时宜结合建筑立面造型效果，设置单晶硅、多晶硅、薄膜等多种光伏组件，充分利用太阳能资源。

2）性能化设计

近零能耗建筑应采用性能化设计方法，性能化设计应采用协同设计的组织形式，性能化设计与指令式设计的差异见表 8-5-1。性能化设计应根据标准规定室内环境参数和能耗指标要求，利用能耗模拟计算软件等工具，优化确定近零能耗建筑的设计方案；性能化设计方法框图如图 8-5-1 所示。

表 8-5-1　性能化设计与指令式设计的差异

性能化设计	指令性设计
面向建筑性能，给出满足性能目标的参数和指标要求	直接从规范中选定设计参数
关心设计、建造及运行全过程	主要关心建筑设计
所提供的措施主要是能证明合适的就允许采用，为设计提供创造空间	原则上采用规范中所规定的方法或措施
强调建筑整体有机集成	重视细节，轻视整体

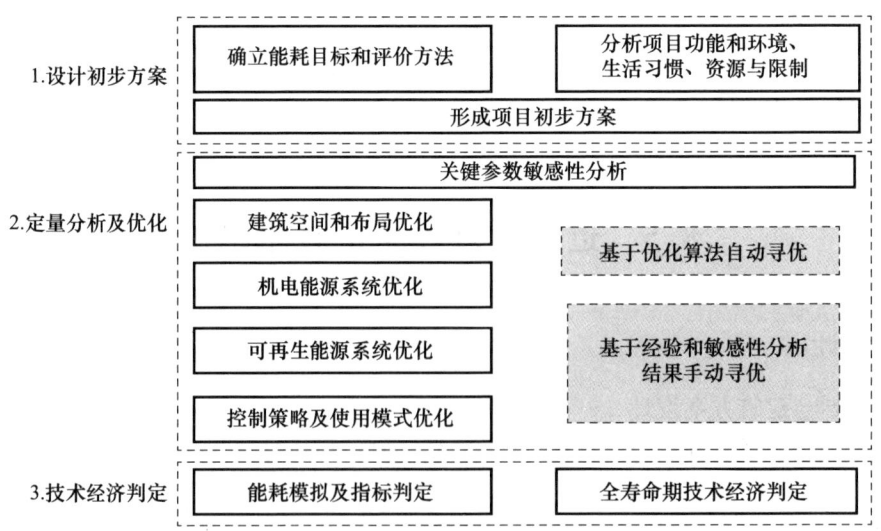

图 8-5-1　性能化设计方法框架

性能化设计流程宜符合下列六条要求：①设定室内环境参数和技术指标；②确定初步设计方案；③利用能耗模拟计算软件等工具进行初步设计方案的定量分析及优化；④分析优化结果并进行达标判定，当技术指标不能满足所确定的目标要求时应修改初步设计方案重新进行定量分析及优化直至满足所确定的目标要求；⑤确定最终设计方案；⑥编制性能化设计报告。定量分析及优化应进行建筑和设备的关键参数对建筑负荷及能耗的敏感性分析，并在敏感性分析基础上，结合建筑全寿命期的经济效益分析，进行技术措施和性能参数的优化选取。

3）热桥处理

建筑围护结构应进行削弱或消除热桥的专项设计，围护结构应保证保温层的连续性。外墙无热桥设计应符合下列六条规定：①前阳台外结构性悬挑、延伸等宜采用与主体结构部分断开的方式；②外墙保温宜采用单层保温、锁扣方式连接，采用双层保温时应采用错缝粘接方式，以避免保温材料间出现通缝；③墙角处宜采用成型保温构件；④保温层应采用断热桥锚栓固定；⑤应尽量避免在外墙上固定导轨、龙骨、支架等可能导致热桥的部件，必须固定时应在外墙上预埋断热桥的锚固件，并尽量采用减少接触面积、增加隔热间层及使用非金属材料等措施降低传热损失；⑥穿墙管预留孔洞直径应大于管径100mm以上，墙体结构或套管与管道之间应填充厚度不小于50mm的保温材料。锚栓相对保温层来说，其导热能力大大增加，热桥效应明显，应采用保温材料断热处理，可按图8-5-2设计。以最常见的悬挑空调板为例，空调板需要保证与主体墙的连接力学性能，因此一般采用非保温性能的连接件连接，这就需要近零能耗建筑在设计时充分考虑连接处的断热桥处理，可按图8-5-3设计。穿墙管是外墙的一个热工薄弱环节，容易造成较大的热桥效应和较差的气密性结果，穿墙管可按图8-5-4设计。

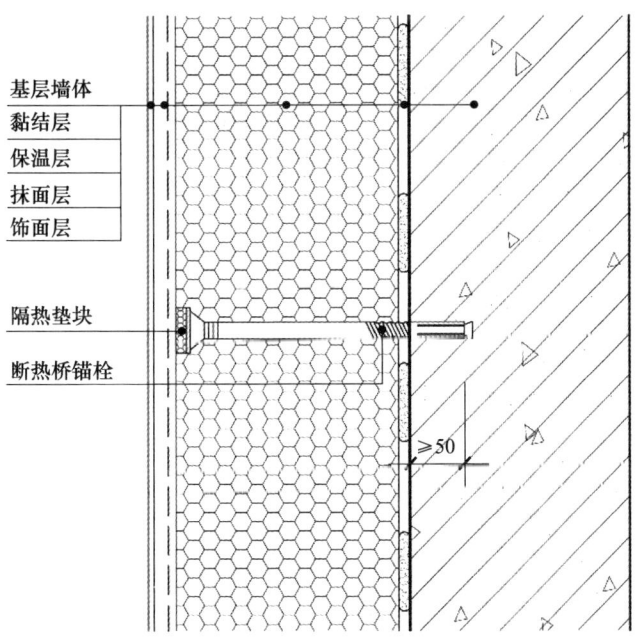

图8-5-2 断热锚栓安装做法

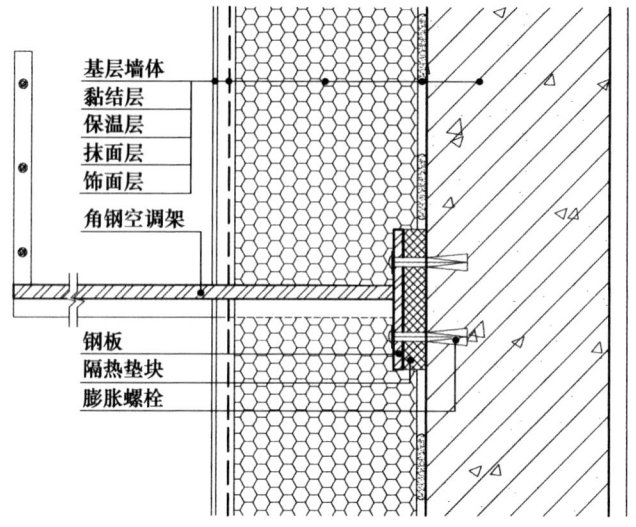

图 8-5-3　空调支架安装方法

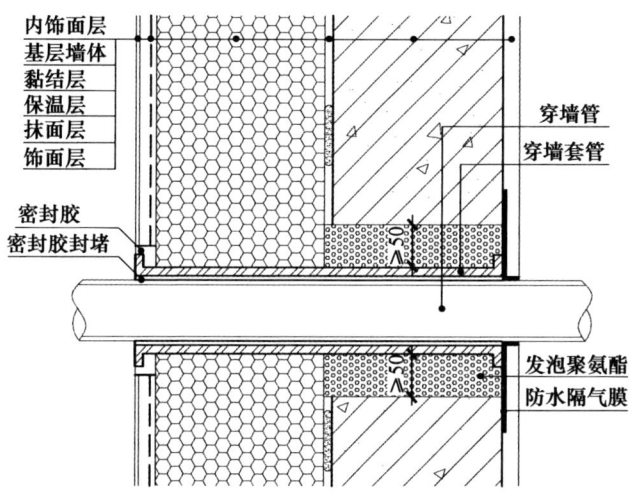

图 8-5-4　穿墙套管做法

外门窗无热桥设计应符合下列三方面规定：①外门窗安装方式应根据墙体的保温形式进行优化设计；②当墙体采用外保温系统时，外门窗应采用整体外挂式安装，门窗框内表面与基层墙体外表面齐平，门窗位于外墙外保温层内；③外门窗与基层墙体的联结件应采用阻断热桥的处理措施。外门窗外表面与基层墙体的联结处应采用防水透气材料粘贴，门窗内表面与基层墙体的连接处应采用防水隔气材料粘贴。窗户外遮阳设计应与主体建筑结构可靠连接，联结件与基层墙体之间应设置保温隔热垫块。

外遮阳需要可靠连接的同时，也可能成为破坏窗墙连接处保温构造的潜在危险因素之一，因此外遮阳的设计必须与外墙和外窗的节能设计联合起来，活动外遮阳侧口可按图 8-5-5 和图 8-5-6 设计。

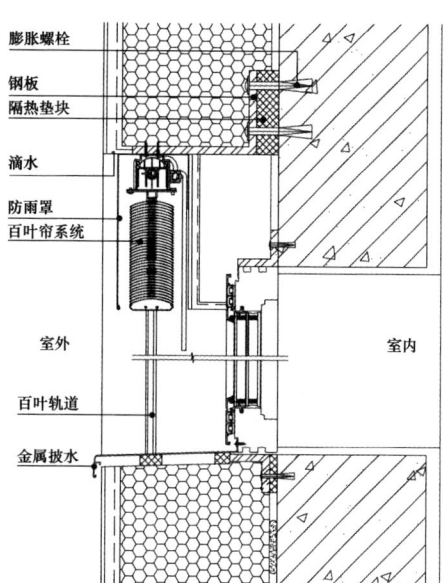

图 8-5-5 活动外遮阳安装做法

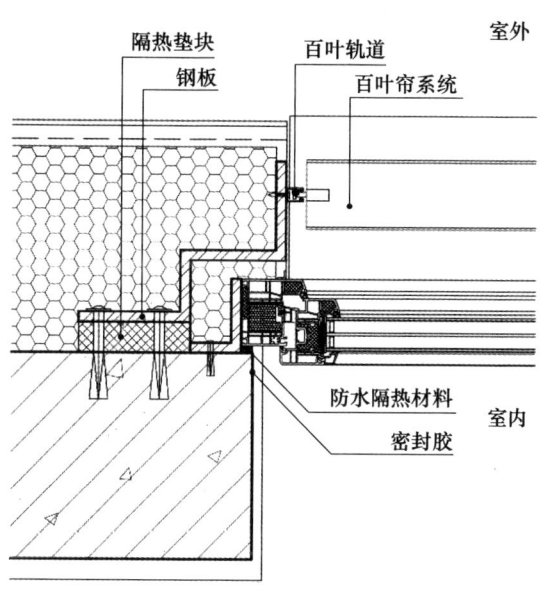

图 8-5-6 活动外遮阳侧口安装做法

屋面无热桥设计应符合五条规定：①屋面保温层应与外墙的保温层连续，不得出现结构性热桥；当采用分层保温材料时，应分层错缝铺贴，各层之间应有粘接。②屋面保温层靠近室外一侧应设置防水层，防水层应延续到女儿墙顶部盖板内；屋面结构层上方和保温层下方应设置隔汽层；屋面隔汽层设计及排气构造设计应符合现行国家标准《屋面工程技术规范》(GB 50345)的规定。③女儿墙等突出屋面的结构体，其保温层应与屋面、墙面保温层连续，不得出现结构性热桥；女儿墙、土建风道出风口等薄弱环节，宜设置金属盖板，以提高其耐久性，金属盖板与结构连接部位，应采取避免热桥的措施。④穿屋面管道的预留洞口应大于管道外径 100mm 以上；伸出屋面外的管道应设置套管进行保护，套管与管道间应填充保温材料，保温材料厚度不小于50mm。⑤落水管的预留洞口应大于管道外径100mm以上，落水管与女儿墙之间的空隙使用发泡聚氨酯进行填充。

屋面保温做法可按图8-5-7设计。突出屋面女儿墙及盖板保温做法可按图8-5-8设计。排气管出屋面可按图8-5-9设计。落水管可按图8-5-10设计。

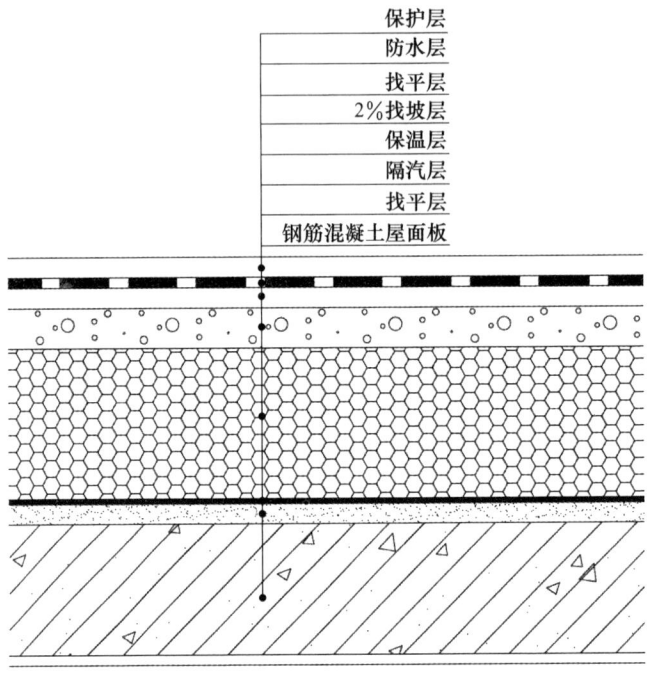

图8-5-7　屋面保温构造做法

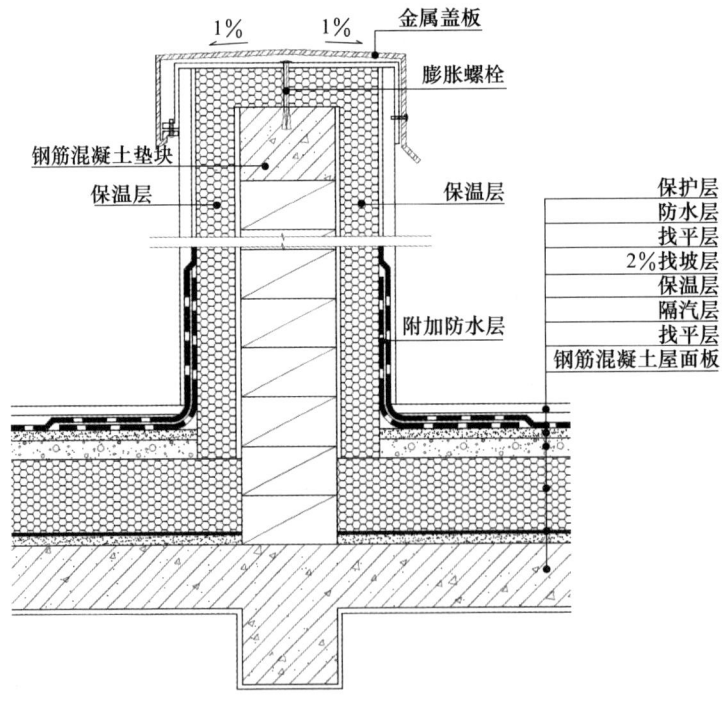

图8-5-8　突出屋面女儿墙及盖板保温构造做法

第8章 近零能耗建筑设计的相关要求

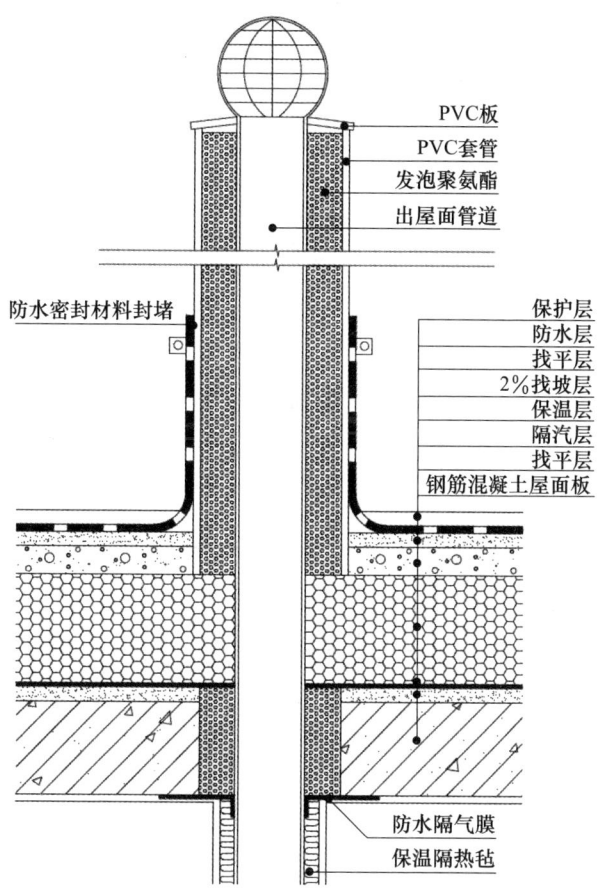

图 8-5-9 排气管出屋面管道保温构造做法

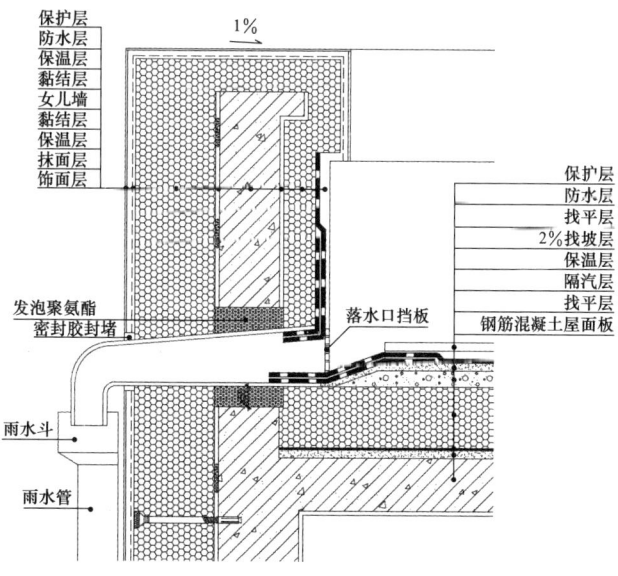

图 8-5-10 落水管处做法

地下室和地面无热桥设计应符合两方面规定：①地下室外墙外侧保温层应与地上部分保温层连续，并应采用吸水率低的保温材料；地下室外墙外侧保温层应延伸到地下冻土层以下，或完全包裹住地下结构部分；地下室外墙外侧保温层内部和外部宜分别设置一道防水层，防水层应延伸至室外地面以上适当距离。②无地下室时，地面保温与外墙保温应连续、无热桥。

当保温层位于非采暖地下室顶板上表面时，可按图 8-5-11 设计；当保温层位于非采暖地下室顶板下表面时，应按图 8-5-12 或图 8-5-13 设计；当地面位于采暖地下室上面时，应按图 8-5-14 设计。

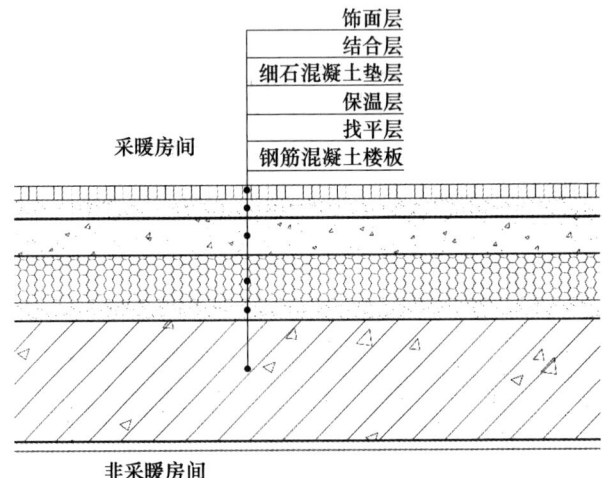

图 8-5-11　非采暖地下室顶板保温构造做法（1）

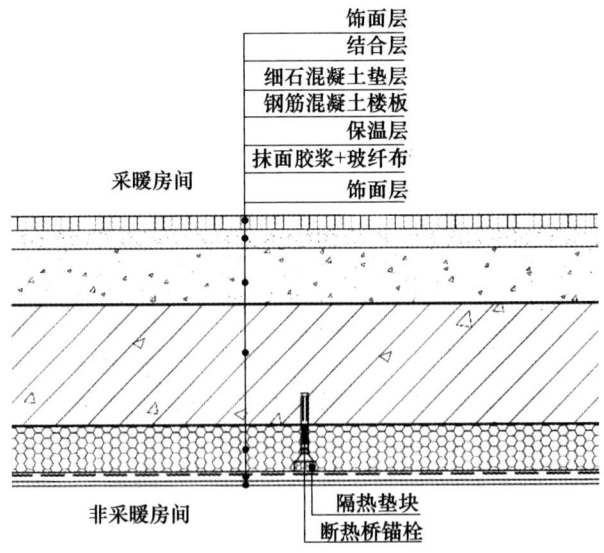

图 8-5-12　非采暖地下室顶板保温构造做法（2）

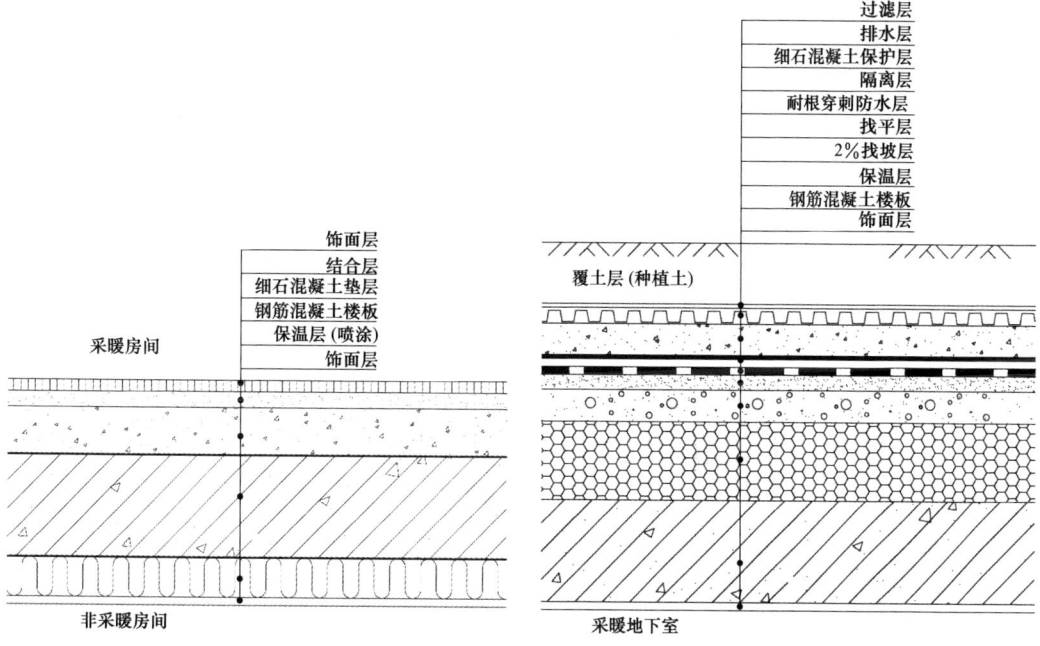

图 8-5-13　非采暖地下室顶板保温构造做法（3）　　图 8-5-14　覆土采暖地下室顶板保温构造做法

4）建筑气密性

建筑围护结构气密层应连续并包围整个外围护结构（图 8-5-15），建筑设计施工图中应明确标注气密层的位置。

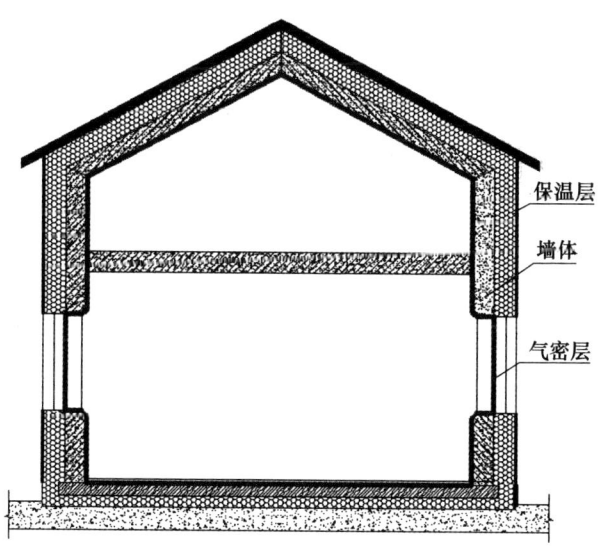

图 8-5-15　气密层标注示意图

围护结构宜采用简洁的造型和节点设计,减少或避免出现气密性难以处理的节点,应选用气密性等级高的外门窗,做好外门窗与门窗洞口之间的连接缝隙气密性处理问题。气密层应依托密闭性围护结构层,并选择适用的气密性材料构成。门洞、窗洞、电线盒、管线贯穿处等易发生气密性问题的部位应进行节点设计并对气密性措施进行详细说明。电线盒气密性处理可按图8-5-16设计。不同围护结构的交界处以及排风等设备与围护结构交界处应进行密封节点设计,并对气密性措施进行详细说明。

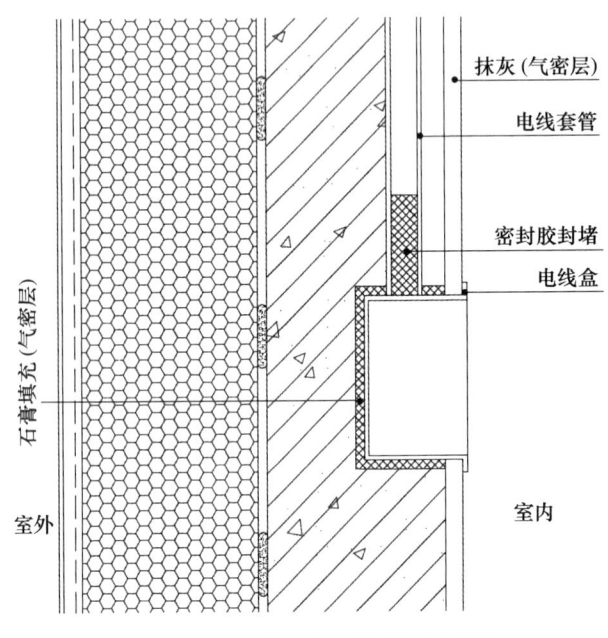

图8-5-16 电线盒气密性处理示意图

5) 供热供冷系统

供热供冷系统冷热源应综合考虑经济技术因素,进行性能参数优化和方案比选,并应符合下列三方面规定:①严寒地区分散供暖时,宜采用燃气供暖炉;当集中供暖时,宜以地源热泵、工业余热或生物质锅炉为热源,并采用低温供暖方式;有峰谷电价的地区,可利用夜间低谷电蓄热供暖。②寒冷地区宜采用地源热泵或空气源热泵;夏热冬冷地区和夏热冬暖地区宜采用空气源热泵、地源热泵或多联机系统和如磁悬浮机组等更高能效的供冷系统。③系统优先利用可再生能源,减少一次能源的使用。

供热供冷系统设计应符合下列五条规定:①应优先选用高能效等级的产品,并注重系统能效的提高;②应便于直接或间接利用自然冷热源;③应考虑多能互补集成优化;④应可根据建筑负荷灵活调节;⑤应兼顾生活热水需求,并尽可能利用太阳能供应热水。

近零能耗建筑采用的循环水泵、通风机等用能设备应采用变频调速等变负荷调节方式。近零能耗建筑应根据其冷热负荷特征,选取适宜的除湿技术措施。

6) 新风热回收及通风系统

近零能耗建筑应设置新风热回收系统,新风热回收系统设计应考虑全年运行的合理性及可靠性。新风热回收装置类型应结合其节能效果和经济性综合考虑确定;设计时应采用高效热回收装置,常用热回收装置性能见表8-5-2。

表 8-5-2　常用热回收装置性能

项目	热回收装置类型					
	转轮式	液体循环式	板式	热管式	板翅式	溶液吸收式
能量回收形式	显热或全热	显热	显热	显热	全热	全热
热回收效率	50%~85%	55%~65%	50%~80%	45%~65%	50%~70%	50%~85%
排风泄漏量	0.5%~10%	0	0~5%	0~1%	0~5%	0

新风热回收系统宜设置低阻高效的空气净化装置。严寒和寒冷地区新风热回收系统应采取防冻措施。居住建筑新风系统宜分户独立设置，并按用户需求供应新风量。居住建筑厨房应设独立的排油烟补风系统；补风应从室外直接引入，并设保温密闭型电动风阀，且电动风阀应与排油烟机联动；补风管道应保温，补风口尽可能设置在灶台附近，补风方式如图 8-5-17 所示。设计中应对补风管道尺寸进行校核，避免补风口流速过高造成的噪声问题。补风管道应保温，防止结露。补风口尽可能设置在灶台附近，缩短补风距离。

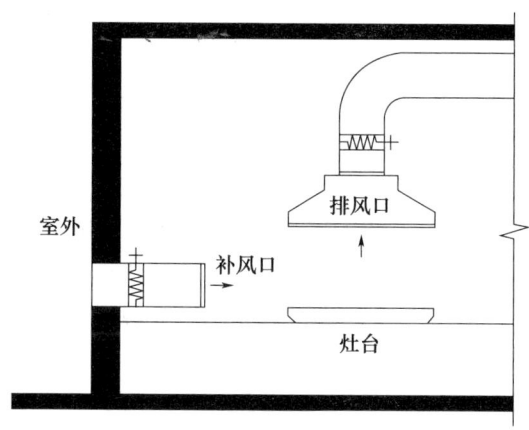

图 8-5-17　厨房补风示意图

7）监测与控制

近零能耗建筑应设置能源管理平台，对建筑室内外环境和建筑各项能耗进行监测和记录，并应符合下列六条规定：①应监测建筑室内环境、人员数量和使用方式以及室外环境参数等信息；②应监测电、自来水、蒸汽、热水、热/冷量、燃气、油或其他燃料的消耗量；③当采用可再生能源时，应对其单独进行监测；④应对网络机房、食堂、开水间、制冷机房、换热机房和锅炉房等部位的用能实行重点监测；⑤用于计费结算的电、水、热/冷量、蒸汽、燃气等表具，应符合国家现行有关标准的规定；⑥制备生活热水消耗的热量和燃料量应单独监测。

近零能耗建筑楼宇自控系统应以供需平衡为目的，根据末端房间需求实时调节冷热源的供给，降低设备使用时间及能耗输出，延长设备使用寿命，最终提高系统运行效率并节约能源。楼宇自控系统应实现管理、控制及传感执行等功能。暖通空调系统应具备部分负荷条件下的调节措施，其末端设备应根据相应区域人员情况自动启停或调节。

近零能耗建筑应以单个房间或室内区域为控制对象，遵循被动手段优先的原则，实现整体集成、优化控制和精细化管理。房间控制系统应具备下列四方面功能：①应在一个系统内集成，并收集温度、湿度、风速、空气质量、照明、遮阳、人体存在等与室内环境控制相关的物理量；②应包含房间的遮阳控制、照明控制、供冷、供热和新风末端设备控制，相互之间具有联动关系；③系统应通过策略算法，以满足房间设计的环境参数需求为前提，降低房间综合能耗为目的，自动确定当前房间的模式进行调控，或根据用户指令执行不同的空间场景模式控制方案；④在不牺牲舒适性的前提下，通过预置的程序自动控制照明、遮阳、暖通空调设备，使房间重新回到舒适与能源效率的平衡状态。

当有多种能源供给时，自控策略和调节措施应根据系统能效对比实施相应的切换；采用可再生能源系统时，应优先利用可再生能源的供给。新风机组的运行控制应满足下列五条要求：①应根据室内二氧化碳浓度变化，调整相应的风机转速及新风阀开度；②应在新风入口处监测新风流量；③应设置压差传感器检测过滤器两侧压差变化；④严寒和寒冷地区的新风热回收装置应具备防冻保护功能；⑤应根据最小经济温差（焓差）控制新风热回收装置的旁通阀。

8) 照明与计量

近零能耗建筑应选择高效节能的光源和灯具，宜选择 LED 光源，且其色容差、色度等指标应满足国家相关标准要求；应采用智能照明控制系统。电梯系统应采用节能的控制及拖动系统，当设有两台及以上电梯集中排列时，应具备群控功能；电梯无外部召唤，且电梯轿厢内一段时间无预设指令时，应自动关闭轿厢照明及风扇；宜采用变频调速拖动方式，高层建筑电梯系统可采用能量回馈装置。近零能耗建筑应对能耗进行分类分项计量；公共建筑和居住建筑公共区域应对冷、热、电等不同能源形式进行分类计量，并对照明、电梯、风机、水泵等设备用电进行分项计量；居住建筑宜对典型户型的供暖、供冷、照明、空调、插座的能耗进行分类分项计量；计量户数不宜少于同类型总户数的 10%，且不少于 5 户。

8.5.2 施工质量控制

近零能耗建筑施工和质量控制应针对热桥控制、气密性保障等关键环节制定专项施工方案；施工前，应对现场工程师、施工人员、监理人员进行专项培训。近零能耗建筑围护结构保温工程应实行专业化施工，应选用配套供应的外保温系统材料，其型式检验报告中应包括外保温系统耐候性检验项目。

围护结构保温施工应符合下列四条要求：①围护结构保温施工应在预埋件安装完成并验收合格后进行；②围护结构的保温层应粘贴平整且无缝隙，固定方式不应产生热桥，采用岩棉带薄抹灰外保温系统时，岩棉带的宽度不宜小于 200mm；③围护结构上的悬挑构件、穿透围护结构的管道等热桥部位应进行阻断热桥处理；④装配式夹心外墙板竖缝、横缝应做热桥处理。墙体基面允许尺寸偏差见表 8-5-3。穿墙（楼板）管道与保温层连接处应安装止水密封带，见图 8-5-18。

表 8-5-3 墙体基面的允许尺寸偏差

工程做法	项目			允许偏差≤（mm）	检验方法
砌体工程	墙面垂直度	每层		4	2m 托线板检查
		全高	≤10m	5	经纬仪或吊线、钢尺检查
			>10m	10	
	表面平整度			5	2m 靠尺和塞尺检查
混凝土工程	墙面垂直度	层高	≤5m	4	经纬仪或吊线、钢尺检查
			>5m	4	
		全高		$H/1000$ 且 ≤30	经纬仪、钢尺检查
	表面平整度			4	2m 靠尺和塞尺检查

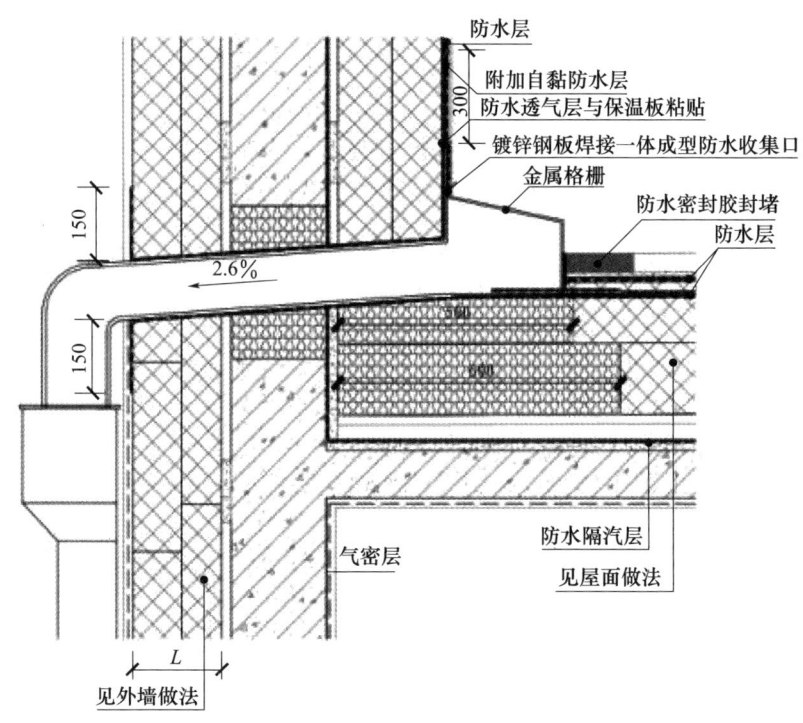

图 8-5-18 女儿墙雨水收集口

外门窗安装应符合下列四条要求：①外门窗安装前结构工程应已验收合格，门窗结构洞口平整；②外门窗与基层墙体的联结件应进行阻断热桥的处理；③门窗洞口与窗框连接处应进行防水密封处理；④窗底应安装窗台板散水，窗台板两端及底部之间与外保温的缝隙应先用预压膨胀密封带填塞，门洞窗洞上方应安装滴水线条。建筑门窗洞口允许偏差应符合表 8-5-4 的规定。窗洞口阳角部位宜采用角网增强，见图 8-5-19。外门窗施工工艺流程见图 8-5-20。

表 8-5-4 建筑门窗洞口尺寸允许偏差

项目	允许偏差（mm）
洞口宽度、高度尺寸	±10
洞口对角线尺寸	≤10
洞口的表面平整度、垂直度、洞口的平面位置、标高尺寸	≤10

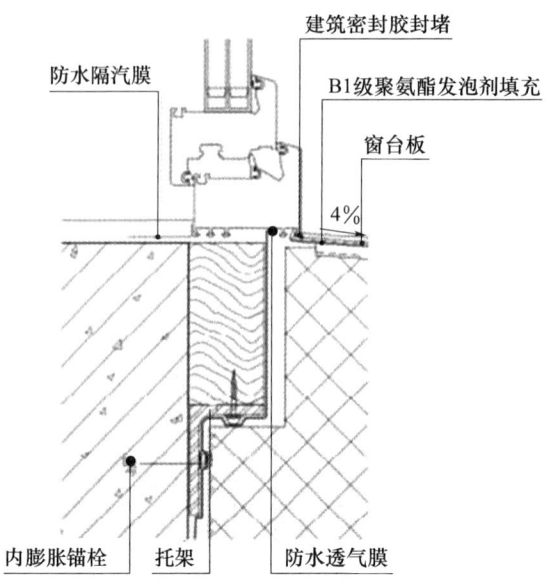

图 8-5-19 外窗施工安装图

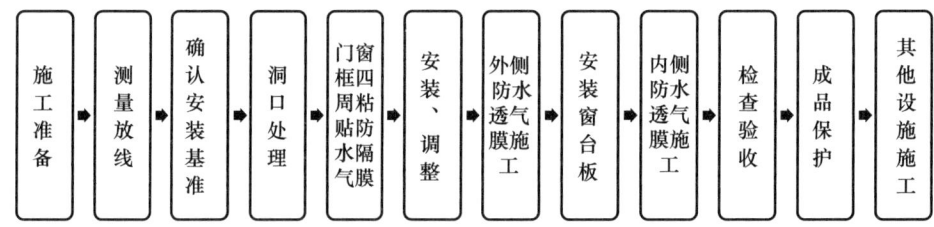

图 8-5-20 外门窗施工工艺流程

当设计有外遮阳时,应在外窗安装已完成、外保温尚未施工时确定外遮阳的固定位置,并安装连结件;连结件与基层墙体之间应进行阻断热桥的处理。围护结构气密性处理应符合下列四条要求:①防水隔气材料的材质应根据粘贴位置基层的材质和是否需要抹灰覆盖防水隔气材料进行选择;②建筑结构缝隙应进行封堵;③围护结构不同材料交界处、穿墙和出屋面管线、套管等空气渗漏部位应进行气密性处理;④气密性施工应在该节点热桥处理之后进行,气密性施工不应产生热桥。

防水隔气材料技术要求见表 8-1-1,防水透气材料要求见表 8-1-2。配电箱施工做法见图 8-5-21。

装配式结构气密性处理应符合下列四方面要求:①对装配式剪力墙结构外墙板内叶板,竖缝宜采用现浇混凝土密封方式,横缝应采用高强度灌浆料密封。②装配式框架结构外墙板内叶板,竖缝和横缝均宜采用聚氨酯发泡封堵,并应在室内侧粘贴防水隔气膜或涂刷防水隔气层进行气密性处理。

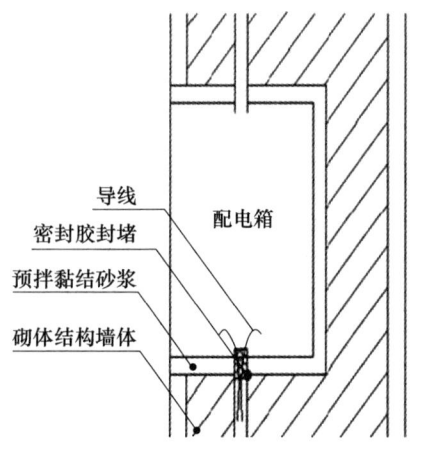

图 8-5-21 配电箱施工做法

③外叶板竖缝和横缝宜先在夹心保温表面涂刷防水透气层,再从板缝口填充直径略大于缝宽的通长聚乙烯棒,聚乙烯棒表面与排水空腔外边缘齐平;板缝口宜灌注耐候硅酮密封胶,且耐候硅酮密封胶在缝口应呈凹形。④装配式夹心外墙板与结构柱、梁之间的竖缝和横缝应在室内侧设置防水隔汽层,再进行抹灰等处理。

施工过程中宜对热桥及气密性关键性部位进行热工缺陷和气密性检测,查找漏点并及时修补。机电系统施工应符合下列三条规定,即机电系统安装应避免产生热桥和破坏围护结构气密层;对风系统所有敞开部位均应做防尘保护;机组安装及管道施工过程中应做消声隔振处理。

进场验收主控项目应符合下列五方面要求:①保温工程所用材料进场时,应进行施工现场见证取样复验,复验结果应符合设计要求。②外门窗(包括天窗)应整窗进场;外门窗、建筑幕墙(含采光顶)及外遮阳设施进场时,应进行施工现场见证取样复验,复验结果应符合设计要求;外门窗所用防水透气材料、防水隔气材料进场时,应进行质量检查和验收,其品种、规格、性能应符合设计和相关标准的要求。③供暖与空调系统设备及施工所用材料进场时,应进行质量检查和验收,其类型、材质、性能、规格及外观应符合设计要求;对设备系统工程施工所用的保温绝热材料应进行施工现场取样复验,复验结果应符合设计要求。④照明设备进场时,应进行施工现场见证取样复验,复验结果应符合设计要求。⑤太阳能热利用或太阳能光伏发电系统设备进场时,应进行施工现场见证取样复验,复验结果应符合设计要求;围护结构保温工程复验要求见表8-5-5;外门窗、建筑幕墙(含采光顶)及外遮阳设施进场复验要求见表8-5-6。

表8-5-5 外墙保温复验项目

材料名称		复验项目
保温板	模塑聚苯板、挤塑聚苯板、硬泡聚氨酯板	厚度、导热系数、表观密度、垂直于板面的抗拉强度(仅限墙体)、燃烧性能、压缩强度(仅限地面、屋面)
	岩棉带	厚度、导热系数、表观密度、垂直于表面的抗拉强度、酸度系数
复合保温板等墙体节能定型产品		传热系数或热阻、单位面积质量、拉伸黏结强度、燃烧性能(不燃材料除外)
保温砌块等墙体节能定型产品		传热系数或热阻、抗压强度、吸水率
反射隔热材料		太阳光反射比、半球发射率
防火隔离带		燃烧性能、导热系数、吸水率、垂直于表面的抗拉强度(仅限墙体)
胶黏剂		常温常态拉伸黏结强度(与水泥砂浆)、常温常态拉伸黏结强度(与保温板)、常温常态拉伸黏结强度(与隔离带)
抹面胶浆		常温常态和浸水拉伸黏结强度(与保温板)、常温常态和浸水拉伸黏结强度(与隔离带)、压折比
玻纤网		耐碱断裂强力、耐碱断裂强力保留率

表 8-5-6 外门窗、建筑幕墙（含采光顶）及外遮阳设施进场复验项目

材料名称	复验项目
外门窗	气密性、传热系数、中空玻璃的密封性能及露点、玻璃的太阳得热系数、可见光透射比
建筑幕墙（含采光顶）	幕墙玻璃的可见光透射比、传热系数、太阳得热系数，中空玻璃的露点；隔热型材的抗拉强度、抗剪强度
透光、部分透光遮阳材料	太阳光透射比、太阳光反射比
外遮阳设施	遮阳系数、抗风荷载

各道工序之间应进行交接检验，上道工序合格后方可进行下道工序，并做好隐蔽工程记录和影像资料，隐蔽工程检查应包含以下四方面内容：①外墙基层及其表面处理、保温层的敷设方式、厚度和板材缝隙填充情况，锚固件安装与热桥处理，网格布铺设情况，穿墙管线保温密封处理等。②屋面、地面基层及其表面处理、保温层的敷设方式、厚度和板材缝隙填充质量，防水层（隔气、透气）设置，雨水口部位、出屋面管道、穿地面管道的处理等。③门窗、遮阳系统安装方式，门窗框与墙体结构缝的保温处理，窗框周边气密性处理，联结件与基层墙体间的断热桥措施等。④女儿墙、窗框周边、封闭阳台、出挑构件、预埋支架等重点部位的施工做法。

建筑主体施工结束，门窗安装完毕，内外抹灰完成后，精装修施工开始前，应按本章8.5.6 节进行建筑气密性检测，检测结果应满足相关规范气密性指标要求。设备系统施工完成后，应进行联合试运转和调试，且节能性能检测达到设计要求。

8.5.3 运行与管理

近零能耗建筑的运行与管理应在保证设备安全和满足室内环境设计参数的前提下，选择最利于建筑节能的运行方案，并应立足建筑设计，充分利用建筑构件和设备的功能实施控制调节，且根据室外气象参数和建筑实际使用情况做出动态运行策略调整。

近零能耗建筑应在正式投入使用的第一个年度进行建筑能源系统调适，系统调适应满足下列四条要求：①应覆盖主要的季节性工况和部分负荷工况；②应覆盖中控系统及所有联动工作的用能系统和建筑构件；③调适工作宜从正式投入使用开始延续至第三个完整年度结束；④当建筑使用过程中发生建筑使用功能的重大改变，或对用能系统进行了改造时，应在建筑正式恢复使用的第一个年度再次进行完整的系统调试。

近零能耗建筑运行参数的记录和数据分析应符合下列五方面要求：①除满足相关规范对各项能耗数据的记录要求外，还应记录同期的人员使用情况、室外环境参数等建筑运行信息；②应每年根据建筑的能耗数据、建筑的使用情况记录和气象数据，对建筑的年度运行情况进行分析，及时调整运行策略或使用方式；③建筑的年运行数据应与上一年度本建筑的运行数据进行比对分析，或与相同气候区、相同功能的近零能耗建筑运行数据进行横向比对分析；④必要时应对建筑用能系统进行再调试；⑤运行数据应定期向社会公示。

近零能耗建筑管理方应针对私人使用空间编制用户使用手册，并对业主及使用者进行宣传，同时应在公共空间设公告牌，将与节能有关的用户注意事项等信息进行公示。对建筑气密性有要求的近零能耗建筑，当建筑的门窗洞口或其他气密部位进行了改造或施工

第8章 近零能耗建筑设计的相关要求

时，竣工后应对建筑气密性进行重新测定。

相关负责机构应定期对围护结构热工性能进行检验，并应符合下列三条规定：①检验的时间间隔不宜超过三年；②对于热工性能减退明显的部位应及时进行整改；③除定期例行检验外，高强度雨雪冰雹之后应增加有针对性的检验工作。

新风机组的运行管理应满足下列三条要求：①应根据过滤器两侧压差变化及时更换过滤装置；②当室外温湿度和空气质量适宜时，应最大限度利用新风排出室内余热余湿；③当供暖、制冷设备开启时，应根据最小经济温差（焓差）控制新风热回收装置的旁通阀开闭；最小温差焓值的估算公式为：

$$\frac{Q_{re}}{COP} > E \frac{mC_p \Delta T_{min}}{COP} = E \frac{m\Delta H_{min}}{COP} = E$$

其中，Q_{re} 为新风通过热回收而获得的能量；COP 为机组供热或制冷系数；E 为转轮能耗及风机增加能耗；ΔT_{min} 为最小经济温差；ΔH_{min} 为最小经济焓差；m 为功能参数；C_p 为功率因子。

8.5.4 围护结构保温及构造做法

近零能耗建筑外墙宜采用外墙外保温的构造形式或夹心保温构造形式，在特殊条件下也可采用其他保温构造形式，并应采用重质围护结构。采用外保温形式时，外墙保温系统防火性能及防火隔离带的设置应符合国家现行标准《建筑设计防火规范》（GB 50016）和《建筑外墙外保温防火隔离带技术规程》（JGJ 289）的要求。外墙保温系统用有机保温材料的燃烧性能等级不应低于 B2 级，典型设置防火隔离带的有机保温板薄抹灰外保温系统基本构造参考表 8-5-7。无机保温板系统用无机保温材料的燃烧性能等级不应低于 A2 级，典型无机保温板薄抹灰外保温系统基本构造可按表 8-5-8 选用。外保温系统宜采用轻质饰面层，对于面密度超过 30kg/m² 的外保温系统应设置托架，托架的设置应避免热桥效应。夹心保温系统基本构造参考表 8-5-7。屋面保温、夹心保温等保温材料的物理性能应符合相关产品国家标准要求；外墙外保温系统用保温材料的物理性能除了满足相应国家标准外，其重要指标还应满足表 8-5-8 的要求。

表 8-5-7 有机保温板外保温系统基本构造

基本构造								构造示意图
基层墙体①	黏结层②	保温层		辅助联结件⑤	抹面层		饰面层⑨	
		保温板③	防火隔离带④		底层⑥	增强材料⑦	面层⑧	
混凝土墙、各种砌体墙	胶黏剂	有机保温板、防火隔离带		锚栓	抹面胶浆	玻纤网	抹面胶浆	涂料、饰面砂浆等

表 8-5-8 无机保温板外保温系统基本构造

基层墙体①	基本构造						构造示意图
	黏结层②	保温层③	抹面层			饰面层⑧	
			辅助联结件④	底层⑤	增强材料⑥	面层⑦	
混凝土墙、各种砌体墙	胶黏剂	无机保温板	锚栓	抹面胶浆	玻纤网	抹面胶浆	涂料、饰面砂浆等

表 8-5-9 夹心保温系统基本构造

基本构造				构造示意图
外叶板①	保温材料②	内叶板③	拉结件④	
混凝土墙	内插保温板	混凝土墙	高强度塑料或组合件	

表 8-5-10 外墙外保温系统用保温材料物理性能指标表

材料类型	序号	参数	技术要求
普通膨胀聚苯板	1	导热系数（平均温度25℃）[W/(m·K)]	≤0.037
	2	表观密度（kg/m³）	18~22
	3	垂直于板面方向的抗拉强度（MPa）	≥0.10
	4	尺寸稳定性（%）	≤0.3
	5	吸水率（体积分数,%）	≤2
石墨聚苯板	1	导热系数（平均温度25℃）[W/(m·K)]	≤0.032
	2	表观密度（kg/m³）	18~22
	3	垂直于板面方向的抗拉强度（MPa）	≥0.10
	4	尺寸稳定性（%）	≤0.3
	5	吸水率（体积分数,%）	≤2

续表

材料类型	序号	参数	技术要求
岩棉带	1	质量吸湿率（%）	≤0.5
	2	短期吸水量（部分浸入）（kg/m²）	≤0.5
	3	导热系数（25℃）[W/(m·K)]	≤0.048
	4	垂直于表面的抗拉强度（MPa）	≥0.15
	5	压缩强度（kPa）	≥80
真空绝热板	1	导热系数（25℃）[W/(m·K)]	≤0.008
	2	穿刺强度（N）	≥18
	3	垂直于表面的抗拉强度（kPa）	≥80
	4	压缩强度（kPa）	≥100
	5	表面吸水量（g/m²）	≤100
	6	穿刺后垂直于板面方向的膨胀率（%）	≤10
聚氨酯板	1	芯材表观密度（kg/m³）	≥35
	2	芯材导热系数（平均温度25℃）[W/(m·K)]	≤0.024
	3	芯材尺寸稳定性（70℃，48h）（%）	≤1.0
	4	吸水率（体积分数,%）	≤2
	5	垂直于板面方向的抗拉强度（MPa）	≥0.10

8.5.5 外门窗设计选型

近零能耗建筑外门窗除应符合相关规范规定的节能性能要求外，还应符合相关标准规定的其他性能要求。常见建筑外窗热工性能可参考表8-5-11，玻璃门也可参考此表性能选用。外窗的热工性能应以检测值为准。

表8-5-11 常见建筑外窗热工性能表

序号	名称	玻璃配置	传热系数 K [W/(m²·K)]	太阳得热系数 SHGC
1	70系列内平开隔热铝合金窗	5+12A+5+12A+5Low-E	1.8～2.2	0.30～0.37
2	70系列内平开隔热铝合金窗	5+12Ar+5+12Ar+5Low-E	1.7～2.1	0.30～0.37
3	70系列内平开隔热铝合金窗	5+12A+5Low-E+12A+5Low-E	1.6～2.0	0.24～0.31
4	70系列内平开隔热铝合金窗	5+12Ar+5Low-E+12Ar+5Low-E	1.5～1.9	0.24～0.31
5	90系列内平开隔热铝合金窗	5+12A+5+V+5Low-E	0.9～1.1	0.35～0.39
6	100系列内平开隔热铝合金窗	5+12Ar+5Low-E+12Ar+5Low-E	0.9～1.1	0.24～0.31
7	100系列内平开隔热铝合金窗	5+12Ar+5+V+5Low-E	0.8～1.0	0.35～0.39
8	65系列内平开塑料窗	5+12A+5+12A+5	1.8～2.0	0.44～0.48
9	65系列内平开塑料窗	5+12A+5Low-E	1.8～2.0	0.35～0.39
10	65系列内平开塑料窗	5+12Ar+5Low-E	1.7～1.9	0.35～0.39
11	65系列内平开塑料窗	5+12A+5+12A+5Low-E	1.4～1.6	0.30～0.37

续表

序号	名称	玻璃配置	传热系数 K [W/(m²·K)]	太阳得热系数 SHGC
12	65系列内平开塑料窗	5+12Ar+5+12Ar+5Low-E	1.3～1.5	0.30～0.37
13	65系列内平开塑料窗	5+12A+5Low-E+12A+5Low-E	1.2～1.4	0.24～0.31
14	65系列内平开塑料窗	5+12Ar+5Low-E+12Ar+5Low-E	1.1～1.3	0.24～0.31
15	82系列内平开塑料窗	5+12Ar+5+12Ar+5Low-E	1.0～1.2	0.30～0.37
16	82系列内平开塑料窗	5+12Ar+5Low-E+12Ar+5Low-E	0.8～1.0	0.24～0.31
17	82系列内平开塑料窗	5+12Ar+5Low-E+V+5	0.6～0.8	0.35～0.39
18	68系列内平开木窗	5+12A+5+12A+5	1.8～2.0	0.44～0.48
19	68系列内平开木窗	5+12A+5Low-E	1.8～2.0	0.35～0.39
20	68系列内平开木窗	5+12Ar+5Low-E	1.7～1.9	0.35～0.39
21	78系列内平开木窗	5+12A+5+12A+5Low-E	1.4～1.6	0.30～0.37
22	78系列内平开木窗	5+12A+5+12Ar+5Low-E	1.3～1.5	0.30～0.37
23	78系列内平开木窗	5+12A+5Low-E+12A+5Low-E	1.2～1.4	0.24～0.31
24	78系列内平开木窗	5+12Ar+5Low-E+12Ar+5Low-E	1.1～1.3	0.24～0.31
25	86系列内平开铝木复合窗	5+12A+5+12A+5	1.9～2.1	0.44～0.48
26	86系列内平开铝木复合窗	5+12A+5Low-E	1.9～2.1	0.35～0.39
27	86系列内平开铝木复合窗	5+12Ar+5Low-E	1.8～2.0	0.35～0.39
28	86系列内平开铝木复合窗	5+12A+5+12A+5Low-E	1.5～1.7	0.30～0.37
29	86系列内平开铝木复合窗	5+12Ar+5+12Ar+5Low-E	1.4～1.6	0.30～0.37
30	86系列内平开铝木复合窗	5+12A+5Low-E+12A+5Low-E	1.3～1.5	0.24～0.31
31	86系列内平开铝木复合窗	5+12Ar+5Low-E+12Ar+5Low-E	1.2～1.4	0.24～0.31
32	92系列内平开铝木复合窗	5+12A+5Low-E+12A+5Low-E	0.9～1.1	0.24～0.31
33	92系列内平开铝木复合窗	5+12Ar+5+V+5Low-E	0.8～1.0	0.30～0.37

注：表中数据参考了图集《建筑节能门窗》(16J607)。玻璃配置从室外侧到室内侧表述；双片Low-E膜的中空玻璃膜层一般位于2、4面或3、5面；真空中空玻璃的Low-E膜一般位于第4面，且真空玻璃应位于室内侧。塑料型材宽度≥82mm时应为6腔室或6腔室以上型材；90系列隔热铝合金型材隔热条截面高度≥54mm，100系列隔热铝合金型材隔热条截面高度≥64mm，且隔热条中间空腔需填充泡沫材料。由于型材构造、镀膜牌号等存在差异，表格中给出的性能仅考虑大多数厂家产品的平均性能水平，无特殊设计的产品。

8.5.6 建筑气密性检测方法

1) 检测方法。建筑气密性检测宜采用压差法。压差法的检测应在50Pa和－50Pa压差下测量建筑物换气量，并通过计算换气次数量化近零能耗建筑外围护结构整体气密性能。采用压差法检测时，宜同时采用红外热成像仪拍摄红外热像图，并确定建筑物的渗漏源。

建筑气密性能检测应按下列五个步骤进行：第一，即将调速风机密封安装在房间的外门框中；第二，利用红外热像仪拍摄照片，确定建筑物渗漏源；第三，封堵地漏、风口等非围护结构渗漏源；第四，启动风机，使建筑物内外形成稳定压差；第五，测量建筑物的内外压差，当建筑物内外压差稳定在50Pa或－50Pa时，测量记录空气流量，同时记录室内外空气温度、室外大气压。

建筑外围护结构整体气密性能的检测值的处理应遵守相关规范规定。换气次数应按下式计算：

$$N^+50 = L_{50}^+/V \text{ 和 } N_{50}^- = L_{50}^-/V$$

其中，N_{50}^+、N_{50}^-分别为室内外压差为50Pa、-50Pa下房间的换气次数（h^{-1}）；L_{50}^+、L_{50}^-分别为室内外压差为50Pa、-50Pa下空气流量的平均值（m^3/h）；V为被测房间或建筑换气体积（m^3）。

建筑或房间的换气次数应按下式计算：

$$N_{50} = (N_{50}^+ + N_{50}^-)/2$$

其中，N_{50}为室内外压差为50Pa条件下，建筑或房间的换气次数（h^{-1}）。

当以户为对象进行气密性能检测时，测试户数不应少于整栋建筑户数的5%，且至少应包括顶层、中间层和底层的典型户型各1户；当以单元为对象进行气密性能检测时，测试单元不应少于整栋建筑单元数的10%，且不应少于1个单元。

2）合格指标与判定方法。近零能耗建筑整体气密性指标应符合表8-3-1和表8-3-3中气密性指标要求。当检测结果符合相关规范的规定时，应判为合格，否则应判为不合格。

8.6 近零能耗建筑的评价方法

8.6.1 基本要求

近零能耗建筑建造完成后，应对其是否达到超低能耗、近零能耗、零能耗建筑的标准给予评价，并应符合下列三方面规定，即当被评价的建筑满足相关规范近零能耗建筑相关参数、指标要求时，应对其进行近零能耗建筑评价；当被评价的建筑满足本章8.2节和8.3节近零能耗建筑相关参数、指标要求时，且可再生能源全年供能大于等于建筑物全年用能时，应对其进行零能耗建筑评价；当被评价的建筑满足本章8.2节的要求，但不满足本章8.3节的规定时，应按本章8.6.4节进行超低能耗建筑评价。

评价应以近零能耗建筑设计与评价软件模拟计算的结果为基础，并结合实际测试或监测结果，综合判定。评价应以单栋建筑为对象，对于设计中以户或以单元为设计单位的居住建筑，可结合建筑的实际情况，以户或单元为对象进行评价。评价工作应贯穿整个设计与建造过程，分为设计评价和施工评价两部分；建筑竣工验收一年后，宜对居住建筑进行后评估，应对公共建筑进行后评估。从事近零能耗建筑检测的机构应具有相应检测资质，检测中使用的仪器仪表应具有法定计量部门出具的有效期内的检定合格证或校准证书，从事近零能耗建筑检测的人员应经过相关专业技术培训。

8.6.2 评价方法

近零能耗建筑选材应鼓励选用获得绿色建材标识（认证）或高性能节能标识（认证）的门窗、保温（隔热）材料、照明灯具、新能源设备、冷（热）源机组、空调（采暖）末端设备、热回收装置、遮阳材料、室内装修材料等产品。获得标识的产品在评价时可直接认可。

设计评价应在施工图设计文件审查通过后进行,并应符合下列两方面规定:①施工图审核应重点核查围护结构关键节点构造及做法是否满足保温及气密性要求,包括外保温构造、门窗洞口密封、气密层保护措施及是否采取热回收新风系统,厨房及卫生间通风是否采取节能措施等。②能耗指标核算应包括供暖年耗热量、供冷年耗冷量及年供暖空调照明一次能源消耗量的核算,能耗指标应采用相关规范附带的近零能耗建筑设计与评价软件进行计算。

施工评价应在建筑物竣工验收前进行,并应符合下列五方面规定:①应对建筑外围护结构整体进行气密性检测;当以户或单元为对象进行评价时,应以户或单元为单位进行气密性测试;检测方法及结果应符合本章8.5.6节的要求。②应对围护结构热工缺陷进行检测;检测方法应按照我国现行《居住建筑节能检测标准》(JGJ/T 132)的相关要求进行;受检内表面因缺陷区域导致的能耗增加比值应小于5%,且单块缺陷面积应小于0.3m²;当受检内表面的检测结果满足此规定时,应判为合格,否则应判为不合格。③应对新风热回收装置性能进行检测,对于集中式热回收装置,应进行现场检测,检测方法及检测结果应符合本章8.6.5节新风热回收装置热回收效率现场测试方法的要求;同一厂家的分散式热回收装置应进行现场抽检,送至实验室检测,检测方法应符合我国现行《热回收新风机组》(GB/T 21087)的要求,检测结果符合本章8.6.5节的要求,抽检数量为5%但不得少于2台;对于获得高性能节能标识(认证)且在有效期内的产品,提供证书可免于现场抽检。④应核查外墙保温材料、门窗、装修主材等关键产(部)品应为高性能节能产品或绿色建材产品;否则,应核查其见证取样检测报告是否符合设计要求或相关规定。⑤应由第三方检测机构进行检测并出具检测报告。

当近零能耗建筑设计评价完成后,可向其颁发有效期为两年的设计评价证书;当施工评价完成后,应向其颁发近零能耗建筑评价证书,完成整个评价工作。

8.6.3 后评估

后评估应包含室内环境检测和实际能耗评估。室内环境检测应包含室内温度、湿度、热桥部位内表面温度、新风量、室内$PM_{2.5}$含量、二氧化碳浓度及室内环境噪声。实际能耗评估应以供暖、空调及照明年一次能源消耗量为评价指标,并应符合下列两条规定:①近零能耗建筑能耗指标检测应以整栋建筑或典型户能耗为检测对象,计量时间以一年为一个周期;②公共建筑应直接采用分项计量的能耗数据,并对其计量仪表进行校核后采用,居住建筑应以栋或典型用户电表、气表等计量仪表的实测数据为依据,经计算分析后采用。

对住宅建筑,每户电表难以做到分项计量,可参照以下方式进行拆分。当供暖空调系统采用不同能源时,应通过换算将能耗计量单位进行统一。

对集中采暖,年供暖能耗应以分栋或分户热计量表计量数据为依据,考虑热源效率及输送效率后折算到一次能耗;年供冷能耗以栋或户用电表数据为依据可按下式计算:

$$E_{AC,e} = E_{cooling,e} - E_{transition,e}$$

其中,$E_{AC,e}$为年供冷耗电量,$E_{cooling,e}$为供冷季耗电量,$E_{transition,e}$为过渡季耗电量;年供冷耗电量按国家发改委发电煤耗规定,折算到一次能耗即为年供冷能耗。

对独立电(含空气源热泵)供暖空调系统,年供暖空调能耗以栋或户用电表数据为依据可按下式计算：

$$E_{H,e} = E_{heating,e} - E_{transition,e}$$

其中，$E_{H,e}$ 为年空调耗电量，$E_{heating,e}$ 为供暖季耗电量，$E_{transition,e}$ 为过渡季耗电量；年供冷空调能耗以栋或户用电表数据为依据，计算式参考前文，年供暖/供冷耗电量按国家发改委发电煤耗规定，折算到一次能耗即为年供暖/供冷能耗。

对燃气供暖，年供暖能耗以栋或户用燃气表计量数据为依据可按下式计算：

$$E_{H,g} = E_{heating,g} - E_{transition,g}$$

其中，$E_{H,g}$ 为年供暖燃气耗气量，$E_{heating,g}$ 为供暖季耗气量，$E_{transition,g}$ 为过渡季耗气量，将燃气折算到一次能耗即为年供暖能耗；年供冷空调能耗以栋或户用电表数据为依据、计算式参考前文，年供暖/供冷耗电量按国家发改委发电煤耗规定，折算到一次能耗即为年供暖/供冷能耗。

年照明能耗应按每栋或户灯具功率和使用时间进行计算。单位面积年能耗应按式 $E_0 = \sum E_i / A$ 计算，其中，E_0 为单位面积年能耗，E_i 为各系统一年的采暖、供冷和照明能耗，A 为套内面积。

8.6.4 超低能耗建筑能耗指标

超低能耗居住建筑能耗指标应满足表 8-6-1 的规定，其中，居住面积为套内使用面积，应包括卧室、起居室（厅）、餐厅、厨房、卫生间、过厅、过道、储藏室、壁柜等使用面积的总和；WDH_{20} 为一年中室外湿球温度高于 20℃ 时刻的湿球温度与 20℃ 差值的累计值（单位：kK·h）；DDH_{28} 为一年中室外干球温度高于 28℃ 时刻的干球温度与 28℃ 差值的累计值（单位：kK·h）。

表 8-6-1 超低能耗居住建筑能耗指标及气密性指标

气候分区		严寒地区	寒冷地区	夏热冬冷地区	夏热冬暖地区	温和地区
能耗指标	供暖年耗热量 [kW·h/(m²·a)]	≤30	≤20	≤5		
	供冷年耗冷量 [kW·h/(m²·a)]	≤10+2.0×WDH_{20}+2.2×DDH_{28}				
	供暖、空调及照明年一次能源消耗量 [kW·h/(m²·a)]	≤60				
气密性指标	换气次数 N50	≤0.6		≤1.0		

超低能耗公共建筑能耗指标及气密性指标应满足表 8-6-2 要求，其中，节能率和可再生能源贡献率的计算方法见本书 8.4.3。

表 8-6-2 超低能耗公共建筑能耗指标及气密性指标

气候分区		严寒地区	寒冷地区	夏热冬冷地区	夏热冬暖地区	温和地区
能耗指标	节能率（%）	≥50%				
气密性指标	换气次数 N50	≤1.0		—		

超低能耗建筑能耗值可参考表 8-6-3。表 8-6-3 中数据基于典型建筑计算确定，作为设计的参考，不作为能耗约束条件，其中住宅类建筑为高层板楼，办公建筑和酒店建筑为面积小于 10000m² 的板式建筑；表中数据为供暖、空调、照明系统的等效耗电量。

表 8-6-3 超低能耗建筑能耗值　　　单位：kW·h/(m²·a)

类别	哈尔滨	沈阳	北京	驻马店	上海	武汉	成都	韶关	广州	昆明
居住建筑	24	22	20	20	22	21	20	22	24	15
办公建筑	34	32	30	36	37	32	35	34	36	21
酒店建筑	32	32	31	35	38	38	35	39	45	23

8.6.5 新风热回收装置热回收效率现场检测方法

1) 检测方法。集中式新风热回收装置效率检测应在系统实际运行状态下进行；分散式新风热回收装置应进行施工现场抽检，送至第三方检测机构进行实验室检测，保证其热回收效率符合设计要求；抽检数量为 5%，但不得少于 2 台。

集中式新风热回收装置效率检测应符合下列三条要求：①检测前应在热回收机组的新风系统和排风系统热回收装置前后布置有自动记录功能的温湿度测试仪器；②检测期间热回收机组的排风系统总风量和新风系统总风量比值应在 90%～100%，且风管风量的检测方法应按照现行行业标准《公共建筑节能检测标准》（JGJ/T 177）的有关规定；③检测时间应在系统设备稳定运行后不少于 2h。

集中式新风热回收装置效率可通过温度的交换效率、湿度的交换效率及焓的交换效率进行计算，且应按下式计算：

$$\eta = [(X_{xi} - X_{xc}) / (X_{xi} - X_{pj})] \times 100\%$$

其中，η 为交换效率[温度（℃）、湿度（%）、焓（H）]；X_{xi} 为新风进风参数[温度（℃）、湿度（%）、焓（H）]；X_{xc} 为新风出风参数[温度（℃）、湿度（%）、焓（H）]；X_{pj} 为排风进风参数[温度（℃）、湿度（%）、焓（H）]。

2) 合格指标与判定方法。集中式及分散式新风热回收装置效率应满足设计要求；当设计无规定时，应符合下列三条规定：①显热回收装置的温度交换效率不应低于 75%；②全热热回收装置的焓交换效率不应低于 70%；③热回收装置单位风量风机耗功率应小于 0.45W/(m³·h)。当检测结果符合前述相关规定时应判为合格，否则应判为不合格。

延伸阅读

近零能耗建筑技术国家标准正式实施

当前，我国建筑领域已经开始超低能耗建筑的探索。超低排放的绿色建筑不仅有利于节能减排，同时也能创造出更大的经济效益。随着超低能耗建筑技术广泛应用于单体建筑、民用建筑、公共建筑、多层建筑和高层建筑领域，未来，绿色节能将为整个行业带来万亿元级的市场规模——

根据住房城乡建设部此前发布的公告，2019 年 9 月 1 日起，国家标准《近零能耗建筑技术标准》（GB/T 51350—2019）（以下简称《标准》）正式实施。该标准由中国建筑科学研究院和河北省建筑科学研究院会同 46 家科研、设计、产品部品制造单位 59 位专家历时 3 年联合研究编制完成。

"这个标准是国际上首次通过国家标准形式对零能耗建筑相关定义进行明确规定,将在零能耗建筑领域建立符合中国国情的技术体系,提出中国解决方案。"中国建筑科学研究院专业总工徐伟认为,《标准》的实施将对推动建筑节能减排、提升建筑室内环境水平、调整建筑能源消费结构、促进建筑节能产业转型升级起到重要作用。

(来源:经济日报)

思考题

1. 简述近零能耗建筑设计的宏观要求。
2. 近零能耗建筑对室内环境参数有哪些要求?
3. 近零能耗建筑对建筑能耗指标有哪些要求?
4. 近零能耗建筑对技术性能指标有哪些要求?
5. 近零能耗建筑有哪些技术措施?
6. 简述近零能耗建筑的评价方法。
7. 试述近年来我国在近零能耗建筑设计领域的创新和突破。

第 9 章 低能耗建筑范例

9.1 低能耗建筑范例

1) 零碳屋：位于英国的伯明翰。英国建筑设计师约翰·克里斯托夫斯将自己的家改造成英国最可持续的房屋之一。他采用当代的加法技术，将覆盖着光伏电池板和太阳能热水器的结构嫁接原有的两居室房子一侧，见图 9-1-1。这所房子创造的能量比消耗的能量多，与改造前估计的二氧化碳排放量相比，每年可净减少 1300 磅（660 千克）二氧化碳。克里斯托夫斯用一种膜对整个结构进行了衬里改造，膜可以阻止空气和热量的逸出，拉出的膜延伸进入房屋地基的夯击土地板中，与红色黏土结合于一体。

2) 贝尔菲尔德联排别墅：该建筑位于美国费城，见图 9-1-2。如果租户生活中消耗的能量不突破设定的能源预算，则联排别墅的能耗为零。如果他们需要使用更多的能源，则可以从电网中获取比光伏电池板能够给出的更多的能量。

图 9-1-1 零碳屋　　　　　　图 9-1-2 贝尔菲尔德联排别墅

3) 特伦特盆地住宅社区：位于英国诺丁汉，见图 9-1-3，其特点是拥有屋顶光伏电池板、2.1MW·h 特斯拉电池和先进的能源管理软件。特伦特盆地住宅社区能够生产和存储电力,也可连接英国的电网。通过与电网的连接,拥有 100 多户家庭的社区能源系统能够实现能源现场即时交易,以便能够在需求旺盛时出售存储的电力,在公共需求低时将过剩的电力存储入电网中。自 2018 年能源系统上线以来,社区的光伏电池板已产生 31 万 kW·h 的电量,并减少了 110 吨碳排放。

图 9-1-3 特伦特盆地住宅社区

4) SMAxECO 镇原井:位于日本酒井市,见图 9-1-4。日本最大的房屋建筑商之一大和屋工业公司已经将生产重点转向了预制构造的社区,这些社区的能源产量超过其消耗量,SMAxECO 镇原井就是一个典型的代表。自 2017 年以来,该项目接纳了 65 个住户,已使用可再生能源生产了 427MH·h 的电量,比其消耗量高出 15%,发电产生的碳排放量减少了 95%。住户使用公司专有的住宅能源管理系统,该系统能自动将电量转移到存储系统中以便在夜间使用,还可以跟踪和了解用户生产和消耗的能源量。

图 9-1-4 SMAxECO 镇原井

5) 加州大学戴维斯西村:位于美国加利福尼亚州,见图 9-1-5。该项目用地为 224 英亩(约 90 公顷),是美国规划的最大可持续发展社区之一。663 座几乎零能耗的综合性建筑由屋顶光伏板产生的电力供电,社区居住着 3000 名学生和教职员工。

6) 可持续城市:位于阿拉伯联合酋长国的迪拜,见图 9-1-6。这个占地 114 英亩(约 46 公顷)的低碳开发项目,居民来自 64 个国家,总人数达 3000 人。开发商采取整体布

图 9-1-5　加州大学戴维斯西村

局的方法，设计出能够生产自己所需的食物、节水、能够利用再生水的社区，借助屋顶光伏发电和各种节能措施，使 87％的能源能够自给自足。家庭和公共空间的太阳能电池板每年产生 1.7GW·h 的可再生能源发电量，整个开发项目每年约可减排 8500 吨二氧化碳当量。

7）新加坡国立大学 SDE4。这座建筑的灵感来自该地区采用简单木材建造的马来房屋，其特点是深屋檐、凸平台和松散的房间布局，可实现连续的交叉通风，见图 9-1-7。这幢新加坡国立大学的六层建筑总面积 92440 平方英尺（约 8588 平方米）。SDE4 是新加坡第一座零能耗建筑，该建筑由光伏板覆盖，发电量为 500MH·h，一半以上的建筑空间对外部环境开放，实现了自然通风。在需要制冷的教室中，与新加坡的传统建筑一样，房间配备了基于吊扇的"混合制冷系统"，因而，可减少 36％～56％的能源消耗。

图 9-1-6　可持续城市

图 9-1-7　新加坡国立大学 SDE4

8）瑞士港的港口学校：位于比尔小郊区波特的这所幼儿园和小学具有锯齿状的屋顶，屋顶安装了 1110 块光伏电池板，在高峰时段可发电近 300kW，学校不仅可为自己生产动力,而且还可为附近 50 幢房屋提供动力,见图 9-1-8。学校主要的建筑材料是木材,外墙和室内均有使用,因此,学校可以被看作一个大的"碳汇",所有的木材都来自可持续的林业生产。

9)澳大利亚墨尔本议会大厦 2 号楼(以下简称 CH2):CH2 是一座政府办公楼,建筑面积 134500 平方英尺(约 12450 平方米),由建筑师 Mick Pearce 和澳大利亚建筑公司 Design Inc 设计,其功能类似于生态系统建筑,其许多部件可以协同工作完成加热、冷却、供电和浇水作业,见图 9-1-9。与墨尔本

图 9-1-8 瑞士港的港口学校

传统的办公楼相比,CH2 减少了 87% 的温室气体排放量、60% 的能源消耗和用水。这座智能建筑的西面外墙被编程软件控制,可跟踪太阳的运动,冬天用再生木材制作的百叶窗打开让光线进来,在冬季的午后阳光高峰期百叶窗则关闭。

10)布利特中心:位于美国华盛顿的西雅图,见图 9-1-10。这座负能源型建筑由米勒·赫尔合伙公司设计,其平面的顶篷屋顶承载着 575 块光伏电池板,每年产生 230MH·h 的电量。该建筑的核心结构使用年限为 250 年,而不是当代商业建筑标准规定的 40~50 年。从含碳量的角度出发,悠久的建筑是最可持续的。布利特中心的木材结构框架中储存的二氧化碳约有 600t,其建造过程消耗的能源仅为西雅图传统建筑的 25%。

图 9-1-9 澳大利亚墨尔本议会大厦 2 号楼

图 9-1-10 布利特中心

11)山海天地被动房项目:该项目位于安徽省黄山市山海天地小区,见图 9-1-11。整个户型面积共计 220m²,坐北朝南,分为卧室、客厅、书房等主要功能房间,该项目按照国标超低能耗建筑标准和德国被动房研究所(PHI)改造标准设计并施工。项目于 2022 年 4 月开工,2022 年 9 月完成超低能耗(被动房)改造施工和红外热成像检测,随后开

始了室内装修部分的施工。

山海天地被动房项目是黄山市首个被动房改造项目，该项目对高层建筑中的两户进行改造，改造标准为德国被动房改造标准，按照 PHPP（被动房设计软件）模拟计算。项目改造相关指标见表 9-1-1。

图 9-1-11　山海天地被动房项目

表 9-1-1　项目改造相关指标

改造项目		指标
非透明围护结构	外墙	150mm 石墨聚苯板
	屋顶	50mm 石墨聚苯板
	地面	50mm 石墨聚苯板
窗户 U 值≤0.8W/(m^2·K)	窗框	0.8W/(m^2·K)
	玻璃	0.6W/(m^2·K)
全热回收新风系统		全热回收效率≥70%
冷热源		中央空调

12）北京清华大学附属中学广华学校：清华大学附属中学广华学校为教育建筑，建筑面积 96751m^2。低能耗设计的第一步应该是建筑自身空间架构的节能。充分利用自然光线和空气流通，更加紧凑聚合的空间型体，将高能耗水平的大型场馆置于地下……这些都是能够赋予校园的一些良性的节能基调。在此之上，校园还采用了清洁能源（太阳能和空气源热泵等）、蓄能种植屋顶、节能围护结构、雨水收集、循环水再利用、智慧校园楼宇控制等措施，用以寻求一种使用者和自然更为健康的相处模式，见图 9-1-12。

图 9-1-12　广华学校场景

14）北京麦当劳首钢园得来速餐厅：见图 9-1-13～图 9-1-15，按照 LEED 零能耗和零碳标准设计和建造。从外观上看，餐厅的屋顶覆盖了超过 2000m² 的场地内太阳能光伏发电系统，年发电量可达约 33 万 kW·h，可满足餐厅日常运营电力需求，每年减少碳排放约 200t，这些数据也将通过店内的实时数据大屏更公开透明地展示给消费者，此外，首钢园得来速餐厅也是麦当劳展现"绿色发展引擎"的旗舰平台，汇聚了绿色餐厅、绿色供应链、绿色包装和绿色回收的多重理念，可以为消费者提供沉浸式的绿色体验。比如，餐厅安装了麦当劳"绿色餐厅"全套节能减耗系统，包括物联网能耗管理系统、变频排烟系统、空调系统、新风通风设备及 LED 照明系统等，餐厅年均用电量降低 35%～40%。在材料选择上，首钢园得来速餐厅使用了国际权威标准绿色卫士（GREEN GUARD）环保认证的装修材料，严格控制材料在室内空气中的化学挥发量，令环境整体清新自然，为消费者提供一个安心舒适的就餐体验。此外，餐厅内还处处充满"绿色回收"的设计，麦当劳的"重塑好物"系列产品重新设计、利用开心乐园餐的废旧塑料，将其改造为餐厅和消费者所需的物品，如海洋塑料回收椅等。人气产品环保充电单车也在这家店首次亮相北京，消费者可以通过踩动单车，驱动发电来为手机进行无线充电，体验和感受绿色低碳生活带来的便捷与乐趣。

图 9-1-13　麦当劳首钢园得来速餐厅外观

图 9-1-14　麦当劳首钢园得来速餐厅充电单车

图 9-1-15　麦当劳首钢园得来速餐厅屋顶太阳能光伏板

9.2　超低能耗建筑范例

1）南京孔家村为民服务中心：溧水区晶桥镇孔家村为民服务中心（图 9-2-1）是南京首个装配式超低能耗轻型框式钢结构的为民服务中心建筑，综合节能率达 93.26%。溧水区晶桥镇孔家村为民服务中心由四栋办公性质的小体量建筑构成，为村民提供聚会、医疗、文化生活和社会保障。

项目采用了高性能围护墙板，内含 50mm 空气隔热层及 180mm 厚 A 级岩棉板，通过围护结构的设计优化，使建筑拥有高质量的保温隔热性能，从而达到节能和舒适的目的。

项目通过对接缝处的设计与处理来增强建筑的密闭性，进一步提高建筑的保温隔热性能，让能源"跑"不出去。例如，针对 D 栋建筑墙板与地面的接缝，施工方在墙板内侧填塞岩棉板、预铺 SBS 防水卷材，在墙板外侧采用硅酮胶密封填缝，从而加强墙板与地面接缝的密封性。整栋房子通过高效的新风热回收系统，让新鲜空气自由进出，即使是在已经入夏的炎炎六月，室内也可以保持适宜的温度，无须用到空调，节省了大量用电。

项目设计建造过程中，采用了构件法建筑设计和三级装配建造理念，通过工厂预制建筑构件和现场工业化安装，减少现场湿作业，降低工地污染，缩短工期；通过基于构件的装配式建筑设计和超高速的装配式建造方法，减少建造过程对周边环境产生的影响及建造过程中的碳排放，实现建造过程中的绿色节能环保。

针对农村的特点和污水治理的需求，项目将污水处理与农业种植业相结合，利用"生物单元处理有机污染物，生态单元资源化利用氮磷"的原理，构建污染净化型农业，形成可持续发展的农村生活污水生物生态组合处理成套技术体系。该体系仅需一台水泵驱动，其菜单式可选组合可满足不同需求，实现高适应性；出水在暖季可达到一级 A 标准，直接水处理成本小于 0.15 元/吨，较传统工艺可节地 30%、节能 60%。

在小楼的屋顶和走廊，均悬挂着高性能晶硅太阳能电池板（图 9-2-2），太阳能板面积 $760m^2$ 左右，总装机容量为 132.24kW。项目采用清洁可再生能源来提供冷热源，并采用能量交换设备，将热量回收再利用，实现能耗平衡。根据专家组评审意见，项目光伏发电量超过建筑使用能耗，设计综合节能率达到 93.26%。

作为装配式轻型框式钢结构房屋在农村的首次成功实践，该项目采用的高性能复合腔体装配式围护结构、气密性保障等技术均具有较高的推广应用价值。

图 9-2-1　孔家村为民服务中心概貌

图 9-2-2　孔家村为民服务中心屋顶光伏板

2）盐城日月星城幼儿园：位于江苏省盐城市城南新区（图 9-2-3），总建筑面积 $1526m^2$，占地面积为 $763m^2$，建筑为框架结构，设计有五个较大空间的教室（图 9-2-4）、一个音体教室和一个办公室。设计师充分考虑项目所在地区冬天湿冷、夏季湿热的气候特征，在建筑布局、体型控制、外墙外窗设计等方面开展优化，遴选了高性能围护结构系统、建筑外表皮整体防水系统、真空除湿新风系统、智能感应外遮阳等技术体系。项目年节约用电约 2.4 万 kW·h，年节约用水约 800t，年减少二氧化碳减排约 20t。

教室内人员密度大、房间密闭，容易导致二氧化碳超标、细菌传播等问题，项目采用的高效新风设备可以随时置换室内空气，真空除湿技术和石墨烯热能转换芯体可以有效控制新风湿度和温度,保障室内空气清新舒适。通过设备标配的云测仪可以将室内的温度、湿度、二氧化碳及$PM_{2.5}$等环境数据实时显示(图9-2-5),数据可通过云平台推送到家长手机App客户端。

通过设计优化,项目最大限度利用了自然通风与自然采光。外墙采用安全防火的外保温系统,外墙和外窗保温隔热效率是普通建筑的2~3倍。外窗安装活动外遮阳,并具有智能化感应功能,可以根据太阳能照射角度变化自动升降和调节百叶,依据风、光、雨、温度等室外环境变化自动开合,提高室内热舒适度,大幅降低能源消耗(图9-2-6)。

根据幼儿园用能特点,项目选用高效多联机系统、高效热回收系统、高效节水器具等用能设备,并设置能耗分项计量系统,实时计量建筑运行能耗。能耗数据实测结果显示,该幼儿园建筑能耗为14kW·h/(m²·a),是同类建筑的50%~60%。

图9-2-3 盐城日月星城幼儿园远景

图9-2-4 盐城日月星城幼儿园教室

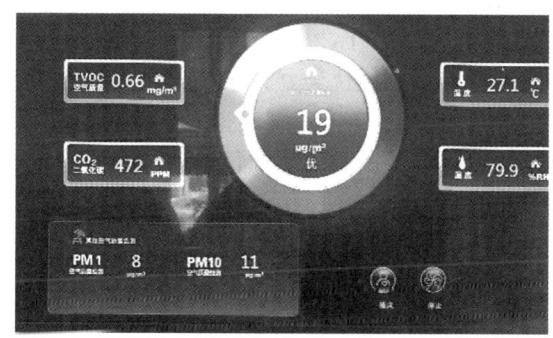

图9-2-5 盐城日月星城幼儿园
"云测仪"数据平台

图9-2-6 盐城日月星城幼儿园智能外窗

3) 南京江北新区人才公寓服务中心:项目占地面积0.22万m²,建筑面积0.24万m²,建筑高度14.4m(图9-2-7)。该项目按零能耗建筑标准设计建造,以"千棵树"为设计意向,主体结构采用木结构,室外设置阶梯剧场,为人们提供户外活动空间。项目采用高性能围护结构,设置屋顶一体化光伏系统、直流微电网、新风热回收、智能照明、智能天窗系统等,可实现全生命周期零碳排放,年节约用电约31.6万kW·h,年节约用水约1600t,折合二氧化碳减排约274.4t/a。

项目在采用木结构体系的基础上，注重低碳建材应用，可循环材料占比达到93.8%，从源头减少对生态环境的影响。项目优化建筑的采光设计，设置高性能的天窗系统可改善中庭的微气候，在采光、通风、遮阳、保温等方面寻求环境营造与空间营造间的最佳平衡点；建筑表皮选择垂直木格栅实现立面遮阳，并通过性能化分析优化围护结构热工设计，以满足建筑"冬暖夏凉"的需求。

图9-2-7　南京江北新区人才公寓服务中心场景

项目采用与屋顶一体化的光伏系统设计（图9-2-8），最大限度提高太阳能的利用效率，整个建筑仿佛一座屹立的"能量山"，成为林立的高楼大厦间独特的风景，光伏系统总装机容量为279.8kWp，预计年发电量可达26.9万kW·h，完全满足本建筑的能源消耗。同时，项目聚焦可再生能源的就地消纳，引入直流微电网设计，整栋楼宇采用直流配电，节能减碳效益显著。

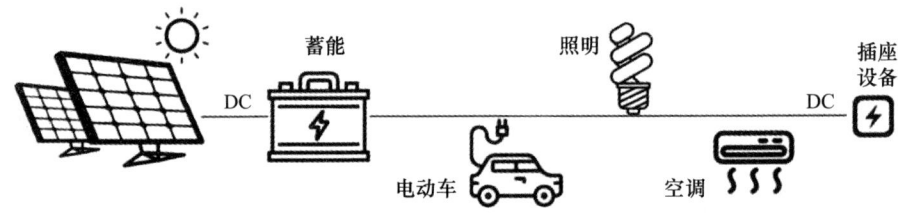

图9-2-8　南京江北新区人才公寓服务中心光伏系统示意图

4）无锡市建筑专家工作站办公楼：该办公楼坐落在无锡市阳山镇桃源村，建筑用地面积约$2072m^2$，建筑面积约$1100m^2$。项目原是当地村民在20世纪80年代利用乡土材料、采用空斗墙技艺砌筑而成的三层农房，依山傍水，环境优美，记录了苏南农村地区改革开放历史变迁，承载了当地文化和建筑技艺。40年后的今天，同村里大多数建筑一样，该项目也面临着拆迁或改造提升的选择。建筑师通过与村民和租赁单位沟通协商，确定了"保护环境、传承文化、提升质量"的原则，提出了改造方案。方案以环境改善、建筑绿色性能提升和能源资源节约为目标，在保留建筑风貌的同时，调整功能布局，对建筑及周边环境进行改造提升；在保留原有空斗墙砌体构造的同时，对结构体系进行加固改造，并应用了外墙内保温、保温与装修一体化、绿色照明、全热回收新风和空气源热泵等技术。项目综合节能率达82.2%，年节能量达18t标煤，折合碳减排量45t，达到了超低能耗建筑标准。

项目改造过程中保留了地形地貌和建筑风貌，减少环境破坏，避免大拆大建，通过对原有水生植物环境的整治提升，对"阳山"文化的挖掘，对原有场地、天井的保留利用，对建筑屋檐、门窗构件和建筑技艺的传承，延续了建筑文脉，留住了乡愁记忆。项目原址西北侧两米多高的土堆通过修整和植物绿化，能够有效抵挡冬季的西北风，减少建筑热量损失；利用建筑原有的内天井组织穿堂风，保留建筑周边水域，带走夏季热量，提高舒适度。针对夏热冬冷地区气候特点和生活习惯，项目通过软件模拟和方案优化，制定了绿色性能提升方案：一是保留了原有坡屋面和墙体，敷设高效保温材料，建筑保温性能提高4

倍;二是利用钢筋网加固原有墙体,大幅提升安全性能;三是选用平开三玻两腔玻璃窗,保温遮阳性能提升了4~5倍,局部天窗采用光电膜遮光玻璃窗,大大提高自然采光效率,降低能源消耗。此外,为了实现绿色运营管理的目标,项目搭建了建筑智能管理系统,可实现室内外照明、空调、动力系统智能控制,并对电、水、燃气进行分项计量,对空气温、湿度、污染物浓度开展监测,实时掌握能源消耗和室内环境参数,见图9-2-9～图9-2-13。

图 9-2-9　改造前的建筑外观和天井

图 9-2-10　改造后鸟瞰图　　　　　　图 9-2-11　建筑外墙和窗檐

图 9-2-12　西侧土堆和绿化　　　　　图 8-2-13　改造后的天井

5)江苏省建科院建筑节能与绿色建筑研发楼:见图9-2-14～图9-2-17,项目位于南京市栖霞区南京大学仙林校区,总建筑面积2.31万 m^2,用地面积1.91万 m^2,建筑高度

49.95m，建筑功能是办公和研发。项目围绕绿色、低碳、超低能耗建筑目标，结合地形地貌和自然环境，从自然采光、通风、自然景观等因素综合考虑，开展优化设计；采用"被动技术优先、主动技术优化、可再生能源利用最大化"的设计理念，集成应用了光导管、屋顶绿化、双层可移动围护结构保温隔热、楼地面保温隔声、土壤源热泵耦合系统等技术。项目年节约常规能源折合575.5吨标煤，年二氧化碳减排量1507.9吨。

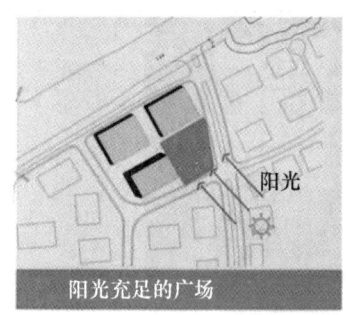
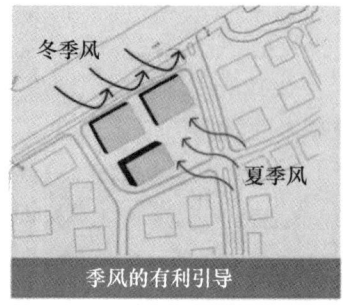

图 9-2-14　建筑与环境分析示意图

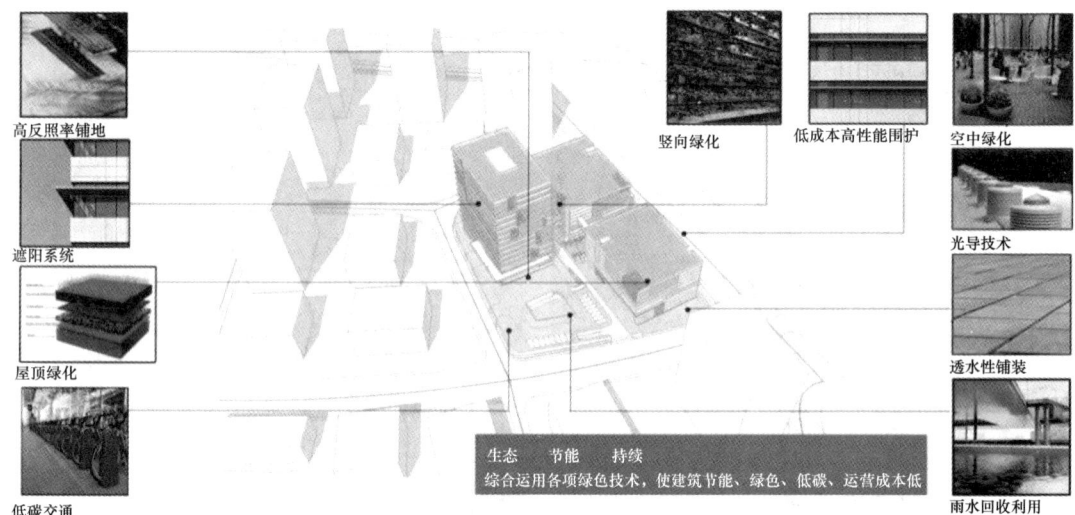

图 9-2-15　集成应用技术布局图

图 9-2-16　回收雨水灌溉实景　　图 9-2-17　屋顶自然采光设备

为了最大限度地降低室外气温变化对建筑室内的影响,减少室内空调、供暖能源消耗和碳排放,项目采用超高性能围护结构设计。外墙采用双层可移动结构设计,外保温选用高强度、低导热的石墨烯材料,外窗选用三玻两腔高性能窗,同时使用内置百叶帘遮阳、固定遮阳、铝合金遮阳百叶帘等多种遮阳方式。在夏季不使用空调情况下,室内实测温度稳定在30℃左右,湿度不超过60%,可基本实现"冬暖夏凉"。

项目使用浅层地热能为室内供暖和制冷,集成了土壤源热泵、水蓄冷等技术,设备系统可根据土壤温度和室外温湿度变化自动调整运行策略,既减少了项目投资,又提升了系统效率,还避免了对土壤环境的污染,每年可节约空调费用约23%。

项目采用雨水回收利用技术,收集的雨水用于灌溉绿化植物、洗车和景观补水,每年可节约用水近千吨。太阳能光热利用系统可百分百满足办公人员的热水需求。设计充分利用自然采光,顶层会议室和活动室采用光导管系统,室内光线充足舒适;部分区域采用热回收新风机组,可有效过滤室外空气的尘土和$PM_{2.5}$,达到空气净化和节能的双重目的。项目还采用建筑智能监控系统,通过对建筑设备、能耗和室内环境的联动调控和监测,打造了健康、舒适、高效的室内环境。

6)张家港业务用房:见图9-2-18~图9-2-21,项目位于张家港人民中路,总用地面积4800m²,总建筑面积为9600m²,主要功能为办公用房及档案库房。项目设计、建造和运营环节遵循了"因地制宜、节能减碳、健康舒适"的原则,结合当地气候、资源和环境特点,综合考虑技术和经济特性,在场地布局、建筑设计、技术选择和运行管理等方面加以优化,项目达到超低能耗建筑标准,综合节能率达85%以上,投入运营后年节能量达115吨标煤,折合碳减排量299吨。

图 9-2-18 张家港业务用房外观

图 9-2-19 地下室光导管

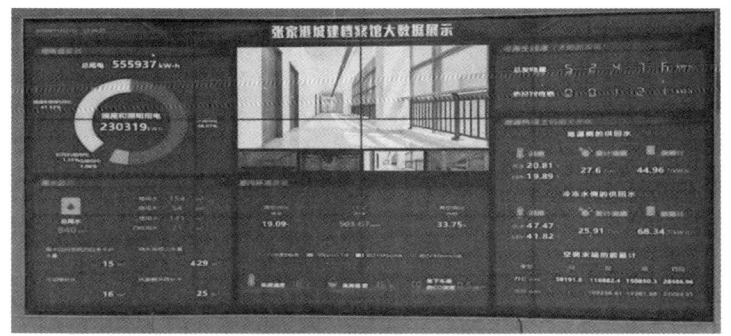
图 9-2-20 数据监测界面

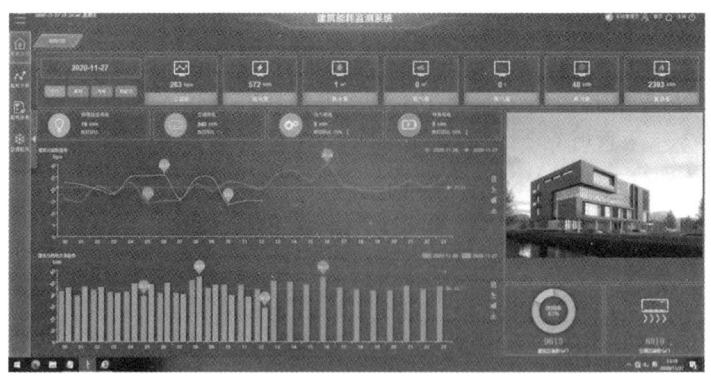

图 9-2-21 能耗监控系统

建筑设计强调空间的集约高效利用，充分考虑周围环境、场地条件等因素，对建筑布局、朝向、形体等进行优化设计，以获取良好的日照、通风、采光和视野。建筑平面呈围合式内庭院结构布局，呈现出建筑内、外两个连续空间，内庭院作为开敞空间，既可满足公共活动需求，又能实现自然采光，节约能源；建筑一层架空，与建筑外部的开放空间自然过渡延伸，形成了完整的外部庭院。项目整体造型取书籍的意象，方正规整，结合设计优化满足了超低能耗建筑体型系数要求（0.30）；通过高性能围护结构热工设计进一步降低建筑的负荷，在非极端天气下，室内不依靠空调系统，仅通过围护结构保温隔热，仍可以保证舒适宜人的室内环境，实现建筑能耗与室内舒适度"双赢"。

项目设计阶段通过多方案用能模拟比较，确定了包含地源热泵和太阳能光伏的可再生能源应用方案，地源热泵系统较常规空调系统年节能量约 3.9 万 kW·h；太阳能光伏发电功率达 56.7kW·p，可满足建筑 26% 的用电需求，太阳能光伏板铺设在建筑内院屋顶上方，兼具发电和遮阳功能。

建筑表皮结构铺设了高效保温隔热材料，外墙采用预制夹心保温板，外窗采用三玻两腔镀银玻璃（充氩气）窗，保障室内环境舒适，面向内院的窗扇都可开启，确保内廊自然采光和自然通风。室内所有空间均采用高效智能照明系统，地下室设置光导管设备，白天实现免费照明，通过智能光照度控制系统可实现光照强度的自动调节，全年照明能耗降低约 40%。

为了实现绿色运营管理的目标，项目搭建了建筑智能管理系统，可实现室内外照明、空调、动力系统智能控制，并对电、水、燃气进行分项计量，对空气温湿度、污染物浓度开展监测，实时掌握能源消耗和室内环境参数。采用的智慧化控制系统对主要功能房间室内温湿度、CO_2 浓度、PM_{10}、$PM_{2.5}$ 进行实时监测，设置能源监控管理系统具备能源分项精确计量和能源运行监管功能。

9.3 我国近零能耗建筑范例

1) 中国建筑科学研究院近零能耗示范楼：示范楼（图 9-3-1）建筑面积 $4025m^2$，单位面积总成本约 5000 元/m^2，相比同等需求和水平的建筑增量比例控制在 20% 以内，增量成本回收期控制在10年内。示范楼采用超薄真空绝热板作为高性能的围护结构保温材料，传热系数仅为常规保温材料的1/6；外窗采用三层真空Low-E铝包木窗，内设中置电动百叶遮阳系统，整窗传热系统较75%节能标准提升50%；通过建筑周边的地源热泵系统和屋顶安装太阳能空调等可再生能源系统为建筑供冷供暖。基于多年的运维数据，夏季供冷季，地源热泵系统和太阳能空调系统的贡献率分别为80%和20%；冬季地源热泵和太阳能集热系统贡献率分别为70%和30%。示范楼照明系统采用多种高效节能灯具，实现基于个体需求的照度和智慧开启照明，建筑照明能耗降低75%。以北京市同类项目为基准进行比较，这一项目每平方米可节电78kW·h，每年减少二氧化碳225t。

2）广州金融城项目：见图9-3-2，项目总建设面积约10.4万m^2，建筑高度176m，地上36层。该项目设计了骑楼、冷巷、太阳能烟囱，采用了大温差供冷、一级能效风机等技术措施降低能耗，在电梯设置能量回馈装置，回收的电源用于井道照明，屋顶、外立面遮阳板安装光伏，积聚太阳能，转化为电能，供整栋大楼使用，实现综合节能率达60%，本体节能率达20%，可再生能源利用率达10%。

图9-3-1　中国建筑科学研究院近零能耗示范楼

图9-3-2　广州金融城项目效果图

3）杭州中天宸锦学府6号楼：杭州市临安区中心城区开发建设的中天宸锦学府6号楼建筑节能率能达到90%以上（图9-3-3）。扣除光伏发电量，建筑空调、采暖、照明、电梯和生活热水五项能耗折合整年度耗电量，可低至20kW·h/m^2。一般外墙的保温板做到两三厘米厚即可，近零能耗建筑则要达到十多厘米，从而大幅降低传热系数；光这一项性能，就是浙江地区常规保温隔热措施的4倍，制冷制热能耗仅为常规项目的20%~30%。外窗采用铝木复合三玻两腔被动窗，再加上高强度气密性的复合黏结剂，房间气密性可以从普通建筑的6级提升到8级，保温能力比普通外窗提升2到3倍，解决了常规项目外门窗损失较多热量的问题。在外墙上，这座近零能耗建筑多了一个电动外遮阳卷帘，可以有效控制阳光进入室内空间，减少建筑夏季冷负荷约30%，满足降低建筑夏季空调能耗的需求。

带热回收的环境一体机是项目核心的技术措施。在这座近零能耗建筑里，通过这一设备，住户可以实现一年四季不开窗，却保持优质新鲜空气的流通；可使室内环境保持恒温、恒湿、恒氧、恒净的效果，同时可以将热量留下来，把废气排出去，热回收效率达到

75%，达到节能效果。

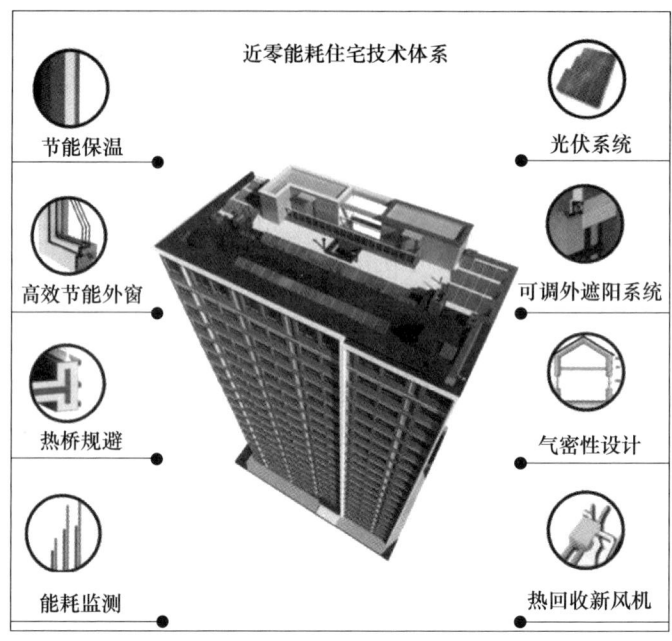

图 9-3-3 中天宸锦学府 6 号楼

太阳能是重要的再生能源利用形式。在 6 号楼项目中，屋面采用多晶硅太阳能光伏组件，光伏铺设面积 260m²，采用单块发电功率 450W 的光伏组件 72 块，装机容量达到 32.4kW，年可发电量达到 3.1 万 kW·h，能满足楼栋 15% 的用电需求。

4) 北京大兴国际机场综保区及周边非保区能源中心项目生产调度楼：见图 9-3-4，生产调度楼以建筑节能为根本，综合多热源供应体系和智慧化平台，最大限度利用太阳能、空气能等清洁能源，采用复合能源互补模式整体供能，比其他建筑减少 57.4% 的用水电耗，减少 31.4% 的供暖用热量，整体减少 41.35% 的能耗用量，将应对气候变化理念纳入项目建设整体布局，是临空区落实"双碳"政策、创建绿色能源示范区的生动实践。生产调度楼采用被动式建筑节能技术，通过控制建筑体型系数、合理的建筑朝向布置、遮阳的设置、建筑围护结构的保温隔热技术、应用自然通风的建筑开口设计等实现建筑本体节能，并在屋顶采用太阳能光伏光热一体化、BIPV 光伏、轻质光伏组建等先进技术，实现能源的最优化利用。

图 9-3-4 生产调度楼

9.4 德国近零能耗建筑

9.4.1 德国近零能耗建筑的基本要求

德国从 2009 年版的《建筑节能条例》开始引入基准建筑能耗计算方法,使建筑能耗计算更加科学准确。值得注意的是,德国相关法律规定的建筑外围护结构的传热系数 (U) 在 2009 年就达到了一个较高的标准,如建筑外墙 $U\leqslant0.28W/(m^2·K)$、外窗 $U\leqslant1.3W/(m^2·K)$,外窗玻璃 $U\leqslant1.1W/(m^2·K)$,在此之后并没有明显提高,但对建筑整体能耗指标要求进一步严格,设计单位必须通过优化设计和技术措施(包括使用更好的外围护结构和设备体系,以及扩大可再生能源的利用)才能达到标准所要求的能耗水平。

德国的建筑节能起步较早,近零能耗建筑是建筑节能发展到较高阶段的产物。德国最早提出近零能耗建筑相关法规是 2013 版的《节约能源法》(2013 EnEG)。2010 年 7 月欧盟《建筑能效指令》(2010/31/EU)正式生效,德国的专家参与了该欧盟指令的编制工作。该指令要求欧盟各成员国 2018 年 12 月 31 日以后由政府拥有或使用的新建建筑达到近零能耗建筑水平,2020 年 12 月 31 日以后欧盟各成员国所用新建建筑达到近零能耗建筑水平,同时要求欧盟各成员国在 2012 年 7 月 9 日之前编制本国相关法规,细化该指令的实施。为落实欧盟《建筑能效指令》(2010/31/EU)的要求,德国 2013 年实施了《节约能源法》(2013 EnEG),该法要求 2019 年 1 月 1 日起德国政府拥有或使用的新建建筑达到近零能耗建筑水平,2021 年 1 月 1 日起所有新建建筑达到近零能耗建筑水平。德国 2014 年 5 月生效实施的 2014 版《建筑节能条例》(2014 EnEV)对于进一步提高建筑能效提出了具体实施细则,为迈向近零能耗建筑提供了技术基础和路径。

2019 年 10 月,德国政府联邦内阁通过了 2020 版德国《建筑能源法》(2020 GEG),现已通过审议并生效。该法将现有的《建筑节能条例》(EnEV)、《节约能源法》(EnEG)和《德国可再生能源取暖法》(Emeuerbare Energie-Waemegesetz)整合在一起,成为德国实施近零能耗建筑标准更简单明确的法律框架。通过《建筑能源法》的实施,德国政府希望提高建筑行业的能源效率,促进能源转型和气候保护,以及经济、环境和社会的和谐发展。

德国《建筑能源法》对近零能耗建筑定义是以落实欧盟对成员国立法要求为出发点,同时考虑欧盟对实施该法在经济上合理性要求的基础上制定的。为了避免法律现阶段实施产生过大社会经济负担,2020 版《建筑能源法》规定近零能耗建筑的能耗上限值并不十分苛刻。该法宣布于 2023 年重新审核确定更加严格的建筑能耗上限值。德国政府对于高于法定节能要求的建筑提供经济支持,具体由德国复兴银行(KFW)实施。KFW 制定了更高的建筑节能标准,对于达到不同标准的建筑给予相应的经济资助,具体见表 9-4-1,其中 KfW40 标准规定的能耗指标比较接近人们通常对近零能耗建筑的理解,而且达到 KfW40 标准的低层居住建筑通过在建筑上设置太阳能光伏发电设施,可以轻松达到"零能耗建筑"的标准。德国在法定建筑节能标准之外,民间机构也推出了三升房〔采暖能耗 $\leqslant30kW·h/(m^2·a)$〕、被动房〔采暖能耗 $\leqslant15kW·h/(m^2·a)$〕等市场化的超低能耗建筑技术标准，推动了德国建筑节能技术的进步。德国政府近年来已开展了一系列"零能耗建筑"示范项目，正在支持探索零能耗城区项目。在装配式小住宅领域，已经有多个厂家向市场提供批量化装配式零能耗小住宅产品。德国《建筑能源法》对建筑可再生能源利用率的要求见表 9-4-2。

表 9-4-1　德国 KFW 节能建筑标准

	建筑采暖能耗需求值 Q_h（资料来源：Wikipedia—Energiestandard 2020.02）	建筑一次能源需求上限值 Q_p（对比基准建筑计算值）	建筑外围护结构综合传热值 H_T（对比基准建筑计算值）
kfW 70	≤45kW·h/（m²·a）	≤70%	≤85%
kfW 55	≤35kW·h/（m²·a）	≤55%	≤70%
kfW 40	≤25kW·h/（m²·a）	≤40%	≤55%

表 9-4-2　德国《建筑能源法》对建筑可再生能源利用率的要求

可再生能源	太阳能光热≥15%
	太阳能光电≥15%
	地热能与环境热能≥50%
	固体生物燃料≥50%
	液体生物燃料≥50%
	气体生物燃料热电联产≥30%
替代措施	余热利用≥50%
	热电联产≥50%
	降低能耗≥15%
	具有上述可再生能源比例或替代措施比例的区域或本地集中供热

德国建筑节能标准不断提升，有力地促进了建筑节能减排。现阶段德国强制节能标准中的相关技术指标已达到较高水平，并且充分考虑实施的经济合理性，同时，德国电网中可再生能源占比近年来大幅提升，也间接降低了德国建筑行业的碳排放量。

德国制定政策促进和鼓励既有建筑节能改造，并将此作为降低建筑行业碳排放的主要领域。德国明确规定既有建筑进行"较大工程改造"时须执行新标准。既有建筑"较大工程改造"的定义为：当对既有建筑外围护结构超过 25% 的面积进行改造时，或当改造工程造价（包括外维护结构、暖通、照明、热水设备等与节能有关的各项工程）超过建筑本身总造价（不含土地成本）25% 的既有建筑进行改造工程时，必须满足《建筑节能法》的要求。改造后的外围护结构传热系数必须满足《建筑节能法》的要求值。既有建筑改造之后，其整体能耗不超过同等新建筑最高允许能耗的 40%，即可认为达到新法要求。如果对既有建筑进行改造时有加建部分，且加建建筑体积超过 30m³，加建部分必须满足新法对新建建筑的节能要求。

德国政府对高于法定节能要求且达到 KFW 节能标准的新建建筑项目、既有建筑改造项目提供政策支持，主要形式包括减免税款、提供低息贷款、减免贷款利息等。经济激励措施面向全社会，公开透明，任何人都可以申请，满足条件都可获得资助。这些政策有力地推动了既有建筑节能改造和高于法定节能标准要求的节能建筑的建造。

《建筑能源法》(2020 GEG)进一步强化了建筑能源证书的管理,发挥其在节能工作中的作用,完善配套政策和措施、加强能源设备运维检测的要求,具体包括以下内容:①细化建筑能源证书中对既有建筑节能改造诊断和优化实施措施的要求;②细化能源证书的公示要求,500m² 以上的公共建筑以及 250m² 以上的政府建筑必须在建筑公共部分显著位置公示该建筑的能源证书;③要求房地产广告、销售和出租过程中必须提供单位建筑面积一次能源能耗指标的实测或计算值;④建立建筑空调系统能效检测报告抽检制度。

德国建筑行业技术创新与推广主要依靠市场机制,政府制定法律和市场规则,仅对重要领域研发项目提供一定支持。通过公平竞争,有市场生命力的新技术得到应用。工业化生产和工厂预制能够有效提高产品质量和降低成本,因而得到越来越多的应用。德国能源署(DENA)在德国组织推广一种装配式既有建筑零能耗改造系统"Energy Sprong"。该系统最早在荷兰研发成型,已在近 5000 个项目上建造实施。德国能源署计划在 2028 年以前完成 11635 套公寓的改造,由于该项目可达到净零能耗水平,德国政府将给予每个项目经济资助。该系统适用于 1950—1970 年建造的较高能耗建筑,主要是采暖能耗 $\geqslant 130 \text{kW} \cdot \text{h}/(\text{m}^2 \cdot \text{a})$ 且外立面相对简单的建筑。建筑改造将工厂定制化生产的外墙、屋面、设备系统安装到现有建筑外侧,施工非常迅速(小住宅 3~7d),见图 9-4-1 和图 9-4-2。

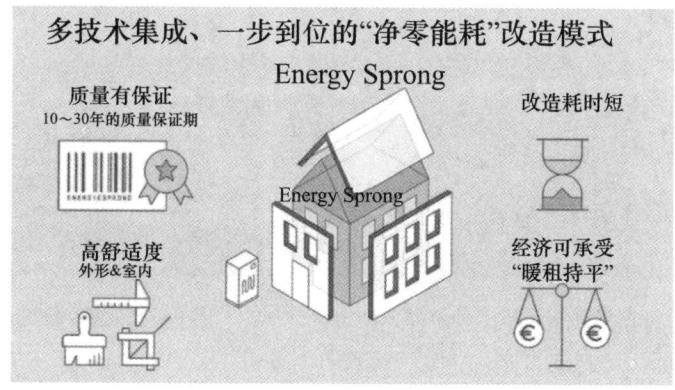

图 9-4-1 Energy Sprong 装配式既有建筑零能耗改造系统示意图

图 9-4-2 Energy Sprong 装配式外墙加工制造生产线

9.4.2 德国近零能耗建筑典型案例

1) 海德堡列车新城卡勒尔办公楼：卡勒尔办公楼（图9-4-3）位于海德堡列车新城项目西侧主要入口附近。项目由三栋建筑组成一个半围合院落，其中办公建筑面向主要街道，平面呈L形，高度6层。海德堡列车新城是德国著名的被动房项目，当地政府要求项目用地范围内所有建设项目的设计必须满足德国被动房节能标准要求。该项目采用高效保温隔热外墙，外墙保温厚度大于25cm，三层双中空玻璃，U值0.8W/（$m^2·k$），配有电动铝合金遮阳帘和新风热回收装置，建筑气密性要求很高，达到$N50≤0.6h^{-1}$，并须进行鼓风门法进行检测验收，测试方法依据标准EN 13829。该建筑的能效达到KfW55标准，属于德国《建筑能源法》（2020 GEG）定义的近零能耗建筑。

2) 法兰克福普拉迪乌高层住宅：普拉迪乌高层住宅楼项目（图9-4-4）位于法兰克福会展中心附近的欧洲大街，是德国少见的高层住宅建筑。建筑高度66m，最高楼层为19层，共有242套高级公寓，公寓最大套型为363m^2，建筑节能标准达到2014版《建筑节能条例》（2014 EnEV）要求。建筑外墙采用具有自洁功能的高档干挂纤维水泥板，保温材料厚度达到被动房标准要求，配有三层双中空保温玻璃窗，外窗玻璃$U_值≤1.1$W/（$m^2·K$），建筑气密性达到相关标准要求，并通过鼓风门法进行检测验收合格。

图9-4-3 海德堡列车新城卡勒尔办公楼

图9-4-4 福普拉迪乌高层住宅

9.5 国际净零能源和零碳建筑范例

9.5.1 美国华盛顿 Catalyst 大楼

位于华盛顿州斯波坎市的 Catalyst 大楼是东华盛顿大学几个部门和麦金斯特里公司的联合办公室，被称为"新零能源和零碳之家"，是通过国际未来生活研究所（ILFI）认证的北美零能耗（ZE）建筑，见图9-5-1～图9-5-5。这座占地约14771m^2的五层建筑设有教室、计算机和电气工程实验室以及办公室，其设计目标就是彰显"创新可以消除浪费"的理念，并建成对气候有利的杰出建筑，其建设成本与传统建筑大致相当。项目于2020年完工。

Catalyst 坐落于全电动的 South Landing 生态区社区内，并为该社区提供服务。这个开创性的系统集成了八种不同类型的机械设备，可为南区内的五座建筑物（包括催化剂生产建筑）提供供暖和制冷服务。每个组件都扮演着特定的角色，其中包括热回收、热存储和峰值需求供应，能以尽可能低的成本最大限度地提高整个系统的效率。除了极具创新性的 South Landing 供暖和制冷工厂外，Catalyst 大楼本身还采用了一系列创新技术，以帮助其圆满达成 ZE 和 ZC 能源使用强度（EUI）目标。

Catalyst 有意设计了 90ft 厚的东西向地板，以最大限度地提高太阳能供暖效益，并最大限度地减少过热的可能性，同时实现深部采光。通过刚性矿棉、金属保温板和聚异氰脲酸酯泡沫板的组合，使保温水平超过了规范要求的两倍，墙壁型号为 R-35-50、屋顶型号为 R-71。玻璃纤维框架窗户具有极低的 U 值［玻璃中心 $U=0.12W/(m^2 \cdot K)$］，U 值、太阳能热增益系数和可见光透射率可以优化组合，可借助朝向、太阳能增益平衡、太阳能和日光遮盖获得最大效益。建筑的空气密封能力超过美国被动房标准的 2 倍，在 75Pa 压力下的测试结果为 0.035cfm/sf。

Catalyst 的供热和制冷系统与通风是分开布局的，因而整个系统变得更加高效。通风空气通过热回收通风机，通风机以 80% 的效率对外部空气和内部废气进行调节。该系统包括一个 HRV 旁通风门，可在室外空气温度与室内温度耦合时降低系统静压。昼夜温度控制系统可用于夏季夜间的降温，将凉爽的夜间空气带入建筑物，同时，建筑外墙可将这一温度在白天继续保持，从而减少对机械制冷的需求。

建筑内部不仅采用了能够很好利用日光的浅色地板，还设置了落地窗，可以最大限度地吸收日光，并使反射光呈现多样化。在需要封闭的办公区域，墙壁的高度受到了限制，设计团队则采用了类似灯架的阴云设备，从而可以将光线反射进房间内部。输出可变的 LED 照明和插座集成作用，借助阴云系统中的控制传感器控制整个建筑物的亮度。

当前，建筑物中的大部分隐含碳来自钢和建筑结构中使用的水泥。与钢铁和水泥相比，木材的碳足迹要低得多。人们用现代技术创新制造出了各种木材、紧固件，重型木材的阻燃性能和耐久性也有了很大提升，使木材能够用于各种各样的建筑，建筑安全性得到保障并符合防火规范要求。Catalyst 的主要结构使用木柱和木梁，并使用各种交叉层压木地板和木墙壁，这样就避免了在建筑物中大量使用钢材和混凝土。工程师还在梁顶部、梁上方和地板的下方使用了规则的锯齿木，以精细调整暖通空调、电气干线与梁的位置。

9.5.2 马尔代夫漂浮城市

为了应对海平面的上升，马尔代夫正在建设一个足以容纳 2 万人的漂浮城市。这座城市的设计模式类似珊瑚礁，由 5000 个漂浮单元组成，包括房屋、餐馆、商店和学校，其间有运河贯穿。整个城市将于 2027 年完工。

马尔代夫是一个由 1190 个低洼岛屿组成的群岛国家，是世界上最容易受到气候变化影响的国家之一。其 80% 的陆地面积低于海平面 1m，预计到本世纪末海平面将上升 1m，到那时几乎整个国家都可能被淹没。传统的城市是不动的，只能任海平面上升将其淹没。但如果一座城市漂浮起来，它就会随着海水上升。据了解，这个项目是马尔代夫 50 多万居民的"新希望"，它可以证明，在水上建经济适用房、大型社区和普通城镇是安全可行的，而马尔代夫也将转变为"气候创新者"。

该项目首先在当地造船厂建成基本的模块化单元，这些单元随后被拖到漂浮城市所在地，与一个大型水下混凝土船体连接，船体被拧在海底的伸缩式钢架上，可以随着海浪轻轻波动。围绕城市的珊瑚礁可以作为天然的破浪器，起到稳定城市并防止居民"晕船"的作用。该建筑对环境的潜在影响经过了当地珊瑚专家的严格评估，并在施工前得到了当地政府的批准。为了支持海洋生物，由泡沫玻璃制成的人造珊瑚岸线被连接到了城市的底部，据说，这样有助于刺激珊瑚自然生长。

项目的目标是让这个城市能够自给自足，并具有与陆地上城市相同的功能。电力将主要由现场太阳能发电，污水将在当地处理，并作为植物的肥料重新利用。作为空调的替代品，该城市将使用深海冷却，即从深海将冷水泵入环礁湖，帮助节约能源。不难看出，马尔代夫开发的这个功能齐全的漂浮城市带给大众的是无限的遐想，对大众而言，这种类型的建筑既实用又能负担得起。

9.5.3 瑞典零能耗建筑

零能耗建筑将能源效率和可再生能源的生产结合起来，仅消耗指定时间段内可再生资源在现场产生的能源。瑞典零能耗建筑的需求是基于其自身独特的地理位置产生的。瑞典处于北半球高纬度地区，会有极昼极夜现象，选择氢能作为储能方式，来实现跨季节长时间储能是很符合零能耗建筑需求的。瑞典零能耗建筑无论是改造还是新建，大多是采取光伏发电、电池储能、电解水制氢、地源热泵、氢瓶储能和燃料电池等技术路线。实现零能耗建筑首先要保证建筑的节能性，可以通过墙体和门窗的隔热技术实现超低能耗建筑。建筑内使用的电热氢能源完全由风、光、地热等可再生能源供给，并采用储电、储热、储氢的方式平衡可再生能源供能与负荷用能间的时间不匹配问题。瑞典哥德堡零能耗建筑汉斯·奥洛夫（Hans Olof）房屋非常值得借鉴。

这幢房子的独特性在于它是一座离网的零能耗建筑，依靠 22kW 的光伏系统实现热电联产。在解决电、热、热水的同时，它还可以给电动汽车充电。其技术组成包括光伏发电、太阳能集热、铅酸电池、制氢、储氢、燃料电池、热水储存、热泵、地板辐射供暖、电动汽车充电设施等。

这幢房子的主人汉斯·奥洛夫也是这幢房子的设计者。该房屋 2014 年开始建造，2015 年开始使用。2017 年，汉斯·奥洛夫曾在一篇报道中提道："瑞典的一栋典型的高层建筑平均每平方米的价格为 32000 克朗，我们的房屋总价为 1500 万瑞典克朗，占地 500m^2，每平方米价格为 30000 克朗"。考虑到整个系统选用大量优质材料，整个房屋的造价其实是很低的。

Hans-Olof 房屋的能源利用情况见表 9-5-1，表中数据均为每年产能数据。如图 9-5-1 所示，能源系统有三种运行模式。在有阳光的白天，光伏系统首先满足房屋负荷，富余太阳能给电池充电，电池荷电状态（SOC）达到 85% 时，电解槽开始制氢，制得的氢气压缩，并以 300bar 压力储存在室外储罐中。在无阳光的黑夜，房屋负荷由电池满足。冬季（光照时间过短）当电池 SOC 低于 30% 时，燃料电池启动给电池充电，产生的热量用于房屋供暖与提供热水，见图 9-5-1。

第 9 章 低能耗建筑范例

表 9-5-1　Hans-Olof 房屋的能源利用情况（年度）

能源产出	太阳能光伏发电 22000kW 太阳能热 6500kW
直接能源能耗	太阳能光伏发电 7000kW 太阳能热 1500kW
储能（电转气）	15000kW 的太阳能光伏发电通过水电解转化为 3000Nm³ 的氢气 冬季使用 2200m³ 为房屋供热和供电（11 月至次年 2 月，光伏发电量可忽略不计） 800m³ 的剩余氢气可用于氢燃料电池汽车

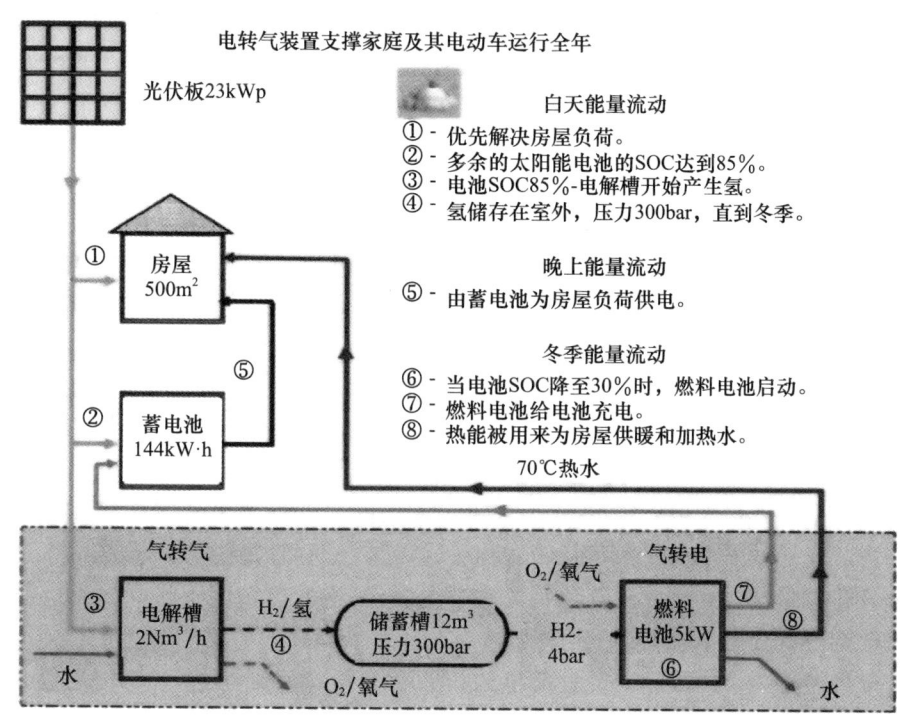

图 9-5-1　房屋能流图

由图 9-5-2 和 9-5-3 所示，整个向南的屋顶都覆盖有光伏板和光热板，为房屋提供大部分电能。140m² 的光伏板（PV）产生 20kWp 的电力，20m² 的光热板产生 13kW 的热力；垂直的 PV（0.8kWp）可以捕获冬季的低角度太阳能（与水平线夹角 12°～15°）；西面外墙壁两个太阳能电池板捕获午后和傍晚的太阳能，产生约 2.0kWp 的电力。

图 9-5-2　Hans-Olof 房屋南向屋顶

外墙覆盖的瓷砖（图 9-5-4）安装在垂直的金属导轨上，与下方的隔热材料之间留有大约 1 英寸的空间，以提供充足的通风并避免建筑中积聚湿气，这部分自由空间还可以隐藏用于安装灯或摄像头的电缆。同时，瓷砖在夏季可提供出色的通风和散热功能，从而减少了对室内制冷的需求。此外，这种瓷砖打造的外墙是可以免维护的。

图 9-5-3　Hans-Olof 房屋西侧外墙壁

图 9-5-4　瓷砖外墙

各个部件的连接使用了总共 15km 的管子和 150km 的电缆，所有开关被汇拢到地下室的中央开关面板上，而且可以分别单独编程，并通过 KNX 系统（KNX 标准是被正式批准的住宅和楼宇控制领域的开放式国际标准）监控。房屋配有一个 55m^2 的室内车库，房屋可产生足够电力为两辆汽车每天在此充电。在当前的能源配置下，该房屋每年可产生 800～1000Nm^3 的氢气。

光伏电源进入电源中心，电源中心实现电源分配，包括给电池充电、水电解和房屋内部电网（图 9-5-5）。当有多余的 PV 电量可用时，逆变器及充电器组成的黄色箱盒会为电池充电，而在没有 PV 电源可用时，它们会从电池中提取电量供给房屋；电池放置在墙壁的另一侧，每个盒子最大可充电 8kW。灰色箱盒中的逆变器满足了房屋的实时 AC 电源需求。每个灰色逆变器都与三个黄色箱盒相关，并包含一个冗余系统，这样两个逆变器都独立工作，将能量输送到房屋。红色箱盒是一个 3kW 逆变器，用于将立面光伏面板直接馈入房屋电网三相交流系统的第二阶段。

电池采用容量为 144kW·h 的铅酸电池，足以让房子整整运行 5 天，但不包括电动汽车充电。当电池 SOC 达到 85% 时，来自 PV 的电能通过电解水产氢；当 SOC 低于 30% 时（例如，在阴天之后，PV 产量低），燃料电池会使用氢气为它们充电。这类电池是密封的，不会像普通铅酸电池那样在电池上积聚气体或有害涂层。

图 9-5-5　光伏的逆变器及控制系统

电解制氢设备最开始使用的是碱性电解槽,每小时产生 2Nm³ 的氢气。每生产和存储 1Nm³ 的氢(热量能量为 3.3kW·h)需要电能 5.5kW·h;每生产 1m³ 的氢气,需要 1L 纯净的去离子水;生产和存储 1Nm³ 氢气所需的 5.5kW·h 电能中的 0.5kW·h 将氢气压缩到 300bar;这些氢气在供燃料电池使用时,将产生 1.5kW·h 的电能和 1.5kW·h 的热量;燃料电池产生的热量会送到房屋的整个供暖系统中。随后,Hans-Olof 更新了更高效的 PEM 类型电解槽,并且采用了金属氢化物压缩机系统。新型电解槽的氢气年产量约为 3000Nm³,其中房屋将使用 2000~2200Nm³ 来满足房间取暖、热水以及通风、洗涤、烹饪和照明等家庭电力需求,电动汽车的充电当然也包括在内,800~1000Nm³ 的盈余将用于氢燃料电池—电动汽车,可供其行驶约 10000km。电解过程中产生的氧气被排放到外部空气中,氢气存储放到室外地下,并用厚厚的水泥板盖住。氢气罐的总容积是 12m³,压力是 300bar,能够储存 3600Nm³ 的氢气来支持房屋和燃料汽车的需求。

Hans-Olof 通过主配电盘可以对房屋内所有开关和主插头进行控制、计量和编程。整个房子采用满足 KNX 标准的产品,构建了智能集成建筑控制系统;发生故障时,系统将切换到备用逆变器系统中。房屋中总共有 7 个配电盘,安装了 67 个永久性的能源监测器来记录所有用电量。房屋还有 14 个能量监控器用来记录房屋水和供暖系统的数据。此外,房屋还记录了来自气象站的 10 个参数。

供暖与供水部分包括中央供暖和储热组件。三个存储 35℃ 水的 1000L 水箱用于室外冰雪融化系统。从水箱引出的塑料管在车道和院子下方 10cm 处,冬季,温水循环加热地表并融化所有冰雪。该系统,只在有积雪或冰时运行。两个 400L 水箱为家庭提供 50℃ 的水(每周将其加热至 65℃ 一次,以消除潜在的军团杆菌细菌)。13kW 的地源热泵从地表以下 180m 处延伸的两个地热钻孔中收集能量,每年 11 月到次年 2 月,燃料电池产生的热量不足,热泵将给房间供暖(地板供暖)和热水,冰雪融化系统使用的水也通过热泵加热。房屋还配有 500L 带净水器的储备水箱,如果公共供水中断,家庭仍可用水 3d,其中包括电解水的需求。

延伸阅读

全国累计建成绿色建筑面积超百亿平方米

截至 2022 年底,全国累计建成节能建筑面积超过 303 亿平方米,节能建筑占城镇民用建筑面积比例超过 64%;北方地区完成既有居住建筑节能改造面积超过 18 亿平方米,惠及超过 2400 万户居民,室内舒适度显著改善;全国累计建成绿色建筑面积超过 100 亿平方米,2022 年当年城镇新建绿色建筑占新建建筑的比例达到 90% 左右。

(来源:光明网)

思考题

1. 举一个低能耗建筑的实例并简要说明其特点。

2. 举一个超低能耗建筑的实例并简要说明其特点。
3. 中国近零能耗建筑有哪些特点?
4. 德国近零能耗建筑有哪些特点?
5. 净零能源和零碳建筑有何特点?
6. 试述近年来我国在低能耗建筑领域的举措和建树。

参 考 文 献

[1] 米夏埃尔·鲍尔,彼得·默斯勒,米夏埃尔·施瓦茨. 绿色建筑:可持续建筑导则:原著第二版[M]. 王静,林毅,梁玲,译. 北京:中国建筑工业出版社,2021:23.

[2] 玛丽·古佐夫斯基. 迈向零能耗建筑:新型太阳能设计[M]. 史津,等译. 武汉:华中科技大学出版社,2012:59.

[3] 安德里亚斯·阿斯埃涅提斯,威廉·奥布瑞恩. 零能耗建筑建模、设计与优化[M]. 陈一民,等译. 北京:机械工业出版社,2017:70.

[4] 刘占省,及炜煜,陆泽荣. 绿色建造管理实务[M]. 北京:中国建筑工业出版社,2022:92.

[5] 刘占省,王京京,陆泽荣. 绿色建造技术概论[M]. 北京:中国建筑工业出版社,2022:17.

[6] 北京市住房和城乡建设委员会,天津市住房和城乡建设委员会,河北省住房和城乡建设厅. 京津冀超低能耗建筑发展报告.2017[M]. 北京:中国建材工业出版社,2017:31.

[7] 北京市住房和城乡建设委员会,天津市住房和城乡建设委员会,河北省住房和城乡建设厅. 京津冀超低能耗建筑发展报告.2019[M]. 北京:中国建材工业出版社,2020:20.

[8] 姚亚波,等. 新理念 新标杆:北京大兴国际机场绿色建设实践[M]. 北京:中国建筑工业出版社,2022:88.

[9] 彼得·F·史密斯. 尖端可持续性:低能耗建筑的新兴技术:原著第二版[M]. 邢晓春译. 北京:中国建筑工业出版社,2010:61.

[10] 蔡大庆,郭小平. 健康与绿色建筑[M]. 武汉:华中科技大学出版社,2022:77.

[11] 陈浩. 绿色建筑施工与管理.2022[M]. 北京:中国建材工业出版社,2022:50.

[12] 陈洪波. 万通低碳建筑标准研究[M]. 北京:中国环境科学出版社,2012:32.

[13] 陈易. 低碳建筑[M]. 上海:同济大学出版社,2015:87.

[14] 陈峥嵘,于天赤,鲍冈. 可感知的绿色建筑研究与实践[M]. 北京:中国建筑工业出版社,2021:61.

[15] 单军,张弘,孙诗萌. 基于建筑文化传承的西部地域绿色建筑设计研究[M]. 北京:中国建筑工业出版社,2021:46.

[16] 董宏. 近零能耗建筑热桥节点做法与数据[M]. 北京:中国建材工业出版社,2021:81.

[17] 董莉莉,刘亚南,薛巍,等. 绿色建筑设计与评价[M]. 北京:中国建筑工业出版社,2022:59.

[18] 凤凰空间·上海. 低能耗建筑[M]. 南京:江苏人民出版社,2011:62.

[19] 凤凰空间·上海. 低能耗建筑Ⅱ[M]. 南京:江苏人民出版社,2012:35.

[20] 高露,石倩,岳增峰. 绿色建筑与节能设计[M]. 延吉:延边大学出版社,2022:77.

[21] 广东省建筑设计研究院有限公司. 传承岭南建筑文化的绿色建筑设计[M]. 广州:华南理工大学出版社,2021:90.

[22] 郭卫宏,窦建奇. 传承岭南文化的绿色建筑关键技术与方法[M]. 广州:华南理工大学出版社,2021:66.

[23] 国际绿色建筑联盟.2021绿色建筑专家访谈[M]. 北京:中国建筑工业出版社,2022:74.

[24] 中国建材检验认证集团股份有限公司,国家建筑材料测试中心.2021绿色建筑选用产品导向目录

[M]．北京：中国建材工业出版社，2021：83．
[25] 韩继红．绿色建筑运营期数字化管理创新实践［M］．北京：中国建筑工业出版社，2022：42．
[26] 郝永池，等．绿色建筑与绿色施工［M］．2版．北京：清华大学出版社，2021：26．
[27] 洪晓强．太阳能光热利用新技术在绿色建筑中的应用研究［M］．厦门：厦门大学出版社，2022：51．
[28] 侯红霞，田永．低碳建筑：绿色城市的守望［M］．天津：天津人民出版社，2012：84．
[29] 杨承恕，陈浩．绿色建筑施工与管理．2021［M］．北京：中国建材工业出版社，2021：28．
[30] 黄俊鹏，高雪峰．中国绿色建筑市场发展报告［M］．北京：中国建筑工业出版社，2022：63．
[31] 江苏省住房和城乡建设厅，江苏省住房和城乡建设厅科技发展中心．江苏省绿色建筑发展报告．2020［M］．北京：中国建筑工业出版社，2022：95．
[32] 江亿．超低能耗建筑技术及应用［M］．北京：中国建筑工业出版社，2005：40．
[33] 蒋立红，邓明胜，孙鹏程，等．净零能耗建筑示范工程与关键技术实施指南［M］．北京：海洋出版社，2019：26．
[34] 蒋立红，梁俊强．净零能耗建筑装配式建造技术［M］．北京：中国建筑工业出版社，2022：68．
[35] 孔祥娟，等．绿色建筑和低能耗建筑设计实例精选［M］．北京：中国建筑工业出版社，2008：31．
[36] 雷振东，高博，陈敬．西北荒漠区地域绿色建筑设计图集［M］．北京：中国建筑工业出版社，2021：70．
[37] 李飞，葛爱兵．绿色建筑性能评价计算与技术应用［M］．武汉：武汉理工大学出版社，2022：92．
[38] 梁俊强，等．净零能耗建筑工程实践案例［M］．北京：中国建筑工业出版社2022：15．
[39] 刘大君，韩颖，刘运清，等．绿色建筑智能化技术［M］．北京：清华大学出版社，2021：63．
[40] 刘宏伟，宋云锋．绿色低碳建筑市场特征与发展机制研究［M］．北京：科学出版社，2021：79．
[41] 刘秋新，等．零能耗建筑及可再生能源新技术［M］．北京：化学工业出版社，2019：22．
[42] 刘秋新，等．绿色建筑及可再生能源新技术［M］．北京：化学工业出版社，2022：68．
[43] 刘松石，王安，杨一伟．基于新时代背景下的绿色建筑设计［M］．北京：中国纺织出版社有限公司，2021：35．
[44] 刘伊生．低碳生态城市建设中的绿色建筑与绿色校园发展［M］．北京：中国建筑工业出版社，2022：96．
[45] 彭琛，江亿，秦佑国，等．低碳建筑和低碳城市［M］．北京：中国环境出版集团，2018：20．
[46] 上海虹桥商务区管理委员会，上海市建筑科学研究院有限公司．上海虹桥商务区绿色低碳建设实践之路［M］．北京：中国建筑工业出版社，2020：19．
[47] 上海市绿色建筑协会，上海建筑信息模型技术应用推广中心．上海市BIM技术年度优秀成果2018—2020［M］．北京：中国建筑工业出版社，2021：36．
[48] 宋德萱，朱丹．绿色建筑设计概论［M］．武汉：华中科技大学出版社，2022：54．
[49] 孙健．寻找绿色低碳建筑［M］．北京：人民邮电出版社，2011：29．
[50] 谭良斌，刘加平．绿色建筑设计概论［M］．北京：科学出版社，2021：73．
[51] 王红军，周俭，胡向磊，等．青藏高原地域绿色建筑设计图集［M］．北京：中国建筑工业出版社，2022：88．
[52] 王清勤，赵力，姜波，等．绿色建筑与生态城区标准化2022［M］．北京：中国建筑工业出版社，2023：24．
[53] 王长龙，等．尾矿及钢渣制备新型绿色建筑材料［M］．北京：科学出版社，2022：77．
[54] 韦峰，陈伟莹．绿色建筑［M］．北京：中国建筑工业出版社，2022：39．

[55] 吴迪. 被动式超低能耗建筑设计辅助决策方法研究［M］. 武汉：华中科技大学出版社，2023：60.

[56] 吴兴国. 建筑节能工程施工验收及低碳建筑解读［M］. 北京：中国环境科学出版社，2011：49.

[57] 吴玉杰. 近零能耗建筑围护结构节能工程施工技术指南［M］. 郑州：黄河水利出版社，2021：14.

[58] 徐峰. 湖南省绿色建筑发展研究［M］. 北京：中国建筑工业出版社，2021：63.

[59] 徐伟. 近零能耗建筑百佳案例［M］. 北京：中国建材工业出版社，2023：81.

[60] 徐至钧. 绿色低碳建筑设计与工程实例［M］. 北京：中国质检出版社，2013：75.

[61] 杨建荣. 绿色建筑性能后评估［M］. 北京：中国建筑工业出版社，2021：36.

[62] 杨真静，杜春兰，熊珂. 西南多民族聚居区地域绿色建筑设计图集［M］. 北京：中国建筑工业出版社，2021：25.

[63] 俞天琦. 绿色建筑设计原理［M］. 北京：中国建筑工业出版社，2022：62.

[64] 展海强，白建国. 可持续发展理念下的绿色建筑设计与既有建筑改造［M］. 北京：中国书籍出版社，2022：41.

[65] 张桂林，强万明，宋继明，等. 特高压变电站绿色低能耗建筑［M］. 北京：中国电力出版社，2019：83.

[66] 张辉. 绿色建筑性能设计与分析：VE 建筑可持续性分析［M］. 北京：中国建筑工业出版社，2021：46.

[67] 张季超，吴会军，周观根，等. 绿色低碳建筑节能关键技术的创新与实践［M］. 北京：科学出版社，2003：25.

[68] 张神树，高辉. 德国低/零能耗建筑实例解析［M］. 北京：中国建筑工业出版社，2007：71.

[69] 张燕梁，高瑞，刘晓峰. 绿色建筑施工管理与工程造价［M］. 长春：吉林科学技术出版社，2022：40.

[70] 赵民. 绿色建筑设计技术要点［M］. 北京：中国建筑工业出版社，2021：59.

[71] 中国城市科学研究会. 中国绿色低碳建筑技术发展报告［M］. 北京：中国建筑工业出版社，2022：31.

[72] 中国城市科学研究会. 中国绿色建筑 2021［M］. 北京：中国建筑工业出版社，2021：83.

[73] 中国城市科学研究会. 中国绿色建筑 2022［M］. 北京：中国建筑工业出版社，2022：61.

[74] 中国建设科技集团. 绿色建筑设计导则 建筑专业［M］. 北京：中国建筑工业出版社，2021：84.

[75] 中国建设科技集团. 绿色建筑设计导则 结构/机电/景观专业［M］. 北京：中国建筑工业出版社，2021：62.

[76] 中国建筑标准设计研究院. 被动式低能耗建筑：严寒和寒冷地区居住建筑［M］. 北京：中国计划出版社，2017：25.

[77] 中国建筑业协会绿色建造与智能建筑分会，中国建筑股份有限公司. 绿色建造发展报告：绿色建造引领城乡建设转型升级［M］. 北京：中国建筑工业出版社，2022：41.

[78] 中国建筑业协会绿色建造与智能建筑分会，中建三局智能技术有限公司. 智慧园区建设导则［M］. 北京：中国建筑工业出版社，2022：79.

[79] 中国绿色低碳建筑创新成果汇编编委会. 中国绿色低碳建筑创新成果汇编［M］. 南京：江苏人民出版社，2012：103.

[80] 重庆市绿色建筑与建筑产业化协会绿色建筑专业委员会，等. 2020 年重庆市建筑绿色化发展年度报告［M］. 北京：科学出版社，2021：41.

[81] 住房和城乡建设部标准定额司. 2020 年全国绿色建筑创新奖获奖项目集［M］. 北京：中国建筑工业出版社，2022：52.

[82] 住房和城乡建设部建筑节能与科技司. 绿色建筑和低能耗建筑示范工程：公共建筑的技术创新与实践 [M]. 北京：中国建筑工业出版社，2013：81.

[83] 住房和城乡建设部建筑节能与科技司. 绿色建筑和低能耗建筑示范工程 [M]. 北京：中国建筑工业出版社，2012：94.

[84] 住房和城乡建设部科技与产业化发展中心（住宅产业化促进中心），等. 中国被动式低能耗建筑年度发展研究报告 2017 [M]. 北京：中国建筑工业出版社，2017：44.

[85] 住房和城乡建设部科技与产业化发展中心，等. 中国被动式低能耗建筑年度发展研究报告 .2019 [M]. 北京：中国建筑工业出版社，2019：73.

[86] 住房和城乡建设部科技与产业化发展中心，等. 中国被动式低能耗建筑年度发展研究报告 .2020 [M]. 北京：中国建筑工业出版社，2020：81.

[87] 住房和城乡建设部科技与产业化发展中心（住房和城乡建设部住宅产业化促进中心），等. 中国被动式低能耗建筑年度发展研究报告 2021 [M]. 北京：中国建筑工业出版社，2021：69.